식물과 생활환경

신만용 · 김기원

국민대학교 출판부

책머리에

인간의 삶을 대변하는 말인 의식주 가운데 어느 것 하나 풀이나 나무와 인연을 맺고 있지 않은 것이 없다. 식량도 식물에서 나오고, 집 지을 목재도, 옷을 만드는 원료가 되는 섬유도 식물로부터 얻는다. 수 년전 알프스 고산에서 발견된 신석기시대 아이스맨(ice man)의 원형을 재구성해 본 그림은 그의 몸 전체가 온갖 종류의 풀이나 나무로 장식된 것이었다. 입고 있던 풀망토가 그랬고 차고 있던 활이 그랬으며, 심지어 불을 담고 다니는 불씨통도 나무로 된 것이었다.

그러한 자연 그대로의 재료를 사용하던 시대는 점차 세월이 흘러감에 따라 새로운 기술과 방법을 고안해 내어 변화에 변화를 거듭하면서 성장과 발전을 이어갔다. 문명은 구석기시대에서 신석기시대로, 신석기에서 청동기와 철기시대로, 산업시대와 전자시대로 변화하여 갔다. 변화는 신기술을 낳고 그만큼 이익과 편익을 가져왔지만, 인간으로부터 노동을 덜어가는 한편, 자연을 소홀히 다루고 자연으로부터 멀어지려는 현상들이 나타났다.

사실 따지고 보면 과학의 발달이라는 것은 자연이 갖고 있는 힘을 빼앗아 인간에게 더 많은 혜택을 주려는 과정에 불과하다. 과학과 산업발달의 증거로 남아 있는 흔적들은 다름아닌 인류의 문명이라고 자랑하는 것들이다. 예를 든다면, 사막 끝자락에 남아있는 피라미드나 불가사의라고 하는 앙코르 사원의 탑 모두 그 뒤에는 엄청난 양에 달하는 자연의 희생이 있었다. 에너지 보존의 법칙이 맞는다면, 이들 문명들은 형태가 달라져 있을 뿐이지 나무와 풀과 그들이 뿌리 박고 살았던 흙에 지나지 않다.

인류문명의 역사를 되뇌이어 보자. 고대 문명 발상지는 예외없이 큰 강과 울창한 산림을 끼고 있었다. 그러나, 울창한 숲이 하나 둘씩 사라지는 것도 모를 정도로 무분별한 사고로 무차별하게 숲을 개간한 결과, 문명 발상지 주변은 황폐화되고 말았다. 숲을 벤 상처로 홍수를 제어할 수 없었던 까닭에 옛 명성이 자자하던 이집트, 이디오피아, 아라비아, 황하유역은 오늘날 사막으로 변화되고 그 지역에 살고 있는 사람들의 삶은 고달프기만 하다.

인류는 의식주를 해결하고 삶을 지속하기 위해 끊임없이 식물사회와 다툼을 계속하여 왔다. 이 다툼 속에서 얻어낸 것이 문명이오 문화다. 결국 인류문명의 역사는 식물사회와 끊임없는 투쟁의 역사이다. 그러나 이러한 투쟁 속에서도 한 가지 변하지 않는 것은 식물들이, 보이는 곳이건 보이지 않는 곳이건 가리지 않고 인간의 물질적 삶을 풍요롭게 하고 정신적 삶을 고양시켜 왔다는 사실이다. 그들은 때로 마을을 지키는 장승으로, 길손의 쉼터로, 지친 영혼의 반려자로 우리 삶의 안녕을 지켜주기도 하였다. 한 포기의 풀과 한 그루의 나무를 심으면서 그와 함께 삶을 같이 하겠노라 다짐하기도 하고 한 송이 꽃을 주고 받으며 사랑을 약속하기도 한다. 특히 오늘날 우리는 생활환경 주변으로부터 점점 녹지가 줄어들어감에 따라, 상대적으로 식물사회를 그리워하며 식물을 주제로 하는 자연지향적인 삶을 추구하는 이른바 자연형 웰빙 사회를 맞이하고 있다.

식물은 인간에게 있어서 진정 무엇인가? 나날이 복잡해지는 삶, 그럴수록 한 포기의 풀과 한 그루의 나무로부터, 자연으로부터 점점 멀어져가는 삶을 뒤돌아보며 그들의 가치를 다시 한번 깨달아야 할 때이라고 생각한다.

이 책은 식물이 인간의 삶 속에 스며들어 있는 흔적들을 찾아내어 그 의미를 되새겨 보고자 시도한 것이며, 대학에서 교양과목을 수강하는 학생들을 겨냥하여 기획한 것이다. 인간 삶의 총체를 문화라 한다면, 문화는 어원적 뜻풀이를 하지 않더라도 이미 자연에 뿌리를 박고 있다. 문화 건설의 물리적 수단이 식물이라 한다면 식물들이 문화의 요소요소에 어떤 자리매김을 하고 있는지를 정리한 것이 본서의 전체 내용이다. 사회는 각종 문화요소들이 유기적으로 조직되어 있는 체제를 말한다. 그러므로 식물과 사회 사이의 관계를 밝히는 것은 곧 식물이 문화요소 하나하나에 어떤 관계를 주고 받고 있는가를 조명하는 것과 같다.

본서의 내용은 모두 4편 14장으로 꾸며져 있다. 제1편은 식물의 탄생과 소멸 등 식물의 삶과 특성에 대해서 소개한 것이다. 제2편은 식물이 우리 사회의 구석구석에 어떤 영향을 끼치고 있는지 정리한 것이다. 제3편은 자연형 웰빙 사회를 살아가는 인간에게 베푸는 식물사회의 여러 가지 유익함을 소개한 것이며, 제4편에서는 환경문제를 진단하고 식물사회가 환경문제를 해결하는 데에 어떻게 영향을 줄 수 있는지에 대해 생각해 본 것이다.

잘 알고 있는 것처럼 식물은 사회 전반에 걸쳐 폭넓게 관계를 맺고 있다. 분야가 방대한 반면 책의 내용은 일부에 지나지 않으며 미흡하다. 그래서 전체 내용의 체계나 조직, 장절의 구분, 표현과 기술에 있어서도 어색하고 조악한 것이 많을 줄 안다. 이러한 점에 대해서 양해를 구하는 것은 물론이려니와, 때와 장소를 가리지 말고 끝없는 질정을 아끼지 말아 주실 것을 독자 여러분께 드리는 바이다. 더 많은 정보 수집과 연구로 보완할 기회가 오리라 믿는다.

휴일도 잊은 채 밤 늦은 시간까지 원고를 정리하고 사진 작업 등에 많은 도움을 준 산림경영학 실험실의 정일빈, 백주현 군을 비롯한 여러 친구들과 산림미학실험실의 김철영 군 등에게 고마운 마음을 전한다. 수익을 보장받는 서적도 아닌데 끝까지 도움을 주신 출판부 관계자분들에게도 깊은 감사의 말씀을 드린다.

2006년 새해에

저자 일동

목 차

제2편 인간의 삶과 식물

제4장 식물의 지위

제5장 세상을 바꾼 식물들

제6장 의식주 생활 속의 식물

제1편 식물 일반

제1장 식물의 삶

제2장 식물의 구조와 특성

제3장 식물의 감각

제 1 장 식물의 삶

제 1 절 자연의 형성과 식물의 탄생

1. 우주와 지구의 탄생

가. 우주 탄생

식물이 지구에 나타나기까지에는 영겁의 시간이 필요했고, 그 과정을 설명하려면 풀어야 할 과제들이 많다. 무엇보다도 우주와 지구의 형성 과정을 추적하는 것이 식물의 탄생을 밝히는 지름길이다.

인간이 살고 있는 지구는 광활한 우주 속의 아주 작은 먼지와도 같은 존재에 지나지 않는다. 지구는 태양을 중심으로 구성된 태양계(solar system)에, 태양계는 하나의 별로서 무수한 별들로 구성된 은하계(milky way galaxy)에 포함된다. 이들 각각의 은하계(galaxy)는 수백 개씩 모여 은하단(cluster)을 형성하고 은하단이 무리지어 초은하단(supercluster)을 형성하고 있다. 이것이 우리가 알고 있는 우주이다. 지금까지 알려진 우주는 약 1000억 개의 갤럭시들로 구성되어 있다고 한다.

태양계의 지름은 100억km가 넘는데 초속 30만km의 빛이 종단하는데 10시간이나 걸린다. 태양계가 속해 있는 은하계의 직경은 10만 광년(light year)이며 두께는 15,000광년으로 알려지고 있다. 인간이 살고 있는 은하계에 대해서 연구한 허쉘(S. F. W. Herschel), 새플리(H. Shapley)에 의하면 태양은 은하계의 중심에서 3만 광년 떨어진 가장자리에 위치하고 있다.

태양은 수소(H)와 헬륨(He) 가스로 이뤄진 거대한 기체 불덩어리이다. 태양이 방출하는 에너지는 1메가톤급의 원자탄을 1초에 1000만 개씩 연속적으로 폭발시키는 것과 같다고 한다. 표면 온도는 약 6000℃에 달하며 태양에서 일어나는 변화는 지구에 엄청난 영향을 끼치고 있다.

태양을 비롯한 우주의 별들은 어떻게 탄생하게 되었을까? 인류가 과학에 눈을 뜨기 시작하면서 이러한 의문점에 대한 연구가 천문학의 관점에서 끊임없이 나타났다. 우주의 형성을 설명하는 대표적인 이론을 소개하면 다음과 같다.

1) 성운설(星雲說, nebular hypothesis)

1755년에 독일 철학자 칸트(Immanuel Kant, 1724~1804)가 『일반 자연사 및 천체론(Allgemeine Naturgeschichte und Theorie des Himmels)』을 발표하면서 우주는 발생상태에서 진화를 거듭하여 오늘날과 같은 모습을 갖추게 되었다고 주장하였다. 그 후 1796년에 이르러 프랑스의 라플라쓰(Pierre Simon Marquis de Laplace, 1749~1827)가 『우주체계의 해설』을 발표하였는데 칸트의 이론과 더불어 성운설을 설명하는 대표적인 학설로 받아들여 지고 있다. 성운설은 두 사람의 이름을 따서 칸트-라플라쓰 가설로 불리기도 한다.

성운설에 의하면 태양계가 형성되어 있는 우주 공간에는 엷은 가스층이 깔려있었는데 완만한 속도로 천천히 회전하였다. 이것이 태양계의 초기 모습이었는데 가스가 차츰 냉각되기 시작하고 수축함으로써 운동이 빨라지게 되었다. 가스가 모인 집합체는 넓적하게 거대한 고리와 같은 원반형의 모습을 갖추어 갔다. 그런데 그 중심부에는 가장자리보다 좀더 두텁게 뭉쳐진 덩어리(성운이라 부른다)가 생겨났는데 이것이 바로 태양의 원형이었다. 또한 원심력으로 중심부에서 이탈되어 나온 부분은 또다른 고리 모양을 형성하는 운동을 계속하게 되었으며 이 과정에서 새로운 성운이 생겨나게 되었다. 이렇게 하여 태양을 중심으로 하는 태양계가 모습을 갖추게 되었다고 보는 견해가 성운설의 중심 내용이다.

2) 조석설(潮汐說, tidal hypothesis)

조석설은 성운설을 보완하기 위해 나타난 학설이다. 다른 항성(恒星)이 태양 주변을 스치고 지나 갈 때 서로간의 인력으로 조석작용이 일어나는데 이때 태양 내부로부터 고온의 기체가 분출된다. 이 고온의 기체는 지나가는 항성의 인력에 이끌려서 태양 주변을 회전하면서 가스 덩어리로 뭉치게 되어 혹성을 형성하게 되는 것이다. 지구도 태양으로부터 조석작용의 결과로 불거

그림 1-1. 태양계의 사진

져 나온 고온의 가스가 점차 냉각되고 수축하여 생겨난 것이다. 이것이 조석설의 요점인데 대표적인 학자가 제임스 홉우드 진즈(Sir James Hopwood Jeans, 1877~1946)를 비롯하여 몰튼, 쳄벌렌 등이 있다.

3) 운석설(隕石說, meteoric hypothesis)

천문학의 발달로 인류의 관찰 시각이 태양계를 벗어나서 광대한 우주 세계로 점진적으로 확대되어 나아갔다. 우주 세계의 관측결과는 별의 탄생과 발전, 즉 별의 진화에 대한 지식과 별과 별 사이의 우주 공간에 있는 수많은 작은 무리들(운석 혹은 우주먼지)에 대한 정보를 얻게 되었다.

태양은 운동하면서 주변에 있던 우주먼지나 운석과 같은 물질과 가스를 자신의 주위에 끌어들이기 시작하였다. 그 결과로 태양 주위에는 태양이 미치는 인력으로 말미암아 타원형으로 움직이는 고체입자들(우주먼지와 운석, cosmos dust and meteorite)이 뭉쳐진 일단의 무리(群)가 형성되었다. 혹성은 이와 같은 과정에서 만들어진 것이다라고 보는 견해가 운석설의 핵심 내용이다. 운석설은 우주먼지설(宇宙塵說)이라고도 불리는데 러시아의 슈미트와 미국의 유리(Harold Cayton Urey)가 대표적인 학자이다.

4) 창조설(創造說)

지구는 태양 주위를 365일 5시간 48초마다 한 바퀴씩 돈다. 그리고 24시간마다 스스로 한 바퀴씩 돈다. 더 빨라지거나 더 느려지지도 않는다. 마치 정교하게 만든 시계처럼 공전과 자전을 정확하게 한다. 시계는 제작자의 의도대로 계획되고 설계되어 필요한 부속품과 장치를 연결하여 움직이는 시간을 알아보게 하는 시스템이다.

정교한 시계처럼, 공전과 자전을 시간에 맞춰 정확하게 움직이는 지구와 태양, 태양과 태양계, 태양계와 은하계, 은하계와 우주도 절대적 창조주의 초자연적인 지혜와 설계로 만들어졌다는 학설이 창조설이다. 성운설, 조석설, 운석설도 결국은 창조주의 창조사역의 비밀을 풀어보려는 의도에 지나지 않는다는 견해이다.

나. 지구의 형성

지구는 성운설이나 조석설이 말하는 것처럼 고온의 가스가 뭉쳐서 만들어진 것일 수도 있고, 운석설에서 주장하는 것처럼 우주를 떠돌던 먼지와 운석이 낙하하여 뭉쳐서 형성된 것일 수도 있다. 어떤 가설이 맞든지 간에 지구는 이 광활한 우주 공간에 태어났다.

지구의 나이는, 지구내부에서 화성 활동으로 지표면 가까이 분출된 포획암을 방사성 원소를 이용하여 조사한 결과 40억년이 넘는 것으로 측정되기도 하였다. 운석의 절대연도를 46억년 정도로 계산할 때 이것과 대략 일치하므로 지구의 나이를 46억년 이상으로 추정하고 있다.

지구가 현재와 같은 지각의 모습을 갖추게 된 것은 끊임없이 계속된 조산운동(造山運動), 화성활동(火成活動), 습곡작용(褶曲作用)의 결과이다. 내부로부터 관찰하면 지구의 구조는 용융된 철과 니켈로 구성된 지핵, 하부맨틀, 상부맨틀, 지각의 순으로 구성되어 있다. 지각은 안쪽으로 현무암층과 바깥쪽으로 화강암층으로 구성되어 있는데 오랜 세월동안 풍화작용이 연속되어 지금과 같은 표층을 형성하게 되었다.

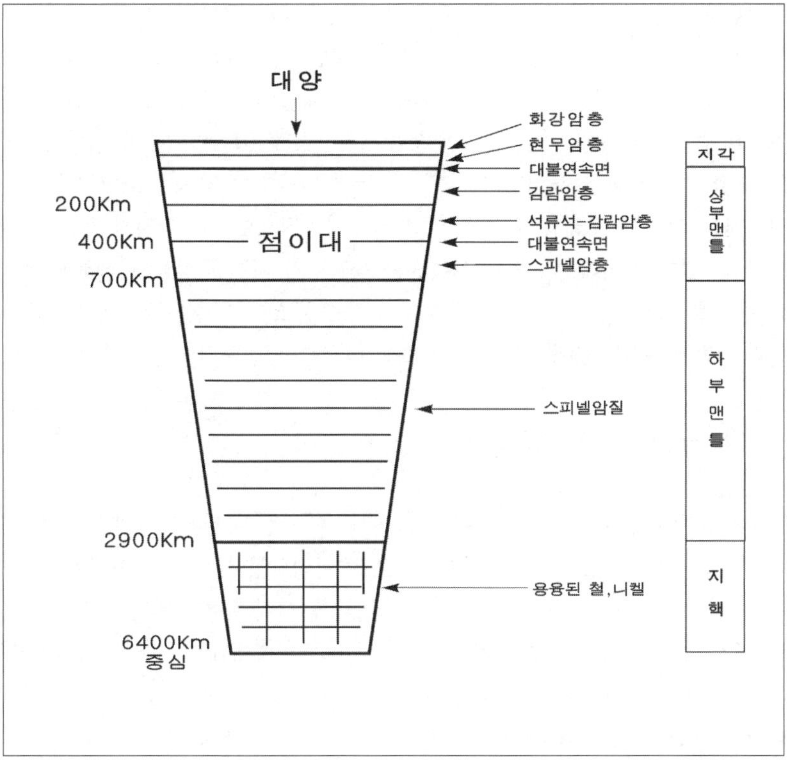

그림 1-2. 지구의 단면구조

2. 생물의 탄생

가. 두 가지 모델

1) 창조적 관점(창조모델)

지구상에 생물이 탄생하게 된 과정을 설명하는 이론은 크게 창조적 관점과 진화적 관점으로 양분된다. 생물 탄생에 있어서 창조적 관점 혹은 창조모델이란 우주를 창시한 전지전능한 창조자의 초자연적인 지혜(Intelligence)와 설계(Design)에 의하여 생물이 처음부터 완전하게 만들어졌다고 보는 견해이다.

그런데 생물이 창조된 과정은 관찰한 사람도 없고 실험으로 반복해 볼 수도 없는 것이어서 이 모델을 자연 과학적 실험방법으로 증명할 수 없는 것은 자명하다. 그렇다면 어떤 근거에서 다양한 생물들이 창조되었다고 보는 것인가? 다양한 생물들은 아주 복잡하나 질서가 있고 조화를 이루며 살아가도록 되어 있다. 이러한 두드러진 특징이 이미 생물들 속에 있음을 보면서 이것은 전능자의 완벽한 지혜와 설계에 의하여 초자연적으로 만들어지지 않고는 설명할 수 없는 것이다. 따라서 사람들이 여러 가지 자연 현상을 관찰하고 생물의 동태를 조사하는 것은 결국 지혜자의 우주창조의 비밀을 벗겨내고 그것을 확인하며 정리하는 것에 지나지 않는 것이다.

2) 진화론적 관점(진화모델)

창조모델이 절대 권력자요 권능자의 지혜로 만물이 탄생되었다고 보는 반면, 진화모델은 생물이 우연히 자연적으로 탄생하였다고 보는 견해이다. 즉, 원자들의 무작위한 반응(Random Reaction)에 따라 무기물에서 간단한 생물로 발전하게 되었는데, 오랜 세월을 지나는 동안 형태와 기능이 변화하여 갔다. 처음에는 간단하고 하등한 것이었는데 점차 복잡하고 정교한 고등생물로 되어 오늘날 이처럼 다양한 생물들이 있게 된 것이라고 보는 이론이다.

현재 시점에서 진화되어가는 과정을 실제로 볼 수 없으므로, 진화했다는 가정을 먼저 받아들이고 진화 요인을 설명하려는 다양한 이론과 가설을 제시하여 생물 탄생의 비밀을 구명한다.

나. 생물과 식물의 탄생

지구의 나이를 약 46억년이라고 한다면 이를 상대연대로 구분하면 지구 생성 초기부터 시생대, 원생대, 고생대, 중생대, 신생대로 나뉜다. 연대별 생물 탄생과정의 특성과 관련하여 고생대는 다시 캠브리아기, 실루아기, 데본기, 카본기(석탄기), 페름기로 구분하며, 중생대는 삼첩기, 쥐라기, 백악기로 나눈다. 신생대는 제3기와 제4기로 구분하여 제3기는 효신세, 시신세, 점신세, 중신세, 선신세로, 제4기는 홍적세(갱신세)와 충적세(현세)로 구분한다.

표 1-1. 지질연대 구분과 생물의 탄생과정

상대연대 구분 이언 Eon	대(代) Era	기(紀)/세(世) Period/Epoch		절대연대 (B.P*)	출 현 생 물	비 고	
원 시 지 구				38(35)~46억년			
은생이언	시 생 대 Archeozoic	(선캠브리아**) (Precambrian)		25.0~38(35)억년	곰팡이	아프리카 등: 최고암석 (>26억년) 조산운동 시작	
	원 생 대 Proterozoic			5.7~25.0억년	곰팡이	칼레리아, 킬라네, 천 조산운동	
현생이언	고 생 대 Paleozoic	캠브리아기 Cambrian		5.7~5.05억년	해파리, 혀긴조개, 삼엽충 해조류 등	이끼	
		오르도비스기 Ordovician		5.05~4.38억년	해조류 등 원시어류		
		실루아기 Silurian		4.38~4.08억년	상어류. 하등 양치식물 등장	상륙: 프실로피톤/하등양치식물-육상식물. 육상동물도 출현	
		데본기 Debonian		4.08~3.60억년	어류, 양서류, 버섯, 양치 식물	바리스칸 조산운동 시작. 어류시대.. 상륙: 소형양치식물	
		석탄기 Carboniferus	Mississippian	3.60~3.20억년	양서류 시대. 육상식물번성: 양치식물에 의한 大산림 형성. 겉씨식물 등장	4대 양치식물: 노목(속새류), 인목, 봉인목, 코다이트 등 지름1m, 높이 22~30m 이상. 고온다습	침묵의 숲
			Pennsylvanian	3.20~2.86억년			
		페름기 Permian		2.86~2.45억년	겉씨식물, 파행동물	소철 등장	
	중 생 대 Mesozoic	삼첩기 Triassic		2.45~2.08억년	겉씨식물증가. 파충류 등장	원시포유류, 은행나무 등장	
		쥐라기 Jurassic		2.08~1.44억년	송백류, 소철류, 은행 번창	알프스 조산운동 시작	
		백악기 Cretaceous		1.44~0.664억년	속씨식물	플라타너스 등 꽃피는 식물의 시대	
	신 생 대 Cenozoic	제3기	효신세 Paleocene	66.4~57.8 백만년	침엽수림, 활엽수림, 혼효림		
			시신세 Eocene	57.8~36.6 백만년	위와 같음		
			점신세 Oligocene	36.6~23.7 백만년	위와 같음		
			중신세 Miocene	23.7~5.30 백만년	현재의 자연 환경과 유사 라마피테쿠스 등장	알프스 조산운동 종료	
			선신세 Pliocene	5.30~1.7 백만년	오스트랄로피테쿠스 호모 하빌리스	-猿人, 前人: 도구 사용 -도구 제작 사용	
		제4기	홍적세 (갱신세) Pleistocene	170~1만년	인류시대: 호모 일렉투스	빙하시대 시작 중기-후기-구석기시대	
					호모 사피엔스	중석기시대/수렵채취시작	
			충적세(현세) Holocene	1만(0.8)~4700년		신석기시대/식량생산 ※2005.9 창녕 통나무배(松)	
				4700년~2000년		청동기시대/高文化의 시작	
				2000년~현재년		철기/전자시대	

* 주) B.P. : before present의 약자로서 '현재부터 몇 년전'이라는 뜻이다. 1950년을 0년으로 한다.
선 캠브리아기 : 기(period)에 해당하지 않고 대(era)에 해당하며 캠브리아기 이전의 시대를 말한다.

지구상에 생명체가 언제부터 나타났는지를 알 수 있게 하는 것은 화석을 통해서 가능하게 한다. 화석이란 퇴적암층에 보존되어 있는 유기물질(생물)의 유해나 흔적을 말한다. 시생대, 원생대, 고생대 중에서 화석이 제일 많이 출현하는 시기는 물론 고생대로서 이 시기에 생물들이 대규모로 번창하고 있음을 알게 한다. 그러나 원생대는 물론이려니와 시생대에서도 화석이 발견되어 생명의 역사가 매우 오래 되었음을 짐작하게 한다. 현재까지 알려진 가장 오래된 화석은 북 아프리카 챠트의 피그틀리층(약 31억년 전)과 남아프리카의 옴버왁트층(약 32억년 전)에서 발견된 남조와 박테리아이다.

명실 상부한 최초의 생물은 바다로부터 탄생하였다. 고생대의 캠브리아기에 삼엽충과 해파리, 혀긴 조개, 해조류 등이 나타났고 캠브리아기와 실루아기 사이인 오르도비스기에 최초의 원시어류가 출현하였다.

초기 조류(藻類)는 습한 곳에서 자라는 단순한 식물인 이끼였다. 이들은 자기 몸을 지탱할 수 있는 조직(줄기)이 없어서 지상에 나올 수 없었으며 밖으로 나와도 곧 햇빛에 말라 죽고 말았다. 한참이 지나서야 줄기를 갖춘 식물체가 탄생하게 되었다. 처음엔 줄기와 뿌리를 갖춘 식물이 나타났고 그 후 잎을 갖춘 양치류와 같이 더욱 발달된 식물들이 나타나게 되었다. 드디어 실루아기에 최초의 육상식물과 육상 동물들이 탄생하게 되었다. 지구가 탄생한 지 40억년쯤 지난 후의 일이고, 지금으로부터 5억년 전의 일이다. 실루아기에 출현한 최초의 육상식물은 프실로피톤(psilophyton)이라고 불리는 하등 양치식물로서 뿌리와 줄기의 구분이 있었고 몸길이는 약 40cm였다. 줄기는 뿌리부분에 달린 근경과 지상부위 에 있는 지상경으로

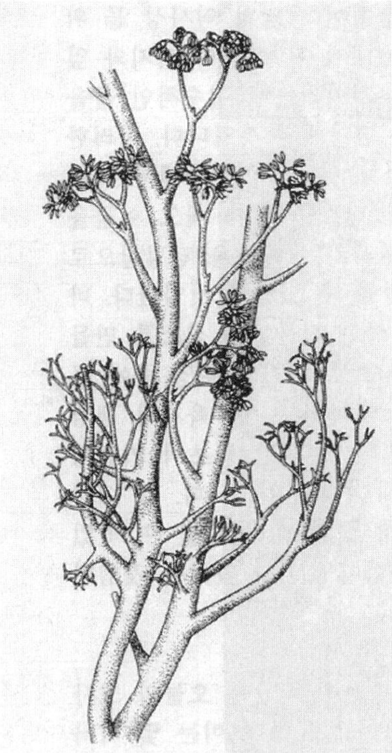

그림 1-3. 프실로피톤
(하연 역, 〈숲〉에서 재인용)

나뉠 수 있는데 지상부 줄기에는 가시가 돋아 있고 작은 잎이 달려 있다. 이들 양치식물들의 화석이 스코틀랜드에서 발견됨으로써 당시 그곳에 원시산림이 발달해 있었음을 확인하여 주고 있다.

그림 1-4, 1-5, 1-6은 1968년에 Mägdefrau가 여러 가지 자료를 근거로 데본기, 석탄기, 백악기 시대의 숲을 그린 것으로서 이해를 위해 재인용하였다.

그림 1-4. 데본기 숲의 모식도
(그림 1-4,5,6. Braun, Bau und Leben der Bäume에서 재인용)

그림 1-5. 석탄기 숲의 모식도

그림 1-6. 백악기 숲의 모식도

3. 식물의 분포

가. 빙하기와 식물분포

육지에 형성된 식물사회가 현재와 같은 지리적 분포를 갖기까지 식물계가 완성된 이후에도 여러 차례의 조산 운동과 기후변동이라는 사건을 겪어 왔다. 가장 큰 사건은 100만년 전부터 10,000년 전까지 약 100만년 동안 지속되었던 빙하기일 것이다.

방금 내린 눈은 가볍고 치밀하지 못하여 비중이 0.06~0.16밖에 되지 않는다. 그러나 쌓인 눈이 자체의 무게로 눌리고, 오랜 시간이 지나는 동안 부분적으로 융해와 동결이 지속되면서 재결정(再結晶) 작용으로 점점 치밀해지면 비중이 증가한다. 만년설(firn)의 경우 비중이 0.5 이상이나 되는데 비중이 0.8에 이르게 되면 이를 소위 빙하빙(氷河氷, glacial ice)이라고 부른다. 빙하(glacier)란 눈으로부터 형성된 빙하빙의 유동체를 말한다.

빙하는 균츠빙기, 민델빙기, 리스빙기, 우룸빙기 등 4차례에 걸쳐서 런던과 중부 유럽의 알프스 산맥 북쪽을 잇는 지역을 공격한 것으로 알려지고 있다. 현재는 육지의 10% 정도가 빙하로 덮여 있지만, 가장 혹독했던 제4빙기라 불리는 우룸기(72,000~10,000년전 사이)에는 지구 전체의 1/3~1/4이 빙하로 덮여 있었다. 빙기와 간빙기로 반복되었던 빙하의 형성과 융해는 내륙에 호소와 계곡, 해수면의 변동을 가져와 새로운 지형을 만들기도 하였다. 이러한 상황에서 빙하기 이전에 형성되었던 식물 사회는 냉엄한 시련을 받지 않을 수 없었을 것이다. 다행히 알프스 산맥의 남쪽지역은 알프스 산맥의 지형적인 영향 때문에 한파가 넘어오지 못하여 빙하의 공격으로부터 보호받을 수 있었다.

빙하기 출현의 원인을 대개는 밀란코비치가 제안하는 일사량설(日射量說)로 설명한다. 이것은 지구에 투사되는 태양 복사량에 따라서 기후의 변화를 설명하는 것이다. 이에 따라 태양을 공전하는 지구의 회전운동에 따라서 주기적으로 5만년 전, 15만년 전, 45만년 전, 60만년 전에 4차례의 빙하기가 있게 되었다고 말한다. 빙하기가 계속적으로 반복될 것이라는 의미이다. 그렇다면 지구상의 생물들은 현재 마지막 빙기가 끝난 우룸빙기의 간빙기를 살아가고 있는 셈이다.

우룸빙기가 끝날 무렵은 세계적으로 기후가 한랭하였을 것이다. 우리나라의 경우도 예외가 아니어서 우룸빙기가 끝나가는 시기인 17,000~10,000년전 무렵에 매우 한랭하였음을 확인할 수 있다. 이때에는 이러한 추운 조건에서 잘 살아갈 수 있는 식물들이 분포하였을 것으로 보인다.

표 1-2. 우리나라 식물 분포의 변천

절대 연대 구분(년)	기후	대표적인 식물 사회(산림)
17,000-15,000	아한대, 후한랭	침엽수림
15,000-10,000	기후한랭	초본류, 양치류
10,000-6,700	온난습윤	참나무류
6,700-4,500	온난건조	소나무, 참나무류, 서나무류
4,500-1,400	한랭습윤	참나무, 느릅나무류, 호두나무류, 소나무류
1,400-현재		소나무류, 초본류

나. 식물분포의 구분과 현황

우룸빙기가 끝난 현재까지 지난 10,000년 동안 육지 생태계는 대체로 안정되어 현상태를 유지하고 있다. 지구상에 식물이 어떻게 분포하고 있었는지에 대한 정보는 각 지층에서 나오는 화석과 화분(花粉)을 분석함으로써 얻게 된다. 특별한 지각 변동이 없는 한 안정된 지역에 있어서 식물의 분포는 기후요소에 의해 결정된다. 기후요소 중에서도 식물분포에 가장 결정적인 영향을 주는 인자는 강수량과 온도이다.

온도에 따라서 세계에 분포하는 식물계를 구분하여 보자. 우선 지역적으로, 열대지역, 온대지역, 아한대지역, 한대지역으로 나누고, 이에 따른 식물분포는 열대지역에는 열대다우림 혹은 상록수림, 온대지역에는 하록수림 혹은 낙엽광엽수림, 아한대지역에는 침엽수림, 한대지역에는 툰드라로 구분한다.

강수량에 따라서 구분하여 보면 먼저 지역적으로, 습윤지역, 하우 동건조지역, 동우 하건조지역, 건조지역, 완전 건조지역으로 나눈다. 이에 따른 식물분포는 습윤지역에는 열대다우림, 하우 동건조지역에는 우록수림, 동우 하건조지역에는 경엽수림, 건조지역에는 사바나와 반사막, 완전 건조지역에는 사막으로 구분한다.

또한 식물 분포는 상관(相觀, 어느 식물사회를 대표하는 우점종의 생활형으로 판별)에 따라서 숲, 초원, 황원으로 대별하기도 한다.

각각의 식물분포 지역에 따라서 식물을 이용하면서 살아가는 인간의 생활양식도 구별되며 독특하다. 이것은 지난 수 천 수 만년 동안 지속되어 온 인류의 역사 속에서 보면 어느 곳이나 예외 없이 나타났던 현상이었을 것이다.

제 2 절 식물 성장의 원천

실루아기 시대 혹은 적어도 데본기 시대인 대략 4~5억년 전에 쇠뜨기와 같은 양치식물들은 지구상에서 최초로 육지로 상륙하여 육지 생태계와 산림을 형성하는데 밑거름을 놓았다. 영겁의 세월이 지난 현재, 이들 식물들은 크기에 있어서 엄청나게 달라지긴 하였지만 형태에 있어서 크게 변하지 않은 모습이다. 또한 3억 5천만년의 탄생 역사(페름기)를 자랑하는 나자 식물인 은행나무는 당시의 화석과 비교해 보건대 그 모습이 오늘날의 그것과 거의 변함이 없다.

이처럼 식물이 수억년의 역사를 간직하고도 우리 곁에서 변함없이 살아가고 있는 생명 유지의 원천은 무엇인가. 그것은 광합성 작용이다.

$$CO_2 + H_2O + \varDelta E \rightleftarrows C_6H_{12}O_6 + O_2$$

광합성 작용(photosynthesis)이란 땅 속에서 뿌리가 물을 빨아들이고 공기로부터 이산화탄소를 흡수하여 햇빛을 이용하여 탄수화물과 산소를 만들어내는 일련의 과정을 말한다. 식물이 아직 바다나 물 속에서 원시식물의 상태에 있었을 때에는 공기 중에 산소가 부족하여 광합성 작용을 제대로 수행하지 못했다. 그러나 차츰 원시상태의 광합성이 늘어나면서 대기 중의 산소량이 증가하게 되고 이어서 식물들이 번성할 수 있게 되었다.

광합성 작용은 아주 간단한 작용일지 모르나 이 기작(mechanism)은 지구상에 살아 숨쉬는 모든 생물들에게 생명줄과도 같은 작용이다. 얽히고 섥혀 있는 먹이사슬의 저변을 담당하는 생산자로서 식물이 광합성을 제대로 하지 못한다면 전체 먹이사슬이 붕괴되는 것은 당연한 결과이다. 광합성을 하지 못하게 되는 것은 식물체 자신은 물론이려니와 모든 생명체에게 치명적이다.

몇 그램이 되지 않는, 때로는 1그램도 되지 않는 아주 작은 씨에서 싹이 터서 잎이 나고 지고, 꽃 피고 열매를 맺으면서 길이성장과 부피성장을 계속한다. 식물의 성장과정은 겉으로 보기에 단순한 것 같지만 복잡하고 생명을 유지하는 데에는 많은 어려움을 겪는다. 발아, 개화, 결실, 휴면의 반복으로 설명할 수 있는 식물의 성장은 적정한 온도와 습도, 영양물질이 보장되지 않으면 생명을 유지할 수 없다.

여러 과학자들의 연구결과를 인용하지 않더라도, 광합성 식에서 보는 것처럼 식물 생존에 영향을 미치는 기본인자는 햇빛(광선), 수분, 공기이다. 이외에도 온도인자, 토양 속이나 식물체 내의 물리적 화학적 상태와 작용으로 대변되는 화학적 인자, 바람, 서리, 눈, 비, 인간의 간섭 등 기계적 인자가 식물 생존에 영향을 끼친다.

제 3 절 식물의 수명과 소멸

식물의 한 종(species)이 수억 년을 이어서 내려오면서 살고 있지만, 하나의 씨앗이 싹을 터서 살 수 있는 수명은 얼마나 될까? 보통 풀은 그 해 봄에 싹을 틔워서 그 해 가을에 삶을 마치지만, 2년 이상 살아가는 풀도 있다. 나무는 수년 이상 수십년, 수 백년을 살고 때때로 수 천년을 살아가기도 한다. 식물은 수명에 따라서 다음과 같이 구분한다.

- 1년생 식물(풀) : 봄에 싹이 터서 그 해 가을에 삶을 마치는 식물(초본식물)
- 2년생 식물(풀) : 봄에 싹이 터서 다음 해 삶을 마치는 것으로서 숙근초(宿根草)라고 부르는 식물(초본식물)
- 다년생식물(나무) : 2년 이상 여러 해 동안 살아가는 식물(대부분의 목본식물)

그림 1-7. 광합성 기작 모식도

이처럼 식물은 종류에 따라서 수명의 차이가 있다. 자연 상태에서 풀처럼 불과 몇 개월(1년생 식물) 동안 생을 영위하기도 하지만, 나무의 경우 6000년 이상을 살아가기도 한다. 공식적으로 기록되어 있지는 않지만, 호주에는 10,000년 가까이 살고 있는 나무도 있다고 한다. 북아메리카 대륙의 캘리포니아 지역 태평양 연안에는 40층 건물 높이의 키를 가진 나무, 내륙에는 3~40세기를 살아가는 나무, 또 어마어마한 크기를 가진 나무들이 즐비하다. 이러한 지상 최고 최대의 거대한 생명체들이 살아가는 대표적인 곳은 미국의 두 번째 국립공원인 세쿼이아 국립공원이다. 이 곳에는 지상에서 가장 키가 큰 세쿼이야 나무가 살고 있는데 키가 무려 111m가 넘는다(그림 1-8). 국립공원 주변에서 볼 수 있는 나무 중에서 가장 큰 나무들을 우리나라의 용문사 은행나무와 대만 삼나무와 비교해 보면 다음 표와 같다. 나무의 부피(재적)를 기준하여 지상에서 가장 몸집이 큰 나무는 셔먼 장군(General Sherman)이라고 부르는 세쿼이아와 그랜트 장군(General Grant)이라는 나무이다. 키가 80m가 넘고 18m높이에서 지름은 5m가 넘는다. 우리나라에서 가장 큰 나무의 하나라고 부르는 용문사의 은행나무는 사람 가슴높이의 지름이 4.4m에 불과하다.

표 1-3. 거대한 생명체들(전영우, 1994년 붉은 나무의 왕국 일부 수정)

나무의 외형	General Sherman	General Grant	대만 삼나무	용문사 은행나무
나 무 높 이(m)	82.54	81.02		61
밑둥치 둘레(m)	30.79	32.60		
밑둥치 최대 직경(m)	11.06	12.21		
밑둥치 평균 직경(m)	9.76	10.09		
18m높이에서 직경(m)	5.30	5.70		가슴높이지름4.4
36m높이에서 직경(m)	5.15	4.55		
54m높이에서 직경(m)	4.24	3.91		
첫줄기에서 나온 나무높이(m)	39.39	39.09		
가장 굵은 가지 직경(m)	2.06	1.36		
줄기의 총부피(m^3)	52,500	45,232		
나무의 나이(추정)(년)	3000	?	3,000	1,100

식물이 인간의 간섭을 받지 않고 자연 상태에서 살아갈 때에는 생태계 안에서 천이(遷移, succession)에 의해 생활을 영위하고 정해진 삶을 마친다. 그러나 인간의 간섭(경제적 활동)으로 생육을 조장 당하기도 하고 그것으로 인해서 정상적

인 수명을 마치지 못하고 삶을 마감하는 경우도 많다.

인간사회의 의식주를 해결하기 위한 경제적인 활동으로 대부분의 농작물을 비롯한 화훼작물, 산림자원 등은 최성기의 삶 속에서 생명을 마친다. 다음 표에 소개하는 나무들은 자연적인 천이 상태에서는 훨씬 오래 살 수 있지만 목재이용이라는 인간의 간섭으로 인하여 자연 수명보다 단축된 운명으로 삶을 마감하는 나이를 보여주는 것이다. 벌기령(伐期齡, cutting age)이란 임목이 성장하여 대체로 최적의 수익을 올릴 수 있도록 벌채할 수 있는 시기를 말한다. 이 시기에 나무는 수명을 다하고 소멸한다.

그림 1-8. 세계에서 가장 키 큰 나무
(왼쪽에 서있는 사람의 키와 비교해 볼 것)

표 1-4. 주요 수종의 경제적 수명(伐期齡).

수 종	학 명	벌기령(년)
유럽참나무	Q. petraea	140-300
유럽참나무	Q. robur	140-240
미국참나무	Q. rubura	80-100
너도밤나무	Fagus silvatica	120-180
서어나무류	Carpinus betulus	120-180
단풍나무	Acer pseudoplatanus	80-160
느릅나무	Ulmus glabra	80-160
물푸레나무	Fraxinus excelsier	80-160
벚나무	Prunus avium	80-160
피나무	Tilia platyphylloss	80-160
포플러	Populus tremula	30-60
오리나무	Alnus glutinosa	60-100
자작나무	Betula spp.	60-100
사시나무	Populus ssp.	60-100
독일가문비	Picea abies	80-120
전나무	Abies alba	80-140
더글러스 전나무	Pseudotsuga menziesii	80-140
구주 소나무	Pinus silvestris	100-160
스트로브 잣나무	P. strobus	60-100
구주 낙엽송	Larix europaea	120-160
일본 잎갈나무	L. leptolepis	80-100

그림 1-9. 벌기령에 이른 전나무가 자동화 기계에 의해 벌채되고 있는 모습(핀란드 탐페레 지역)

제 2 장 식물의 구조와 특성

제 1 절 식물의 명칭과 분류

1. 식물의 명칭

가. 향명(鄕名; common names)

식물은 두 가지 이름을 가지고 있다. 소나무라는 나무 이름은 대한민국 안에서 우리나라 사람이 소나무를 부를 때 쓰는 이름인데, 이를 영어권에서는 pine 혹은 pine tree, 독일어권에서는 Kiefer, 이태리에선 pini, 중국에서 松이라 부른다. 이처럼 같은 나무라 하더라도 나라에 따라서 언어와 생활이 다르기 때문에 나무를 부르는 이름이 다르고, 같은 나라안이라도 지방에 따라서 방언이 있으므로 각각 지역에 토착화된 이름이 따로 있게 된다. 이와 같이 제한된 지역 안에서 부르는 식물의 이름을 향명(common names)이라고 한다. 향명은 일반인들이 일상생활에서 쓰는 일종의 생활어이며 식물의 본질이나 외형적인 특성, 분포지, 용도, 전설이나 민속 등과 관련된 특성, 토착화된 외래어 등의 특성이 반영되어 붙여진다. 이것은 해당 식물과 관련된 문화적 특성을 추적할 수 있게 해 주는 단서를 제공하기도 하고, 그 식물의 특징을 잘 나타내고 있기 때문에 다른 것들과 쉽게 구별할 수 있게 해주며 친근감을 주기도 한다. 털도둑놈의 갈고리, 며느리배꼽, 선비나무(學者樹), 상수리나무, 생강나무, 향나무, 주목, 너도밤나무, 버즘나무 등은 대표적인 향명이다.

나. 학명(學名; scientific names)

향명은 그 지역 고유의 언어로 표현되고 있기 때문에 국제적인 모임이나 문헌 등에서 직접 쓰게 되면 공통성이 없음으로 상호 의사 소통이나 정보를 공유하기가 어렵다. 이를 해결하기 위하여 식물에 라틴어로 된 학술적 명칭을 붙이게 되었는데 이를 學名(scientific names)이라고 한다. 이것은 1753년 식물학자 린네(Carl von Linné, 1707~1778)가 식물의 이름을 정하는데 있어서 二命名法(bionomial nomenclature)을 사용한 이래 학자들이 이 체제를 따르기 시작한 데서 비롯되었다. 학명은 속명, 종명, 명명자의 이름 등 세 부분으로 이뤄진다. 적송(赤松)이라 불리우는 우리나라 소나무의 학명은 *Pinus densiflora* SIEBOLD et ZUCCARINI라고 하는데 Pinus는 속명, densiflora는 종명, 그리고 SIEBOLD et ZUCCARINI는 소나무에 이름을 지어 처음으로 공표한 사람이다. 속명은 항상 대문자로 시작하고 종명은 소문자로 쓰며 이탤릭체로 인쇄한다.

한편, 식물의 이름은 1867년 파리에서 열린 제1회 국제식물학회에서 만들어진 국제식물명명규약(Paris Code)에 따라 붙여진다. 이 규약에는 한 개의 식물에 한 개의 정확한 학명을 붙이며, 두 개의 다른 종과 속에 같은 이름을 붙일 수 없고, 종명은 속명과 같은 말을 사용하지 못하며, 라틴어를 써야 한다는 등의 내용이 들어 있다.

2. 식물의 분류

가. 유연관계에 따른 분류

식물은 형태에 의한 분류, 꽃부분의 숫적 배열에 의한 분류, 당시에 활용할 수 있는 모든 지식을 동원하여 자연계에 있는 그대로를 반영하는 자연분류법, 유연관계, 즉 진화경로에 따라 분류하는 계통분류법 등으로 분류한다. 식물의 분류는 아주 오랜 역사를 가지고 있다. B.C. 4~3세기경 아리스토텔레스의 제자인 테오프라스투스(Theophrastus, 372~287 B.C)가 400여종에 달하는 식물을 목본식물과 초본식물, 꽃피는 순서(花序), 씨방의 위치 등을 구별하여 이 분야의 시조라고 여기고 있다.

그러나 19세기 중반까지는 그의 분류법을 비롯해서 식물들의 유연관계에 바탕을 둔 분류에 대해서는 과학적으로 뒷받침되지 못하였다. 1859년 다윈의 종의 기원(Origin of Species)이 출간된 이후에 상호간의 유연관계를 근거로 한 분류방식, 즉 계통분류법이 나타난다. 이 방법에 의한 식물분류가 바람직하지만 다른 한편으로 이 방법은 각 식물들의 조상대대로의 위계(祖孫關係)를 분명하게 제시할 수 있는 정보가 불충분하다. 그래서 현실적으로 입수할 수 있는 모든 정보를 활용할 수 있는 소위 자연분류법과 계통 분류법을 혼용하여 쓰고 있는 실정이다. 우리나라에서는 1952년에 출간된 中井(나까이)의 조선 식물지 경개(朝鮮 植物誌 梗概)에 의존하는 경향이 있다. 이 책은 일본 학자 中井이 1909~1942년까지 34년간 우리나라의 식물을 조사 연구한 결과를 수록한 것이다. 기록에 따르면 한반도에는 종 3,176점, 변종 841점, 품종 174점 등 총 4,191 종류의 식물이 분포한다고 한다.

식물을 분류할 때 최소 목표 단위는 종(種, Species)이다. 기타 종에서 파생된 것으로서 변종, 품종, 잡종, 재배종 등이 있다. 국제식물명명 규약에 따른 식물분류체계를 장미와 소나무의 경우를 예로 들어 아래 표에 제시하였다.

표 2-1. 국제 식물 명명 규약에 의한 장미와 소나무의 분류 체계

장 미		분류체계	소 나 무	
식물계 Regnum vegetabile		Regnum(界)	Regnum vegetabile 식물계	
		Subregnum(아계)		
관속식물문	Tracheophyta	Divisio(문)	Tracheophyta	관속식물문
양치식물아문	Pteropsida	Subdivisio(아문)	Pteropsida	양치식물아문
피자식물강	Angiospermae	Classis(강)	Gymnospermae	나자식물강
쌍자엽식물아강	Dicotyledoneae	Subclassis(아강)	Coniferophytae	구과식물아강
장미목	Rosales	Ordo(목)	Coniferales	구과목
		Subordo(아목)		
장미과	Rosaceae	Familia(과)	Pinaceae	소나무과
		Subfamilia(아과)	Pinoideae	소나무아과
장미속	Rosa	Genus(속)	Pinus	소나무속
		Subgenus(아속)		
장미 Rosa hybrida Hort.		Species(종)	소나무Pinus densiflora S. et Z.	
		Subspecies(아종)		

나. 형태에 의한 분류

이미 B.C. 4세기 아리스토텔레스(Aristotle, 384~322 B.C.)는 식물계를

큰 키나무(喬木), 작은 키나무(灌木), 초본(草本)으로 구분하였었다. 이어서 제자인 테오프라스투수는 작은 키나무인 관목을 관목과 아관목으로 세분하고, 초본을 1년생, 2년생 및 다년생으로 구분하였다. 이러한 분류법은 1700년 프랑스의 삐똥 뚜르네포르(Pitton Tournefort, 1656~1708)가 나타날 때까지 큰 변화가 없었다. 그는 테오프라스투스처럼 식물을 木本(나무)과 草本(풀)으로 나누고, 꽃부분을 중요시 하여 꽃이 규칙적인 것과 불규칙적인 것, 꽃잎이 있는 것과 없는 것, 꽃잎이 갈라진 것과 합쳐진 것(갈래꽃과 통꽃) 등으로 구분하였다.

오늘날 식물은 식물 외관의 특성과 생태 생육적 특성에 따라 여러 가지 기능과 용도로 구분한다. 우선 1년 생장후 가을에도 지상부(줄기)가 계속해서 살아 남아있는 '나무' 인가, 그렇지 않은 '풀' 인가에 따라서 목본식물(woody plants)과 초본식물(herbaceous plants)로 구분한다. 목본식물의 경우 다시 다음과 같이 여러 갈래로 분류할 수 있다.

그림 2-1. 식물의 크기에 따른 분류

1) 잎의 모양 : 침엽수(바늘잎나무)와 활엽수(넓은잎나무)
2) 가을의 낙엽 : 상록수와 낙엽수, 상록 침엽수와 상록 활엽수, 낙엽 침 엽수와 낙엽 활엽수
3) 기능 : 장식용, 환경조절용(방풍용, 시각조절/차폐용, 방조용, 방음용, 방진용, 방화용, 녹음수, 가로수 등), 조경용 등
4) 크기 : 교목(8m이상), 아교목(2~8m), 관목, 만경류(덩굴식물), 지피류(풀) 등
5) 수명(식물전체)
•1년생 식물 : 봄에 싹이 터서 1년동안에 생대(生代)를 마치는 식물을 말한다.
•2년생 식물 : 2년 동안에 삶을 마치는 것으로서 숙근초(宿根草)라고도 한다.
•다년생식물 : 2년이상 여러 해 동안 살아 있는 식물을 말한다.
6) 씨방의 위치 : 속씨식물(꽃구성요소에 의해 둘러싸임/피자식물)과 겉씨식물(겉으로 드러나 있음/나자식물)
7) 기후대 : 열대 식물, 난대 식물, 온대 식물, 한대 식물 등
8) 고도, 지역 등 : 고산식물, 습지식물, 부유식물, 염지식물 등
9) 기타 : 기생식물 등

제 2 절 식물의 기관

1. 줄기(莖樹幹, stem)

식물의 기관은 크게 줄기, 가지, 잎, 뿌리, 꽃, 열매 등 다섯 가지로 구분한다. 줄기는 목본식물, 초본식물 구분없이 식물체를 지지하는 중요한 역할을 한다. 대부분의 목본식물은 줄기가 땅위로 또렷이 곧추 올라가는 반면, 민들레와 유사한 생장 특성을 보이는 초본식물에서처럼 겉으로 보기에 줄기가 없는 것이 있다. 후자에 해당하는 초본식물들은 흔히 긴 꽃대(花梗)가 나와서 그 끝에 꽃이 핀다. 줄기가 짧은 식물은 잎이 많이 달려서 방석이나 혹은 솜사탕같이 뭉쳐있는 형태를 가진 것도 있다.

줄기의 생장방향은 곧게 자라는 것과 옆으로 또는 중간형태로 자라는 것이 있다. 줄기는 또한 독립적으로, 혹은 잎과 함께 그 형태가 달라진 것이 있는

데 이를 줄기의 변태라 한다. 고비나 창포처럼 땅 속에서 자란 줄기를 지하경(地下莖, rhizome)이라 하고, 양파나 수선같이 잎이 육질화(肉質化)하여 짧게 자란 줄기의 주위에 빽빽하게 밀생하므로써 바깥쪽 인편이 속의 것을 둘러싸고 있는 것을 인경(鱗莖, bulb)이라 한다. 감자는 줄기가 비대하여 육질(肉質)의 덩어리로 된 것으로서 괴경(塊莖, tuber)이라고 한다.

2. 소지(小枝, twig)

1년생의 가지를 말하며 눈, 엽흔, 탁엽흔, 침, 단지 등을 볼 수 있다.

1) 눈(芽, bud)

소지 끝이나 엽(엽액, 葉腋)에 달리는데 가지 끝에 달린 것을 정아(頂芽), 엽에 달린 것을 측아(側芽)라고 한다. 또, 장차 꽃이 될 꽃눈(花芽), 잎이 될 잎눈(葉芽), 꽃과 잎이 같이 나오게 될 혼아(混芽)로 구분한다. 눈은 대개 비늘(아린, 芽鱗, bud scale)로 둘러싸여 있는데 그렇지 않은 것도 있으며 전자를 인아(鱗芽), 후자를 나아(裸芽, naked bud)라 한다.

2) 엽흔(葉痕)

잎이 가지에서 떨어진 자국을 말한다.

3) 탁엽흔(托葉痕, stipule)

엽흔이 있는 자리의 좌우에 생긴 가늘고 긴 자국으로서 잎자루(葉柄)의 기부 좌우에 비늘같은 것이 달려 있던 흔적이다.

4) 침(針)

침에는 경침(莖針), 엽침(葉針), 피침(皮針)이 있다. 경침은 가지의 끝 혹은 전체가 가시로 변한 것이고, 엽침은 잎이 변해서 된 것인데 아까시나무는 탁엽이 변하여 생긴다. 피침은 장미나 음나무에서 볼 수 있는 가시로서 껍질에서 돋아난다.

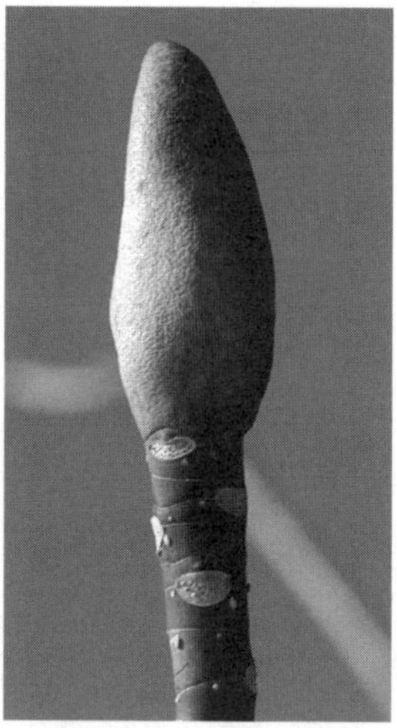

그림 2-2. 목련의 눈과 엽흔

5) 단지(短枝, spur)

마디와 마디가 아주 짧은 가지를 말하는데 5~6년 동안 자란다. 은행나무와 잎갈나무(이깔나무), 혹은 자작나무 등에서 흔히 볼 수 있는데 마치 가지의 밑부분을 짓이겨 압축해 놓은 것과 같은 돌기처럼 보인다. 매년 새잎이 달리며 열매를 맺기도 한다.

3. 잎(leaves)

잎은 광합성, 호흡, 증산 작용을 하는 중요한 기관이다. 이곳에서 만들어진 영양분은 가지와 줄기로 보내져 부피생장(肥大生長)과 높이생장(樹高生長)의 원천이 되게 한다. 잎은 잎자루(葉柄, petiole)와 잎몸(葉身, leave blade)으로 구성되어 있으며, 잎 중에는 잎자루 옆에 조그맣게 달린 작은 잎인 탁엽(托葉)이라는 것이 달린 것과 없는 것이 있다.

그림 2-3. 은행나무 단지

가. 엽서(葉序, leave arrangement)

잎은 가지에 일정한 질서를 가지고 달리는데 잎이 달리는 질서를 엽서(葉序, leave arrangement)라 한다. 엽서에는 마주나기(對生, opposite), 돌려나기(輪生, whorled), 어긋나기(互生, alternate)가 있다. 마주나기란 한 마디에 잎이 두 장씩 서로 마주 달리는 것을 말하고, 돌려나기란 한 마디에 세 장 이상 빙둘러 달리는 것을 말한다. 어긋나기는 한 마디에 잎이 한 장씩 서로 어긋나게 달리는 것인데 이 잎을 따라 가면 나선 모양의 궤적을 찾을 수 있다. 交互對生(decussate)이란 마주나기의 아래 위가 서로 십자 형태로 교차하듯이 잎이 달리는 것을 말한다.

나. 잎의 종류

잎의 종류에는 잎몸(葉身)이 하나만 달린 홑잎(單葉, simple leaf)과 두 장 이상 달린 겹잎(複葉, compound leaf)이 있다. 이 때 겹잎의 한 잎 한 잎을 소엽(leaflet)이라 하고, 모두를 합쳐서 전소엽이라고 하며 전소엽을 달고 있는 잎자루를 총엽병(rachis)이라고 부른다. 아까시나무와 자귀나무잎에서 볼 수 있다.

다. 엽맥(葉脈/Venation)

잎을 보면 잎몸의 중앙 아래, 즉 잎자루와 잎몸이 만나는 부분에서 잎의 끝이나 가장자리를 향해 가느다란 선(맥)들이 분포하고 있는 것을 발견하게 된다. 이를 엽맥이라고 부르는데, 잎몸의 중앙 기부에서 끝을 향하는 커다란 맥을 주맥, 혹은 중륵(中肋, midrib), 주맥에서 좌우로 잎가장자리를 향해 갈라지는 것을 측맥(側脈)이라고 한다. 바늘잎나무인 침엽수는 맥이 하나뿐인 단맥이고, 넓은잎나무인 활엽수는 다맥이다. 다맥에는 맥이 평행하게 조직된 평행맥, 그물처럼 조직된 망상맥, 세 줄로 된 삼륵맥, 손바닥을 편 모양인 장상맥, 하나의 맥이 둘로 갈라진 차상맥(叉狀脈) 등이 있다.

그림 2-4. 자귀나무의 잎(소엽)과 총엽병

라. 잎의 외형(outline of leaf)

식물들이 달고 있는 잎의 종류에 따라 잎의 윤곽은 식물 고유한 형태를 보인다. 개개의 식물마다 서로 다른 잎의 모양새와 크기를 가지고 있어서 만수만엽(萬樹萬葉)이다. 같은 모양이라도 크기가 조금씩 다르다. 대표적인 모양은 원형, 타원형, 광타원형, 장타원형, 난형(알모양), 도란형, 침형, 피침형, 선형, 쐐기형, 주걱형, 신장형, 심장형, 다이아몬드형, 화살형, 검형, 삼각형, 바이올린형, 민들레형 등이다.

마. 잎의 끝부분(葉先, 葉頂, leaf apices)

잎자루 반대쪽에 있는 잎의 끝부분을 말한다. 넓은 원주형인 원두, 뭉뚝한

둔두, 뾰족한 예두, 약간 돌기나 가시, 털이 달린 소철두나 급첨두, 끝이 파인 요두(凹頭), 꼬리처럼 길게 나온 꼬리형, 덩굴손처럼 말린 모양 등의 형태가 있다.

바. 잎의 밑(葉底/leaf bases)

잎자루가 달려있는 부분을 말한다. 날개모양, 쐐기모양, 삼각형을 거꾸로 놓은 형태, 좌우가 대칭이 아닌 것, 처진 귀모양, 검형, 줄기를 둘러싼 형태, 수평형태, 방패 모양 등이 있다.

사. 잎의 가장자리(葉緣/leaf margin)

엽연이란 잎몸의 가장자리의 모양을 나타내는 말이다. 뒤로 젖혀진 것, 밋밋한 것, 물결모양, 여러 가지 톱니모양, 깊게 갈라진 것, 깃털처럼 갈라진 것, 손바닥처럼 갈라진 것 등이 있다.

아. 털(모이/trixchoma, hair)

털은 각 기관에 많이 돋아나는데 잎에 있는 것은 식물을 구별하는 데에 큰 역할을 한다.

자. 소질(素質/texture)

잎이 거칠고 매끈매끈한 정도인 질감을 말한다. 얇은 것, (반)투명한 것, 가죽처럼 두꺼운 것, 코르크질, 해면같은 것, 뼈대 같은 것, 살이 두꺼운 것, 초를 바른 듯이 윤기나는 것, 섬유질이 많은 것 등으로 구분한다.

4. 꽃(花/Flower)

가. 꽃의 기능

꽃은 식물이 번식하는데 없어서는 안되는 중요한 기관이자 인간에게는 감상의 대상으로서 관상 가치를 높혀주는 귀중한 역할을 한다.

나. 보호기관, 긴요기관, 자웅동주, 자웅이주

꽃받침(calyx)과 꽃부리(花冠, corolla)를 보호기관이라 하고 수술(stamen)과 암술(pistil)을 긴요기관(생식기관)이라고 한다. 이 모두를 갖춘 것을 완전화(갖춘꽃)라고 하고 어느 하나가 갖춰지지 않은 것을 불완전화(안갖춘꽃)라 한다. 긴요기관 중 모두 갖춰진 것을 양성화, 하나만 있는 것을 단성화라 하며 수술만 가지고 있는 것을 수꽃, 암꽃만 가지고 있는 것을 암꽃이라고 한다. 둘 다 갖추고 있지 않은 것을 중성화라 한다. 암수꽃이 한 그루에 있는 것을 1家花 혹은 자웅동주(雌雄同株, monoecious), 따로따로 있는 것을 2家花 혹은 자웅이주(雌雄異株, dioecious)라 한다.

다. 화탁(花托, receptacle), 꽃부리

꽃을 구성하고 있는 모든 기관들이 달려 있는 곳을 화탁이라고 한다. 꽃부리는 화관이라고 하며 꽃잎을 달고 있는데, 이 꽃잎들이 갈라져 있는 것을 갈래꽃(이판화관), 붙어 있는 것을 통꽃(합판화관)이라고 한다.

라. 꽃달리는 순서(花序, inflorescence)

화축(花軸)에 달린 꽃의 배열을 화서라고 한다. 화서는 크게 유한화서(有限花序)와 무한화서(無限花序)의 두 가지로 구분하고 있다. 유한화서에서는 頂花 또는 中央花가 맨 먼저 핌으로써 꽃대의 생장을 억제하고, 무한화서에서는 꽃이 자라는 꽃대 밑에서 위를 향해가면서 상향식으로 피는 특징을 가지고 있다.

5. 열 매

가. 개관

열매는 꽃의 결실이자 종족 번식을 위한 원천이다. 더불어 인간과 야생동물에게는 생명 유지를 위한 기초 식량자원이며 동시에 인간에게는 철학적 사색과 미적 감상의 대상이 되기도 한다.

열매는 개화후 가루받이와 정받이의 과정을 거쳐서 탄생한다. 꽃이 피면 여러 매개에 의해 꽃가루가 암술머리에 닿게 되는데 이를 가루받이 혹은 수분(受粉/pollination)이라 한다. 암술머리에 닿은 꽃가루(정자)는 꽃가루관(화분관/pollen tube)을 따라서 암술대의 맨 아래에서 기다리고 있는 난자인 배주(胚珠/ovule)와 만나게 되는데 이를 정받이 혹은 수정(受精/fertilization)이라 하며 씨방을 형성한다. 식물에 따라서 가루받이 후 정받이에 걸리는 기간이 긴 것도 있다. 또 수정 후 열매가 완전히 성숙하는데 소요되는 기간도 목본식물인 나무의 경우, 짧은 것은 벚나무류에서 볼 수 있는 것처럼 2~3개월, 긴 것은 노간주나무에서 볼 수 있는 것처럼 3년 가까이 걸리는 것도 있다.

꽃의 모양이 식물 종에 따라서 천차만별이듯이 열매의 구조나 모양 또한 그에 못지 않게 다양하다. 식물의 열매는 성숙특성에 따라서 진과와 가과로 나누고, 익은 열매 속에 들어있는 수분함량의 적고 많음에 따라서 건과와 육질과로 구분한다. 씨방(子房)과 같이 자란 것을 진과(眞果/true fruit), 씨방 주위의 암술대, 꽃받침 등과 같이 자란 것을 가과(假果/false fruit)라 한다.

나. 겉씨식물(裸子植物)의 열매

씨방이 겉으로 들어나 있는 식물을 겉씨식물 혹은 나자식물이라고 한다. 열매가 단단하여 연중 언제라도 볼 수 있는 특징을 갖고 있어서 종을 구별하는 데에 큰 도움이 된다. 열매는 꽃이 핀 해에 성숙하는 것이 대부분이지만 2~3년에 걸쳐서 성숙하는 것도 있다.

열매는 건과(乾果)와 육질과(肉質果)로 구분한다. 건과(dry fruit)는 솔방울 모양처럼 생긴 하나의 콘(cone)에 목질 혹은 육질로 된 여러 개의 비닐 같은 편(實片)이 붙어 이뤄진 것인데 각각의 실편 안에는 하나 혹은 그 이상의 종자가 들어 있다. 육질과(fleshy fruit)는 종자의 바깥쪽이 두터운 육질의 옷(種衣/aril)으로 감싸여진 열매이다. 전자처럼 솔방울 모양의 열매를 구과(毬果)라 하고 이를 맺는 식물을 구과식물(conifer)이라 하며 소나무과, 낙우송과, 측백나무과, 개비자나무과 등이 여기에 속한다. 육질과를 맺는 대표적인 나무는 주목이다.

다. 속씨식물(被子植物)의 열매

씨방이 암술대, 꽃받침 등 꽃을 구성하는 여러 부분에 의해 둘러싸여 겉으로 들어나지 않는 열매를 맺는 식물을 속씨식물 혹은 피자식물이라 한다. 열매는 종자(seed)와 종자를 둘러싸고 있는 겉껍데기인 과피(果皮/pericarp)로 되어 있는데 과피는 종자에서부터 바깥쪽으로 내과피, 중과피, 외과피로 구성되어 있다.

진과는 건과와 육질과로 나누고 건과는 성숙후 과피가 벌어지는 건개과와 벌어지지 않는 건폐과로 구분한다. 건개과를 맺는 식물은 모란, 콩과식물, 철쭉, 참중나무, 도둑놈의 갈쿠리 등이 있고, 건폐과를 맺는 식물은 국화, 으아리, 느릅나무, 밤나무, 참나무류, 고추나무 등이다. 육질과를 맺는 식물은 포도나무, 감귤나무, 석류나무, 벚나무 등이다.

가과는 단화과(單花果, 單果)와 다화과(多花果)가 있다. 단화과를 맺는 식물은 배, 사과, 장미, 등나무 등이고 다화과를 맺는 식물은 자작나무, 오리나무, 뽕나무, 플라타너스, 무화과나무 등이다.

제 3 절 식물의 특성

1. 생리적 특성

생리적 특성은 식물이 어떤 원리에 의하여 자라는가를 나타내는 것으로, 주로 식물 자체가 가지고 있는 유전적 특성과 연관이 깊다. 식물의 생장과 관련된 생리적 특성에는 광합성과 호흡, 유기화합물 대사, 무기 양료, 수분생리, 식물호르몬, 개화와 결실이 포함된다.

그림 2-5. 주목의 열매(육질과)
(속의 씨가 종의에 둘러싸여 있음)

그림 2-6. 다화과(뽕나무 오디)

가. 광합성과 호흡

광합성과 호흡은 식물의 생명 유지와 생장에 필요한 에너지를 합성하고 또 소모하는 생리적 현상으로 생명과 에너지 수급의 핵심을 이룬다.

나. 유기화합물 대사

유기화합물 대사에서는 광합성으로 포도당을 만들고, 이를 기초로 다른 유기화합물을 합성하고 필요할 때 다른 물질로 전환시킨다. 따라서 필요한 모든 유기 화합물을 자체 조달함으로써 뿌리로부터 탄수화물, 단백질, 그리고 지방 등과 같은 무기화합물만 흡수하면 독립적으로 살아갈 수 있다.

다. 무기 양료

무기양료는 대부분 토양에서 뿌리를 통하여 흡수하는데, 여러 가지 유기화합물을 합성하는데 기본 성분이 되며 또는 촉매제가 된다. 예를 들어 토양으로부터 흡수하는 질소, 인산, 칼슘 등이 이에 속한다.

라. 수분생리

식물의 생장에 가장 필요한 것이 물인데, 식물의 분포는 수분에 의하여 결정된다. 물은 광합성에 필요한 한 요소로 주로 뿌리로부터 흡수하여 줄기의 물관을 통하여 상승하면서 수액의 형태로 잎까지 도달하여 광합성과 기공을 통한 증산작용에 의하여 소모된다.

마. 식물호르몬

식물호르몬은 식물생장물질이라고도 하며 식물의 생장, 분화 및 생리적 현상에 영향을 미치는 물질이다. 식물호르몬의 역할은 외부로부터의 자극을 식물의 각 기관에 전달하여 식물 총합체로서의 반응을 유도한다. 식물호르몬은 크게 생장촉진제(옥신, 지베렐린 등)와 생장억제제(아브시스산, 에틸렌 등)가 있다. 생장촉진제는 주로 봄에 작용하고 생장억제제는 주로 가을에 생산한다.

바. 개화와 결실

식물의 종에 따라 개화에서 종자의 결실까지 소요되는 시간은 다양하다. 예를 들어 회양목은 3개월, 배나무는 5개월, 그리고 소나무는 17개월이 소요된다.

2. 생태적 특성

생태라는 의미는 생물체 상호간과 주위환경과의 상관관계를 의미한다. 따라서 식물의 생태적 특성이란 그 식물이 어우러진 주변 집단에 기후, 토양, 지형 등과 같은 물리적 요소들이 상호작용하여 식물의 생장에 영향을 미치는 특성이라고 말할 수 있겠다.

식물은 이러한 주변 환경 인자에 영향을 받아 그 지역에 적합한 종이 분포하게 되며, 한 지역의 생물상은 시간이 경과되면서 다른 상태로 교체되는데 이러한 현상을 천이(遷移; Succession)라고 한다. 천이에 의한 식물사회는 각 지역의 서식 환경과 기후에 따라 일정한 순서로 변화한다. 즉, 식물사회는 천이에 의해 개척자(pioneer)에 의한 개척기에서 오랜 기간 동안 식생 분포의 변화를 거치면서 마지막 단계의 극상기(極相期; Climax Stage)에 도달하게 된다. 천이의 과정은 개척자인 1년생 초본에서 시작하여 다년생 초본, 양수(陽樹), 그리고 극상기의 음수(陰樹)의 순서로 인간의 간섭이 없는 한 순환하면서 되풀이 된다.

식물의 천이과정을 서울 근교에 적용하여 보면 초기에는 1년생 초본인 망초에서 시작하여 다년생 초본인 억새로 대체되고 또한 시간이 경과되면 양수인 소나무가 출현하다가 종국적으로는 음수인 참나무류가 이 지역을 점유하게 된다. 이를 좀 더 구체적으로 살펴보면 지표가 파괴되어 나지(裸地)로 된 곳에 망초같은 것이 우세하게 되는 것은 지표면 가까이에 산포되어 있던 망초의 씨가 겨울의 저온과 고온의 반복에 의해 이른 봄 일제히 싹이 트고 또 초기의 생장이 빠르기 때문이다. 망초의 뒤를 잇는 억새는 지하경에 양분을 저축하고 있어서 봄 일찍이 일 평균 기온이 10℃ 정도가 되면 활동을 시작해서 가을에 꽃필 때까지 영양생장을 지속하며 겨울이 되면 지상부는 말라죽고 지하부만 남아서 월동한다. 이렇게 하여 초본식물이 나무의 생육에 적합한 환경을 만들어 주면 소나무나 참나무의 싹이 억새나 다른 풀 속에 나타나게 된다. 이런 나무의 싹은 파이오니어로서 상당히 생장이 빠른 편이지만 풀에 비하면 느려서 처음에는 서서히 자라게 된다. 그러나 점점 풀보다 커져서 결국에는 풀에 그늘을 주게 되면 그처럼 왕성하게 자라던 억새 따위도 점차로 자취를 감추게 된다. 더욱이 소나무 숲에는 신갈나무, 서어나무, 단풍나무류 등 음수가 자라기 시작해서 200-500년 후에는 양수인 소나무를 누르고 우점종(優占種)이 되고 극상림(極相林)을 형성하게 된다.

식물의 생장은 기후변화에 민감하기 때문에 기후분포에 따라 식물의 출현종도 달라진다. 우리나라의 경우 기후대에 따라 달라지는 수목 분포를 난대림, 온대림, 그리고 한대림으로 구분하는데 주로 연평균 기온에 따라 구분한다. 난대림은 연평균 기온이 14℃ 이상으로 지리적으로는 남부 지역과 제주도가 포함되는데, 주로 상록 활엽수가 이에 해당된다. 우리나라에 가장 넓게 분포하는 온대림은 연평균 기온이 6~13℃로 충청남북도 이상에서 서울, 경기, 강원지역으로 수종은 주로 낙엽 활엽수이다. 그리고 한대림은 연평균 기온이 5℃ 이하로 이북과 산악고지대가 포함되며 침엽수림으로 구성되어 있다.

3. 환경적 특성

환경적 특성은 식물을 생장·발달시키고 적응분포를 결정짓는 외부의 조건을 통틀어서 말한다. 일반적으로 환경적 특성은 크게 대기환경의 조건, 토양과 지형의 조건, 그리고 생물적 환경의 조건으로 분류할 수 있는데 이들은 식물의 생장에 영향을 미칠 뿐만 아니라 환경요인 상호간에도 복잡한 연관관계를 가진다.

가. 대기환경의 조건

식물의 생육에 영향을 미치는 대기환경은 광선, 온도, 그리고 수분으로 구분할 수 있다. 이러한 대기환경 조건은 단독적으로 또는 다른 환경요인과의 상호작용을 통해 식물분포에 영향을 미친다.

1) 광선

대기환경 조건 중에서 광선은 식물의 물질생산에 필요한 광합성에 관여하며, 온도, 강우, 바람 등의 기후 조건에 직접적으로 영향을 미친다. 광선을 좀 더 세부적으로 구분하면 광질, 광도, 그리고 광주기로 나눌 수 있다. 광질은 태양복사의 파장에 따른 광선의 종류로 자외선, 가시광선, 적외선으로 분류한다. 한편 광도는 빛의 세기, 즉 밝고 어두움의 정도를 말하는 것으로 식물은 어두운 상태에서는 광합성을 하지 않고 호흡작용만 하기 때문에 이산화탄소를 배출하는 특성을 갖는다. 또한 광주기는 낮과 밤의 상대적 길이를 말하며 일장이라고도 한다. 온대지방에서의 일장은 계절적으로 변화하며 온도의 변화를 동반한다.

2) 온도

온도는 어떤 물체가 열에너지를 방출하는 정도를 나타내는 지표를 의미한다. 특히 온도는 식물의 생장과 분포에 많은 영향을 미친다. 이러한 이유로 기후대에 따라 달라지는 식물분포를 주로 온도인 연평균 기온에 의해 구분하는 것이다.

3) 수분

수분은 식물 생육에 없어서는 안되는 매우 중요한 요소이다. 특히 수분은 광합성과 양료의 용매역할 등으로 식물의 생육, 발달, 적응 및 분포를 결정하는 중요한 환경요인이다.

나. 토양과 지형의 조건

토양은 식물에 물과 양분을 공급해 주고 뿌리를 고정하는 역할을 하기 때문에 매우 중요한 식물의 생육환경에 속한다. 토양은 토양층위의 구성, 물리적 및 화학적 성질, 토양 생물상에 따라 식물의 생육에 미치는 정도가 달라진다.

토양층위를 보면 최상위층은 분해되지 않은 낙엽층인 L층(litter), 그 아래는 부분적으로 분해되었으나 근원을 식별할 수 있는 F층(fermentation), 그 다음은 유기물이 완전히 분해된 부식층인 H층(humus)이 형성된다. 이 세 가지 층을 통틀어서 O층(organic), 즉 유기물층이라고 한다. 그 아래에는 광물질토양(mineral soil)을 구성하는데 A층은 유기물과 광물질 통양이 혼합되어 어두운 색을 띠는 표토층이다. 또한 그 아래는 유기물이 적은 집적하층토인 B층, 그리고 생성작용이 없는 모재층의 C층 등이 계속된다.

토양은 입자의 크기에 따라 보통 모래, 미사, 점토로 구분한다. 토양의 물리적 성질 중에서 토성은 이러한 모래, 미사, 점토의 상대적인 구성 비율을 말한다. 토성으로 분류되는 사토, 사질양토, 양토 등은 수분 보유능력, 양료공급, 그리고 배수의 정도에 영향을 미치기 때문에 식물의 생육과 밀접한 관계를 가지고 있다. 다양한 토양의 화학적 성질 중에서 토양 산도는 미생물의 활동, 양료(Ca, Mg)의 가용성에 영향을 미치며, 토양의 비옥도는 양이온의 치환용량으로 결정된다.

토양 내에는 다양한 생물상이 공존하는데, 식물의 근균의 형태로 뿌리와 공생하는 박테리아, 세균, 균류, 방사상균과 같은 토양균류, 그리고 다양한 토양동물이 있다. 특히 토양 동물 중에서 지렁이는 토양생산성 향상에 많은 영향을 미치는 것으로 알려져 있다.

식물의 생육분포와 적응에 영향을 미치는 지형조건은 다양하다. 수직적인 해발고도의 변화에 따라 적응하는 종의 분포가 다른데 이는 해발고도에 따른 기후조건이 다르기 때문이다. 또한 사면 방향에 따라서도 분포하는 식물 종과 생장능력이 다를 뿐만 아니라 경사의 정도도 식물의 생육조건에 영향을 미친다.

다. 생물적 환경조건

식물생태계 내에는 식물뿐만 아니라 미생물과 다양한 동물이 여러 가지 형태로 상호작용을 하고 있다. 식물은 생육을 위해 주변 식물들과 광선, 수분, 양료, 생육공간을 차지하려는 경쟁관계나 상호 보완관계를 맺고 있다. 오늘날에는 식물생태계에 가장 영향을 많이 미치는 생물상은 인간에 의한 인위적인 행위이다. 식물생태계에 대한 인위적인 간섭과 교란이 생태계 내의 자체적인 변화 패턴을 가장 치명적으로 방해하고 중단시킨다.

라. 식물의 환경적응 능력

식물은 유전적으로 어떤 환경조건에 견딜 수 있는 능력이 강한 종도 있고 반대로 매우 약한 종도 있다. 인위적인 간섭이 없는 자연 생태계 내에서는 각각의 유전적 특성에 따라 주어진 환경에 적응할 수 있는 식물들이 분포하게 되는 것이다. 따라서 각각의 식물 종이 갖는 환경적응 능력을 파악하는 것은 식물의 분포특성을 이해하는데 도움이 된다.

식물의 환경적응 능력 중에서 내음성(耐陰性)은 식물이 빛이 적은 환경에서 견디는 성질을 말한다. 내음성이 강하다는 것은 광합성에 필요한 햇빛이 적은 조건에서도 죽지 않고 오랫동안 견디는 능력이 있다는 것을 말한다. 그러나 내음성이 강하다는 것은 빛이 적은 조건에서 생장을 잘한다는 것을 말하는 것은 아니다. 수목 중에서 내음성이 강한 대표적인 수종은 전나무이고 내음성이 약한 수종은 소나무이다. 소나무는 내음성이 약하기 때문에 만일 다른 나무의 아래에 분포되어 있다면 소나무 상층이 소개되어 빛을 받지 못하는 조건에서는 장기간의 생육이 어렵다.

식물이 저온에서 생육할 수 있는 능력을 내한성(耐寒性)이라고 하는데 고산지대에 분포하는 종은 내한성이 강하다. 내공해성(耐公害性)은 식물이 공해에 견디는 성질을 말하며, 은행나무와 플라타너스 등과 같이 가로수로 많이 식재되는 수종은 내공해성이 강한 것으로 선발된다. 한편 내연성(耐煙性)은 식물이 연기에 견디는 능력을 의미하며, 내화성(耐火性)은 식물이 불 또는 열에 견디는 능력을 뜻하는데, 일반적으로 수피가 두꺼운 수종은 내화성이 강하여 산불의 피해에 강한 것으로 알려져 있다. <표 2-2>는 우리 주변에서 볼 수 있는 식물을 환경적응 능력에 따라 분류한 것이다.

표 2-2. 환경적응 능력에 따른 식물의 분류

수목구분			내한성이 강한 식물	내음성: 강한 식물	내음성: 약한 식물
상 록	침엽수	교목	가이즈까향나무, 구상나무, 금송, 독일가문비나무, 리기다소나무, 서양측백, 스트로브잣나무, 잣나무, 전나무, 연필향나무, 주목, 측백나무, 향나무	구상나무, 금송, 독일가문비, 비자나무, 잣남, 전나무, 주목	가이즈까향나무, 소나무, 향나무, 편백, 화백
상 록	침엽수	관목	개비자, 옥향나무, 눈향나무, 눈주목, 둥근측백	개비자, 눈주목	눈향나무, 둥근측백, 실화백
상 록	활엽수	교목	동청목	감탕나무, 굴거리나무, 담팔수, 아왜나무	먼나무,비파나무,조록나무,후피향나무
상 록	활엽수	관목	금테사철, 만병초, 사철나무	만병초, 사철나무, 식나무	치자나무,협죽도,호랑가시나무
낙 엽	침엽수	교목	낙엽송, 낙우송, 메타세쿼이아,		낙엽송, 메타세쿼이아
낙 엽	활엽수	교목	가래나무, 가중나무, 감나무, 갈참나무, 개오동, 계수나무, 단풍나무, 떡갈나무, 목련, 배나무, 산사나무, 살구나무, 서나무, 아까시나무, 용버들, 자작나무, 은단풍, 은수원사시나무, 층층나무, 칠엽수, 음나무, 플라타너스, 홍단풍, 은행나무	귀룽나무, 당단풍나무, 마가목, 붉니무, 산딸나무, 음나무, 칠엽수, 함박꽃나무	은행나무, 감나무, 네군도단풍나무, 배롱나무, 산수유나무, 살구나무, 서나무, 석류, 은백양나무, 일본목련, 자귀나무, 자작나무, 자목련, 호도나무, 홍단풍
낙 엽	활엽수	관목	개나리, 골담초, 꽃아까시, 꽃싸리, 나무수국, 노린재나무, 매자나무, 박태기나무, 싸리, 생강나무, 수수꽃다리, 앵도나무, 영산홍, 진달래, 쥐똥나무, 철쭉, 탱자나무, 화살나무, 해당화, 장미	매자나무, 생강나무, 철쭉, 화살나무	나무수국, 낙상홍, 무궁화, 박태기나무, 싸리, 산철쭉, 영산홍, 옥매, 장미, 해당화
만 경 류			담쟁이덩굴, 노박덩굴, 덩굴장미, 등나무, 보리장나무, 인동덩굴, 오미자, 으름덩굴, 위령선, 칡, 클레마티스	담쟁이덜굴, 마삭줄, 송악, 오미자, 으름덩굴, 칡	능소화, 등나무,
지피식물			맥문동, 벤트그래스, 복수초, 비비추, 왕포아풀, 피나물, 잔디, 훼스큐	맥문동, 복수초, 왕포아풀	잔디, 벤트그래스

표 2-2. (계속)

수목구분 (특성)			내공해성: 강한 식물	내공해성: 약한 식물	내화성
상록	침엽수	교목	가이즈까향나무, 잣나무, 향나무, 말라야시이다, 측백나무	전나무, 소나무, 금송	분비나무, 가문비나무, 개비자나무
		관목	눈향나무, 둥근측백, 옥향		
	활엽수	교목	가시나무류, 동청목, 아왜나무, 황칠나무	녹나무, 비파나무	아왜나무, 가시나무
		관목	광나무, 금테사철, 만병초, 사철나무, 화랑가시, 회향목, 팔손이, 협죽도	만병초, 서향, 식나무	사철남, 협죽도, 동백나무, 회향목
낙엽	침엽수	교목		낙 엽 송	낙 엽 송
	활엽수	교목	은행나무,가중나뭄, 개오동,노간주나무, 느릅나무,오리나무, 아까시나무, 칠엽수, 떡갈나무, 홍단풍나무, 회화나무	가래나무, 배나무, 산수유, 살구나무, 자작나무, 자귀나무, 층층나무, 함박꽃나무	은행나무, 피나무, 고로쇠나무,마가목, 가중나무, 사시나무, 참나무류, 음나무, 수수꽃다리
		관목	개나리, 나무수국, 무궁화, 무화과나무, 보리수,수수꽃다리, 싸리, 장미, 쥐똥나무, 황매화, 해당화	고추나무, 삼지닥나무, 생강나무, 철쭉, 희말채나무	
만 경 류			담쟁이덜굴, 능소화, 칡, 인동덩굴, 덩굴장미	오 미 자	
지피식물			잔디, 훼스큐, 플록스, 왕포아풀	바 위 떡 풀	

제 3 장 식물의 감각

제 1 절 식물의 감각과 의식

1. 개 관

본 장에서는 식물도 생명체이기 때문에 같은 생명체인 인간처럼 의식을 가지고 활동하고 있을 것이라는 점을 소개하고자 한다. 그런데 의식을 가지고 있다라는 것을 증명하려면 감각이 존재한다라는 점을 밝혀야 한다. 감각이 없는 의식 세계는 진정한 의미에서 살아있는 생명체라고 볼 수 없기 때문이다.

살아 숨쉬는 모든 생물은 감각을 가지고 있다. 그렇다면 식물도 감각을 가지고 있다는 말인가? 그렇다. 인간과 똑같은 모습을 보이지는 않지만 식물도 움직이고 들을 수 있어서 외부세계의 자극에 대하여 민감하게 반응 할 줄 안다.

식물이 감각이나 의식을 가지고 있을 것이라는 확신은 멀리 고대 그리스 철학자들로부터 발견된다. 고대 그리스의 3대 철학자의 한 사람인 아리스토텔레스는 주관적인 감각이 없다 뿐이지 식물에게도 영혼이 있다라고 말하고 있다. 이러한 아리스토텔레스의 주장은 중세를 거쳐 18세기까지도 내려왔다고 한다. 근대 식물학의 아버지라 불리는 칼 폰 린네는 식물이 동물이나 인간과 다른 점은 다만 움직임이 없는 것뿐이라고 주장하였다. 다른 모든 감각은 있으되 조직이나 기관을 움직이지 못하여 활동을 못한다는 의미로 해석된다. 그런데 이와 같은 린네의 주장은 19세기의 위대한 식물학자 찰스 다윈에게서 무너진다. 즉, 모든 덩굴손들은 독자적인 운동 능력을 갖고 있다는 사실을 증명하여 식물도 움직인다라는 점을 분명히 하였다.

그러던 차에 20세기에 들어와서 라울 프랑세(Raul France)라는 프랑스 학자가 다소 충격적 이론을 발표하였다. 즉, 식물도 고도로 진화된 동물이나 인간처럼 자신의 몸을 자유롭고도 쉽게, 그리고 우아하게 움직이는데, 우리가 그것을 인식하지 못하는 것은 그 움직임이 우리 인간의 움직임에 비해 너무 느리기 때문이라고 주장하였다.

괴테나 슈타이너 같은 시인이자 철학자도 식물이 서로 반대되는 두 방향을 향해 성장한다는 것을 발견했다. 최근에 와서 식물은 살아 숨쉬고 움직일 뿐만 아니라 상호 교감도 나눌 수 있는 존재, 즉 감각을 지니며 혼과 개성을 부여받은 창조물임이 밝혀지고 있다.

식물이 감각을 가지고 살고 있다라는 점은 신화나 종교의 세계에서는 당연한 사실로 받아들여 진다. 그리스 신화에 에리식톤이라는 불경스러운 자가 곡물의 여신인 케레스에게 바쳐진 거대한 참나무를 베어 기아의 여신 리모스에게 자기 자신을 먹어치우게 될 정도로 비참하게 죽는다는 이야기가 있다. 에리식톤이 참나무를 베려고 도끼를 집어 들었을 때 참나무는 부르르 떨며 신음소리를 내고 도끼로 찍으니 피가 나오고 말을 하기도 하였다. 이처럼 서양 신화에는 나무에게 감각을 부여하여 의인화시킨 사례가 많이 등장하고 있다. 한편, 용문사 은행나무는 국가의 큰 사건이 있을 때 소리를 냈다라는 이야기도 전해 온다.

2. 식물의 정신 세계

피터 톰킨스와 크리스토퍼 버드는 식물이 감각을 가지고 있음을 『식물의 정신 세계(The secret life of plants)』에서 소상하게 소개해주고 있다. 그들은 '식물도 생각한다'라는 인간적인 명제를 부제로 던지면서 5개 부문에 걸쳐 식물의 감각세계, 더 나아가서 식물의 정신세계를 열어보이고 있다. 이 책을 통하여 우선 식물의 초감각적 지각에 대한 연구 결과를 접할 수 있다. 식물도 생각하고, 인간의 마음을 읽으며, 우주와 교신까지 하는 초감각적인 지각을 소유하고 주변의 환경과 의사소통을 하고 있음을 설명하고 있다. 또한 구소련에서 진행된 연구결과 중에는 식물이 기억을 할 수 있을 뿐 아니라, 친구와 적을 구별할 줄 알며, 수분이 부족한 어떤 식물에게 물을 공급하면 갈증에 시달리는 가까이 있는 식물과 함께 나누는 것 같다는 사실도 설명하고 있다.

인도의 대과학자 찬드라 보스는 80여년 전 식물의 생장과 움직임을 1억 배로 확대하여 관찰할 수 있는 기계를 만드는 등 식물의 감각에 대해 실로 놀라운 결과들을 연구하여 당대의 물리학, 생리학, 식물학 분야의 세계적 과학자들을 놀라게 하였다. 그는 식물에도 맥박이 있으며 이런 모습은 인간이 식물과 교감할 수 있는 방법을 발견해낼 수 있을 때 드러날 수 있다고 결론 맺었다.

독일이 낳은 세계적 대문호 괴테는 작가 이전에 법학자였으며, 또 식물학자라고 불릴 만큼 식물세계에 깊이 관여하였다. 그 결과 자연에서의 관조와 영감을 통해 불후의 명작들을 만들어 냈다. 그는 37세 때 이태리 여행 중에 남부지방 식물의 다양함과 아름다움에 매료되어 식물에 깊이 빠져들면서 급기야 '식물의 변태'에 대한 이론을 수립하게 된다. 즉, 하나의 기관이 번식과 증식을 하여 다른 기관으로 변모하는 것은 단지 변태의 과정에 지나지 않으며, 각 기관들이 외면상으로는 다른 모습으로 변해가는 것 같지만, 내적으로는 동일성을 갖고 있다고 주장하였다. 그 외 식물은 향기로서 서로를 분간한다는 페히너와 새로운 육종법으로 많은 사람을 놀라게 한 버뱅크, 한 송이 꽃에서 창조자의 신비를 발견한 카버의 이야기도 있다.

음악과 소리에 반응함으로써 식물들이 청각을 가지고 있다는 것을 확인할 수도 있다. 식물도 인간처럼 청각을 가지고 있어서 소리를 들을 수 있고, 또 특별한 음악을 선호하는 특성도 지녔다. 더욱이 어떤 식물은 특별한 형식의 음악을 들으면 뿌리가 위축되는 등 생장을 방해받기도 한다. 이러한 결과를 응용하여 최근 우리나라에서도 일명 '그린음악(green music)'을 개발하여 식물의 성장을 촉진하거나 영양가나 당도를 높이는 등 농작물 재배에 직접 응용하고 있다. 이것에 대해서는 다음 절에서 소개하고자 한다.

식물이 가지고 있는 감각적 신비로움을 생명파동과 방사선의 관계 속에서 이해될 수 있는 것도 있다. 나뭇가지를 이용한 수맥 찾기(dowsing)는 식물체를 이용한 가장 오래된 방법일 뿐만 아니라, 지난 수 천년 동안 전 세계적으로 활용하고 있는 방법이기도 하다. 이 영험한 나뭇가지는 단지 물에만 반응하는 것이 아니라 숨겨진 돈뭉치를 찾아내고, 수평선 너머로 유조선이 언제 도착하게 될 지에 대한 추측을 할 수 있게도 하였다. 이것이 가능한 것은 소위 마법의 나뭇가지인 식물체가 자기장의 변화를 감지해 내기 때문이라고 한다. 또, 식물들은 독특한 영역의 방사선 수치를 갖고 있는데, 신체를 건강하고 활기있게 유지 하려면 인간의 정상적인 방사선치(6,500옹스트롬)보다 높은 수치의 방사선치를 가진 야채나 과일을 먹어야 한다고 한다. 한편, 유사 이래 식물체의 기관을 이용하여 놀라운 치료효과를 거두고 있는데, 이것은 조직에 함유된 성분 때문이 아니라 그것들이 발산하는 건강한 파장 때문일 것이라고 한다. 이것은 식물이 뚜렷한 '의식'을 갖고 있음을 말하는 것이 아닐까?

식물은 현대과학으로 밝힐 수 없는 엄청난 신비로움을 간직하고 있다. 과학자인 인간이 자신의 생명의 신비를 아직 해결하지 못하고 있는 중에, 이러한 식물의 신비세계를 완전히 밝힌다는 것은 어려울지 모른다. 지금까지 밝혀진 식물이 가진 감각의 세계는 인간의 눈으로, 인간의 감각으로 다만 피상적으로 이해할 수 있을 뿐이지, 식물의 세계 속으로 들어가 볼 수 없는 우리는 그 엄청난 세계를 다 상상할 수 없다.

제 2 절 식물 감각의 실례

1. 식물의 타감작용(他感作用, Allelopathie)

타감 작용이란 어떤 식물이 다른 식물이 내는 물질에 감염되어 생장이 억제되거나 촉진되는 현상을 말한다. 이를 원어로 Allelopathie라고 하는데 '다른' 혹은 '대립'이라는 의미의 'Allel'과 '감염'이라는 의미의 'pathie'가 합쳐진 조어이다. 일본에서 식물학자들을 지도하고 후에 비엔나 대학의 총장을 역임한 한스 몰리쉬(Hans Molisch, 1856~1937) 박사가 처음 사용하였다. 그는 이러한 현상의 하나로 잘 익은 사과 옆에 설익은 사과를 갖다 놓으면 잘 익은 사과에 들어 있는 물질에 의해 설익은 사과도 곧 숙성한다는 예를 든다. 식물체에 들어있는 에텔렌 성분이 타감작용을 하는데 직접적으로 영향을 끼치는 것으로 파악하기도 한다. 또한 식물체에 들어 있는 휘발성 성분인 피톤치드(Phytoncide)가 일으키는 살균작용도 이러한 타감 작용으로 설명할 수 있는 예이다.

타감 작용이나 피톤치드의 살균 작용에서 확인할 수 있는 분명한 사실은 식물체가 다른 대상에 대하여 반응을 한다는 점이다. 이것은 감각이 있다는 증거이며 분명한 목적 의식을 갖고 행동한다는 사실을 보여주는 것이다.

2. 식물의 오감

식물이 감각을 느끼고 움직인다는 점은 위에서 소개한 것처럼 여러 가지 면에서 입증되고 있다고 본다. 그렇다면 인간처럼 오감을 가지고 있는 지에 대한 의문 사항들을 사례를 들어 풀어볼까 한다.

가. 촉 각

촉각은 외부로부터 온도변화 등과 같은 환경적인 자극, 혹은 충격 등에 대해서 적극적으로 반응을 일으키는 것을 말한다. 대표적인 예를 파리지옥과 같은 대부분의 식충식물이 갖고 감각을 통해서 확인할 수 있다. 식물도 외적의 침입을 피부조직을 통해서 분명하게 알아차리고 반응을 한다. 뿐만 아니라 미모사나 자귀나무의 잎사귀가 일으키는 반응에서도 촉각이 있음을 알 수 있다. 다른 한편으로, 햇빛에 대해서 일정한 방향 감각을 갖게 되는 경향, 즉 일광성(日光性)도 넓은 의미에서 촉각과 관련해서 설명할 수 있을 것이다. 숲이나 덤불 속에서 더 많은 햇빛을 받으려고 경쟁적으로 자라는 식물들을 천이과정에서 흔히 볼 수 있다.

호주의 동물학자 로저 세이모어 박사의 연구에 따르면, 연꽃의 일종인 넬룸보 누시페라라는 식물은 꽃피우는 번식기에 이르면 평소 5℃인 환경에서도 자기몸의 체온을 30~35℃까지 올린다고 한다. 충매화의 일종인 누시페라는 이 상태에서 꽃이 피면 드디어 풍뎅이가 날아와서 수분을 도와준다는 것이다. 즉, 누시페라가 개화기에 체온을 상승시키는 것은 꽃을 피우기 위해서가 아니라, 꽃이 핀 후 종족번식을 지속시키기 위해 수분을 도와주는 풍뎅이의 활동을 원활하게 하기 위함이라는 것이다. 분명한 목적 의식과 피부감각을 갖고 있는 식물이 있음을 알 수 있게 한다.

나. 미 각

식물도 단맛, 쓴맛, 신맛 등 맛을 느낄까? 동물은 미뢰를 가지고 있어서 자기 맛이 아니면 먹지 않는다. 누에가 뽕잎만을 먹듯이 벌레도 미감을 가지고 있어서 자기가 좋아하는 먹이만 먹는다. 식물은 어떨까?

특별한 토양에서 특별한 식물들이 다른 식물종에 비하여 더 잘 생육하는 것은 이에 대한 좋은 예가 되지 않을까 생각한다. 가령 산성 토양을 좋아하는 수종이라든지, 건조한 토양 환경을 좋아한다라든지, 습지환경을 선호한다든지. 해안가에 잘 자라는 소나무류의 하나인 해송(海松, 곰솔, 黑松)이나, 나문재는 염분의 토양을 좋아한다.

다. 후 각

식물이 동물이나 사람처럼 냄새를 맡을 수 있을까? 웬만한 식물의 잎에는 뒷면에 약 100만개의 기공(氣孔, stoma)이 있다. 이곳을 통해서 광합성 작용에 필요한 이산화탄소를 흡수하고 그 산물인 산소를 방출하고 수증기를 내뿜는다. 식물에 후각이 있다면 기체교환이 일어나는 바로 이 기공에 있을 것이다. 동물은 체질에 맞지 않으면 의식적으로 코를 막거나 몸을 피하여 역겨운 냄새를 흡입하지 않으려고 행동한다.

그런데 식물의 기공이 동물들처럼 이 같은 행동을 하는지 잘 알 수 없지만 시각을 달리하면 식물한테도 후각(기공)이 반응하는 것으로 보인다. 우선, 광합성 과정에서 공기가 대기 질의 양부를 떠나서 기계적으로 흡입될 것이기 때문에 후각이 반응한다고 볼 수 없다라고 주장할 수도 있다. 그런 의미에서 대기오염에 강한 식물과 약한 식물을 어떻게 해석해야 할지 곤란하다. 그러나, 좋은 대기환경에서는 식물의 성장 상태가 그 만큼 좋고, 그렇지 않은 대기 환경에서는 생육이 불량하고 심지어 죽기도 한다. 이러한 특색을 기공이 지니고 있는 후각적인 작용이라고 할 수 있을까 생각해 볼 일이다.

라. 시 각

눈을 가지고 있다면 동물처럼 색감을 구별할 수 있어야 하고, 명암을 판별할 수 있어야 한다. 식물은 색감을 구별할 수는 없지만 자외선이나 적외선을 구별할 수 있다. 온도와도 관련되어 있기는 하지만, 또한 명암을 느끼기 때문에 자귀나무는 밤이 되면 잎사귀를 닫고 낮이 되면 잎사귀를 다시 연다.

마. 청 각

식물은 외부의 소리에 대해서 반응한다. 이를 증명하는 여러 가지 연구 결과들이 나와 있다. 식물끼리도 특정한 소리에 대하여 어떤 종은 민감하게 반응하고 다른 종은 둔감하다. 농촌진흥청에서 식물의 소리에 대한 반응을 오랫동안 연구한 이완주 박사의 연구에 의하면 식물은 소리에 따라서 성장이 촉진될 뿐만 아니라, 성분의 차이도 있음이 확인되었다.

특히 식물들이 이와 같은 특성을 보인다는 이 박사의 연구를 응용하여 그린음악을 개발하여 작물재배에 활용하고 있기도 하다. 양란인 심비디움의 경우 그린음악을 들려준 것은 그렇지 않은 것보다 무려 144%의 생육상태를 보였고, 장미의 경우 그루당 125%나 꽃송이가 더 달리는 것으로 나타났다. 해충에 대한 반응도 시험하였는데 미나리에 발생하는 진딧물은 그린음악을 들려줌으로써 거의 발생하지 않는 것으로 조사되었고, 배추에 발생하는 혹진딧물도 30%가까이 줄어드는 것으로 확인되었다.

표 3-1. 그린음악 처리에 의한 작물의 생육촉진 효과(이완주, 1997)

작 물	무음악구	그린 음악구
뽕나무(가지길이, cm)	23.7(100)	30.5(129)
미나리(잎무게, g/그루)	3.63(100)	4.77(131)
오이(무게, g/그루)	1,564(100)	2,129(136)
쪽파(무게, g/포기)	26.0(100)	34.1(131)
양란, 심비디움(잎길이, cm)	5.5(100)	7.9(144)
알타리무(무게, g/그루)	47.9(100)	57.2(115)
얼갈이 배추(무게, g/포기)	161(100)	203(126)
장미 꽃송이(송이/그루)	5.78(100)	7.22(125)

표 3-2. 음악처리에 따른 식물 성분의 함량 변화(이완주, 1997)

구 분	무 음 악	그 린 음 악
Rutin(㎍/ g FW)	15.5(100)	38.6(250)
Isoquercitrin(㎍/ g FW)	12.2(100)	25.1(206)
Guaijaverin(㎍/ g FW)	57.0(100)	81.9(144)
GABA(μmol/㎖ FW)	20.9(100)	49.7(238)

표 3-3. 그린음악 처리에 의한 오이의 당도 변화(이완주, 1997)

구 분	오이의 부분(당도, %)			평 균
	밑부분	중간 부분	꼭지 부분	
음악을 안 들려 준 것	4.5	4.7	4.4	4.5(100)
그린음악을 들려 준 것	5.2	5.3	5.1	5.1(115)

식물체 속에 들어있는 루틴(rutin)이라는 성분은 인체에 모세혈관을 강화하고 내출혈을 억제하며 해충한테는 대사작용을 교란하고 발육을 억제한다. GABA는 인체에 혈압을 강하시키고 통증감각을 억제하는 효과가 있으며 해충한테 체중을 떨어뜨리고 생존율을 감소시키는 한편 수명을 단축시키는 영향을 갖고 있다. 이들은 성분에 따라서 인체에는 유익하고 해충에는 해로운 물질이다. 이들 성분은 그린음악을 처리하면 최고 250%까지 상승하는 것으로 나타났다.

작물의 영양성분에도 좋은 영향을 미치는 것으로 조사되었는데, 그린 음악으로 처리한 오이의 당도를 조사한 결과 음악을 들려주지 않은 것보다 약 15% 이상 높아진 것으로 나타났다. 한편, 어떤 특정한 식물은 특정한 클래식 음악을 좋아하는 것으로 조사되었다.

이상의 결과에서 볼 수 있는 것처럼 식물은 소리에 대해서 어떤 식으로든 반응하며 대개의 경우 좋은 쪽으로 작용하는 것 같다.

제2편 인간의 삶과 식물

제4장 식물의 지위

제5장 세상을 바꾼 식물들

제6장 의식주 생활속의 식물

제7장 문화예술 사회와 식물

제 4 장 식물의 지위

제 1 절 식물의 상징성

상징이란 사물의 의미를 전달하는 매개 역할을 하는 것을 총칭하여 부르는 말이다. 일반적으로 심벌(symbol)이라고 하는데, 이 말은 그리스어의 symbolon을 어원으로 하며, 후에 기호(記號, sign)라는 뜻으로 사용되기도 하였다. 그러나, 기호란 화살표처럼 사물의 성질을 직접 나타내는 것으로서 상징의 쓰임새와는 다르다. 즉, 상징이란 상징으로서의 어떤 '기호'를 나타내는 '표시'를 매개로 다른 것을 알 수 있도록 하는 기능을 가진 것이다. 상징은 옛부터 인류가 사용해온 고도의 지능적인 정신작용의 하나로서 일반 동물과 다르다는 점을 분명하게 나타내는 차별점이라고 할 수 있다

상징을 표시하는 방법에는 첫째, 기계적 기술적 심벌로서 기호(표시)·언어(문자)·숫자 등 여러 가지 방식 등이 있고, 둘째, 원시적 심벌로서 놀이·종교 의식·꿈·예술 양식 등이 있다. 전자 후자 모두 의사전달의 방편으로 사용된다고 할 수 있지만 전자가 훨씬 커뮤니케이션의 성격이 강하다.

상징이 갖고 있는 기능은 일반적으로 세 가지로서 첫째, 어떤 사물을 봄으로써 그것을 이해하게 하는 기능이다. 가령 태극기나 무궁화는 우리나라를 상징하는 국기이고 꽃이다라는 것을 알 게 한다. 둘째, 욕망이나 이념을 나타내는 기능이다. 예를 든다면, 양손으로 하트 모양을 표시하면 사랑에 대한 욕구를 나타낸다. 셋째, 상징을 지각한 후에 일정한 효과를 가져온다. 태극기를 보면 나라를 생각하고 애국심을 불러 일으키는 것이 한 예이다.

상징을 표시하는 방법에는 크게 두 가지 측면에서 대별할 수 있었다. 이어서 상징의 종류를 구별하면 4가지로 대별할 수 있을 것 같다. 즉, 언어적 상징, 예술적 상징, 의식적 상징, 자연적 상징이 그것이다. 언어적 상징은 가령 그리스도 상이나 불상 등 성스러운 것이라는 개념에서부터 기도문·주문·경전·축사(祝詞)와 같은 것을 말한다. 예술적 상징은 여러 가지 신상(神像) 등 조각물, 건축물, 회화, 십자가나 히틀러의 상징 그리고 만자(卍字)와 같은 기

하학적 무늬, 음악이나 무용 등과 같은 창조적 예술 행위 속에서 찾을 수 있다. 의식적 상징은 결혼식과 같은 예식, 예배, 예불, 좌선, 장례식 같은 의례적인 행위를 말한다. 자연적 상징이란 수목, 동물, 일월성신(日月星辰), 십장생, 산악 등 자연물에 일정한 의미를 부여한 것을 말한다.

식물이 지닌 국가 사회적 지위는 곧 식물이 인류문화에 있어서 자연적 상징으로 사용되고 있는 예를 말한다. 이것은 시대와 지역과 민족에 따라서 대단히 다양하게 나타나고 있으리라 생각된다. 본 장에서는 이러한 예를 찾아 식물이 사회적으로 끼친 영향의 정도를 함께 생각해 보기로 한다.

제 2 절 식물 상징의 역사적 고찰

역사에 있어서나 현재에 있어서도 식물이 상징적으로 한 사회와 국가에 큰 힘이나 의미를 가진 예는 도처에서 발견된다. 본 절에서는 우선 국가 건설 초기에 있었던 신화와 신앙 속에서 식물들이 어떠한 위치를 차지하고 있었는지 알아보고자 한다.

1. 건국 신화

한 나라의 탄생과 관련해서 세계 여러 곳에서 예외없이 신화나 전설 같은 것이 존재해 왔다. 한 나라가 건국 과정에서 신화 속에서 이해되고 있는 것은 그 나라의 건국이 쉽거나 일반적인 과정 속에서 이뤄진 것이 아니라는 점을 강조하기 위함이다. 신비로움 속에서 건국된 것을 알림으로써 국민들로 하여금 자긍심을 갖게 하고 오랜 역사와 전통이 있는 국가라는 것을 알리기도 한다.

우리나라의 건국신화인 단군신화에 얽힌 이야기를 살펴보자. 옛날에 제석(帝釋)(하느님을 일컬음)인 환인(桓因)의 아들 환웅(桓雄)이 하늘 아래를 내려다 보며 인간 세상을 꿈꾸어 왔다. 이에 환인은 환웅의 뜻을 알아차리고 태백산(묘향산 일대) 아래를 내려다 보니 인간들을 널리 이롭게 할 만했다(홍익 인간). 환인은 신권(神權)을 상징하는 부적과 도장인 천부인(天符印) 세 개를 주며 지상의 세상을 다스릴 수 있게 허락하였다. 환웅은 무리 3000명을 거느리고 태백산 꼭대기의 신단수(神檀樹) 아래에 내려와서 이곳을 신시(神市)라 불렀다. 환웅천왕은 바람(風伯)과 비(雨師)와 구름(雲師)을 거느리고 먹을 것과 길흉화복을 주관하고, 기타 인간세상의 360가지나 되는 일을 다스려 세상을 널리 이롭게 하였다.

환웅이 거처하던 굴에 곰과 호랑이가 한 마리씩 살았는데 환웅에게 사람되기를 빌었다. 환웅이 마침 가지고 있던 신령한 쑥 한 심지와 마늘 스무 개를 주면서 '이것을 먹으면서 백일 동안 햇빛을 보지 않는다면 곧 사람이 될 것이다' 라고 말하였다. 그런데 호랑이는 성질이 급한 나머지 끝까지 참지 못하고 도중에 뛰쳐 나왔다. 끈기있게 참아낸 곰은 삼칠일(三七日) 만에 여자가 되었는데 이를 웅녀(熊女)라 하였다. 웅녀는 그와 결혼할 상대가 없었으므로 신단수 아래에서 늘 아이 갖기를 기원하였다. 이를 지켜본 환웅이 결혼해 주었더니 임신하여 아들을 낳았다. 아들의 이름을 단군 왕검(檀君 王儉)이라 하였다.

이것으로부터 우리나라 건국신화에서 식물이 상징적으로 사용된 실례를 알 수 있게 한다. 우선 마늘과 쑥이다. 왜 하필이면 쑥과 마늘이 등장할까? 옛부터 마늘은 쑥과 함께 나쁜 것을 물리치는 역할을 한다고 믿어왔으며, 신비로운 식물로서 황홀경에 이끌어 들이는 약으로 상징한다고 볼 수 있다. 특히 마늘은 우리 민간신앙에서 그것이 갖고 있는 독특하고 강한 냄새가 악귀 등 사악한 무리를 쫓는 힘을 상징한다고 믿어왔다. 그래서 옛날 우리의 조상들은 캄캄한 밤길을 걸어갈 때 주머니에 마늘을 넣고 다니면서 먹었다고 한다. 밤길에 마늘 먹은 입으로 트림을 하면 나쁜 귀신을 물리칠 뿐만 아니라, 호랑이까지도 도망가게 한다고 믿었기 때문이다. 쑥이 가지고 있는 상징적인 의미도 크다. 예를 든다면 단오에 쑥으로 만든 인형이나 호랑이상을 만들어 걸어 두어 액땜을 하는데 사용하였다. 한편, 이사 갈 때 새 집안으로 들어가기 전에 이사 들어갈 집 안에 서려있는 나쁜 기운을 없애기 위해 쑥을 태우기도 하였다.

단군신화에서 식물이 상징적으로 쓰인 예는 마늘과 쑥 이외에도 신단수라는 나무를 뜻하는 단어에서도 찾을 수 있다. 신단수(神檀樹)가 무슨 나무인가에 대해서는 여러 가지 해석이 있지만 신단수의 '단(檀)' 이 박달나무를 뜻하기 때문에 박달나무를 의미하는 것으로 본다. 태백산은 묘향산 일대이고 박달나무는 대체로 전국 각지에 분포하는 지리적인 보편성을 갖는 나무이다. 하지만 박달나무는 좀더 깊은 뜻이 있지 않을까? 환웅이 처음 지상에 내려왔을 때 신단수 아래에서 신시를 베풀었다라고 기록한 것을 볼 때, 혹시 박달나무가 하늘의 신인 환웅이 강림하는 신목(神木)으로서 역할을 한 것은 아닐까 생각해 본다. 또한 웅녀가 신단수 아래에서 잉태되기를 소원한 것도 단순한 우연은 아닌 듯하다. 환웅의 아들의 이름도 단군(檀君)인데 역시 박달나무를 뜻하는 한자를 쓰고 있다. 이처럼 단군신화에 있어서 박달나무는 신령한 나무로 등장하여 건국과정에서 상징성이 아주 높은 지위를 차지하고 있음을 알 수 있다.

2. 신 앙

신앙은 일반적으로 한 부족이나 나아가서 한 민족, 국가가 그리스도나 석가모니, 마호메드와 같은 인물이나 사물 등 성스러운 존재에 대해서 신뢰와 무조건적으로 복종하면서 자신의 보호와 구원을 비는 것을 말한다. 그 대상은 사람이기도 하지만 경우에 따라서 자연물이 된 경우가 많다. 자연물이 대상이 된 것은 원시종교에서 흔히 볼 수 있는데 토테미즘(Totemism), 샤머니즘(Shamanism), 애니미즘(Animism) 등의 형태로 나타난다.

자연물 중에서 식물이 개체로 혹은 집단(산, 숲)으로 신앙의 대상이 된 예는 흔하게 찾아볼 수 있다. 한 그루의 나무가 민족 뿐만아니라 국가와 세계를 지배하며 우주만물의 중심에 서 있다고 믿었던 세계수(世界樹, world tree) 혹은 우주수(宇宙樹, cosmic tree)가 대표적인 예이다. 이와 같은 예는 인류가 문자를 사용하기 이전에 북아메리카 대륙이나 오세아니아, 그리고 아시아 여러 민족들 사이에 존재하던 것이었으며 신화와 민담의 이야깃거리로 전해지고 있다. 나무를 절대 권력의 상징이나 전지전능한 존재로 신뢰한 것은 나무를 매개로 인간의 세계, 세속의 세계, 지상의 세계와 신령하고 성스러운 신의 세계를 이해하고자 시도하였기 때문이다. 여기에서 우리는 나무의 역할을 두 가지 관점에서 관찰할 수 있을 것이다. 하나는 나무가 땅과 하늘, 즉 속세와 신의 세계를 연결하는 역할을 하는 것이라는 점이고, 다른 하나는, 인간세상, 즉, 천문학적 우주라는 세계의 관점에서 보면 인간이 사는 지구에 있는 모든 생명체들의 근원이라는 역할을 하는 것이다. 전자를 수직적 역할이라고 한다면, 후자는 수평적 역할이라고 볼 수도 있을 것이다. 기독교의 관점에서 전자는 우주를 관장하는 지혜의 나무이고, 후자는 생명의 나무이다. 어떤 역할이든 간에 이 나무는 전지전능한 존재이고 또는 초자연적이고 피조물들의 창조자인 절대 권력자의 보호하에 있는 것으로 신성시하여 왔다.

나무를 정신적 신앙의 대상으로 숭배하여 사회와 국가의 최고의 위치에 올려놓았다. 이러한 예는 북구의 신화나 그리스, 로마신화에 등장하는 이야기 중에는 거대한 나무나 숲이 신들의 거처라고 믿었던 점에서도 확인할 수 있다. 중부 아프리카의 대서양 연안 기니만에 있는 나이지리아나 세네갈 사람들은 판야나무 또는 케이팍 나무(Silk cotton, Kapok tree)에 신이 살고 있다고 숭배하였다. 이 나무는 거대하게 자라는 열대산의 활엽수 교목으로서 아프리카, 아시아의 자바, 인도 등에서 자란다. 성숙한 나무에서는 15cm 크기의 꼬투리가 달리는데 열매 속에는 목화송이처럼 섬유질이 발달한 씨가 들어 있다. 씨는 기름, 비료와 사료 등으로 이용하고 섬유질은 섬유대용으로 일상생활에서 많이 이용해 왔다. 이렇게 케이팍 나무는 인간의 심리를 위압할 만큼 거대한 체구를 가지고 있고, 일상생활에서도 쓸모가 다양했기 때문에 숭배하게 되지 않았을까 생각한다. 로마인들은 층층나무를 신성시하고, 켈트족들은 참나무를 숭배하며, 북미 원주민은 붉은 삼나무나 세쿼이어를 그리고 이집트 사람들은 무화과나무를 신령하게 받들었다. 기독교에서도 그리스도가 예루살렘에 입성할 때 사람들이 야자수를 흔들며 환영할 정도로 야자수를 신성시하였다. 또한 에덴동산은 기독교 역사상 가장 때가 묻지 않은 신성하고 거룩한 땅으로서 인간의 조상인 아담과 이브가 원죄를 범하기 전에 살았던 곳이다. 그곳에는 선악을 구별하는 지혜의 나무가 있었고 생명의 나무가 있었다. 불교에서는 석가모니의 탄생과 관련하여 사라수를 생명의 나무, 득도와 연관시켜 보리수를 지혜의 나무로 신령하게 다룬다.

그림 4-1. 당산나무 (안동시 길안면 배방리)

이 밖에도 여러 곳에서 식물을 우주수, 세계수, 생명수, 지혜의 나무 등의 상징으로 신성시하여 숭배한 사례가 많다. 노르웨이의 이그드라실(Yggdrasil)은 물푸레나무로서 우주수나 세계수의 대표적인 사례로 설명하고 있다. 이그드라실은 세 개의 뿌리를 가지고 있는데 지상세계, 지하세계, 천국을 연결하는 상징으로 표현되어 있다. 수메리아 지방의 훌루푸나무라고 부르는 수양버드나무도 영생하는 우주의 세계를 상징하는 나무로 인식하였다. 우리나라에서는 부상(扶桑, 뽕나무), 중국의 소나무(萬年松), 일본도 소나무, 러시아는 참나무를 세계수로 설명하고 있다. 부상은 나무 높이 300리(120km), 둘레 약 2000 아름, 그리고 가지에 10개의 태양을 걸 수 있는 형상으로 묘사하고 있는 거대한 상상 속의 나무이다.

이상에서 보는 바와 같이 세계수와 우주수, 생명의 나무, 지혜의 나무 등은 국가와 사회에 있어서 상징적으로 최고의 지위에 있던 권력자였다.

3. 전쟁과 식물

인류 역사상 식물이 전쟁의 발발과 직간접적으로 연관된 사례가 적지 않다. 이것은 식물이라는 비인간적 요소가 인간의 세계를 간섭한 것으로 식물의 국가 사회적 위치가 전쟁으로까지 발전시킬 수 있다는 위력을 발휘할 수 있다는 것을 말한다. 그것이 때로는 사교생활의 수단으로서, 신경마비의 무기로서, 가문의 영광을 지키기 위한 자존심 대결의 상징으로서, 자원확보의 방패로서 작용하면서 전쟁을 촉발시키는 원인을 제공하여 왔다.

가. 아편전쟁(阿片戰爭, Opium wars)

영국과 중국(청나라) 사이에 벌어졌던 제1차(1839~1842), 제2차(1856~1860) 중영전쟁을 일컫는다. 19세기 중엽에 서구열강들은 중국대륙에서 시장을 확보하기 위해 중국과 각축전을 벌였다. 이 전쟁 중 특히 제1차 중영전쟁은 아편문제가 빌미가 되어 일어났기 때문에 아편전쟁이라고 부른다.

19세기에 접어들어 서구열강 특히 영국은 자국 상품의 해외 판매 시장을 중국에서 개척하려는 노력을 경주하고 있었다. 그런데 이러한 노력에 가장 큰 장애가 된 것은 중국이 내걸었던 광동 무역체제였다. 광동 무역체제란 해외무역이 광주(廣州) 항구에 국한되었고 그것도 청나라의 허가를 받은 공행(公行)인 독점 상인 길드를 통해서만 가능하던 무역체제를 말한다. 영국정부는 상인 길드가 제멋대로 관세를 부과할 뿐만 아니라, 외국 상인이 무역하는 것을 제한하는 이러한 광동무역체제하에서는 자국의 무역을 확대하는 것이 어렵다고 판단하였다.

그래서 여러 차례 청나라에 이에 대한 시정을 요구하였으나 거절당하였다.

당시 중국은 영국에 차(茶)를 수출하였고 영국으로부터 모직물과 인도 면화를 수입하였다. 중국의 차 수출량이 많았기 때문에 영국으로서는 이를 결제할 수단으로서 은이 부족한 실정이었다. 이에 영국은 수입대금을 지불할 은을 확보할 생각으로 인도에서 재배한 아편을 지방 무역상인이 중국에 밀수출하도록 모색하였다. 즉 아편 밀수 판매에서 들어온 은으로 차를 수입한 것이었다. 그 양이 점점 늘어나서 중국은 은의 유입국에서 은의 유출국으로 변화하고 말았다. 그뿐만 아니라, 중국 각지역으로 밀반입된 아편은 농민과 빈곤층으로 파고들어 그들로 하여금 노동의욕을 상실케하였을 뿐만 아니라, 아편대금을 결제하느라 더욱 극빈하게 되어 농촌경제를 파탄시켰다. 또한, 군인과 관료들까지 아편을 흡입하여 국가의 행정과 기강이 마비될 지경이었다. 거기다가 은이 부족하게 되자 은값이 치솟아 은으로 세금을 납부해야 할 인민들의 부담은 더욱 커져갔고 세금이 걷히지 않게 되자 국가 재정이 궁핍해져갔다. 이처럼 아편으로 인해 국가 사회적으로 큰 혼란에 빠지자 급기야 조정에서는 아편문제를 해결하기 위하여 아편 금지론을 주장하는 임칙서(林則徐)를 흠차대신(欽差大臣)으로 광동에 파견하였다. 1839년 광주항에 도착한 임칙서는 내국인 아편 관련자를 처벌하고 외국인에 대해서도 아편과 서약서를 제출토록 하였다. 그러나 외국인들이 비협조적인 반응으로 나오자 무역관을 무력으로 봉쇄하고 아편을 몰수하여 파기하기 시작하였다. 이 과정에서 영국상인들은 서약서 제출을 거부하고 마카오로 철수하였으며 영국정부는 1839년 10월 원정군을 파견하기로 결정하였다. 이에 앞서서 7월에 술취한 영국 선원들이 주변의 구룡(九龍)에서 청나라 농부를 살해한 사건이 일어났었는데 임칙서가 범인 인도를 요구하자 영국의 무역감독관 엘리엇은 이를 거부하였다. 이에 임칙서가 8월에 마카오를 무력으로 봉쇄하게 되면서 영국인들은 바다로 내쫓기게 되었다. 참다못한 엘리엇이 봉쇄를 해제하러 갔다가 중국 해군과 첫 교전을 일으키게 된다. 이로써 양귀비가 빌미를 제공한 양국간의 본격적인 전쟁이 서서히 일어나게 된다.

나. 장미전쟁(Wars of the Roses)

영국 왕실 역사에 있어서 튜더 왕가 정부가 탄생하기에 앞서서 왕권을 둘러싸고 랭커스터 가문과 요크 가문 사이에 1455~1480년 사이에 벌어진 싸움(내전)을 말한다. 장미 전쟁이라 부르는 것은 랭커스터 가문이 붉은 장미의 문장(紋章)을, 요크 가문이 하얀 장미 문장을 가진 데서 비롯되었다. 장미 자체가 전쟁의 빌미를 제공한 것은 아니지만 두 가문을 대표하는 상징이 장미였기 때문에 사가들이 그렇게 부르고 있다. 왕권 다툼 전쟁에서 헨리가 이끄는 붉은 장미 문장의 랭커스터가가 승리하였다. 장미는 오늘날 잉글랜드를 상징하는 꽃이다.

다. 보스턴 차(茶) 사건(Boston Tea Party)

세계사에서 다뤄지는 굵직한 사건에서 차(茶나무의 잎)는 두 번 등장한다. 하나는 앞서 소개한 중국과 영국 사이의 아편전쟁과 관련한 것이고 다른 하나는 미국 보스턴 항에서 일어난 사건이다.

미 합중국이 독립전쟁을 하기 전인 1773년 12월 16일, 아메리칸 인디언으로 변장한 미국 식민지 반군들이 어둠을 틈 타 보스턴 항구에 정박한 영국 동인도회사 소유의 고급 차(茶)가 실려있던 배를 파괴한 사건을 말한다. 이 사건은 그해 4월에 영국의회가 차조례(茶條例, Tea Act)를 입법하여 대중 음료인 차에 세금을 부과하자 식민지인들이 가장 강력히 저항한 사건이었다.

라. 산림전쟁(山林戰爭)

19세기 말 20세기 초 열강들이 조선반도를 식민지화하기 위해 서로 다투는 과정에서 러일전쟁(1904~1905)이 일어났다. 그러나 이 전쟁은 단순한 무력 전쟁이 아니라 한반도에 울창하던 원시림의 벌채권을 둘러싼 싸움이라 하여 세계사에 유래없는 산림전쟁이라 한다.

열강이 각축을 벌이던 당시 우리나라의 산림은 멀리 태평양 밖에 떨어져 있는 미국도 산림 이권을 얻으려 할 정도로 울울창창하였던 것같다. 이런 와중에서 조정은 러시아에게 1896년 벌채권을 허가하였다. 그 당시 압록강, 두만강, 울릉도 일대의 벌채권을 얻은 러시아인은 블라디보스톡에 살았던 거상(巨商) 브리네르라는 사람이었다(작고한 영화 배우 율브리너의 할아버지라고 전해진다).

그림 4-2. 일제의 산림수탈 현장 (국경지방목재운송 장면)

그림 4-3. 국경지방 도끼 벌채모습

조정이 러시아에 벌채권을 허가한 것은 이처럼 1896년이었으나 실제로 벌채가 이뤄진 것은 1903년 4월부터이다. 이렇게 늦어진 이유는 일본의 방해 때문이라고 한다. 당시에 일본은 우리 조정으로부터 아무런 벌채권도 받지 않았는 데도 불구하고 울릉도에 침입하여 임목을 도적질하기 시작하였다. 이에 나라에서는 일본 공사를 불러서 항의하였지만 오히려 일인들이 아예 상주하면서 산림을 수탈하여 갔다. 한편, 두만강과 압록강 일대의 산림 벌채는 거의 러시아의 독점이었는데 벌채인부가 늘어나자 러시아 정부는 벌채 현장의 경비를 위해 육군 12,000명을 용암포에 주둔시키기에 이른다. 이러한 행위를 러시아가 극동 진출을 위한 발판을 마련하기 위함이라고 판단한 일본은 러시아 침략을 막아내고 우리나라를 침략하기 위한 계략을 수립하게 된다. 마침내 1904년 2월 6일, 일본은 러시아와 국교를 단절하고 선전포고도 없이 2월 9일 새벽에 인천 앞바다에 있던 러시아 함대에 포격하여 러일 전쟁, 즉 산림전쟁을 일으키게 되었다.

제 3 절 국장(國章), 국화(國花), 국목(國木)

1. 국가의 상징

본 절에서는 현재 식물이 구체적으로 국가 사회에서 어떠한 위치에 있는지를 알아보려고 한다. 식물이 국가적으로 가장 높은 지위에 있는 예는 한 국가의 상징으로 자리잡고 있는 예일 것이다. 그것은 바로 나라의 문장(紋章) 즉, 국장(國章)에 식물이 사용되고 있거나, 나라의 꽃(國花), 나라의 나무(國木)로서 지정되어 있는 예이다. 여기서는 우선 국가 상징에 대한 개념과 기능, 종류에 대해서 설명한 다음, 우리나라의 나라문장에 식물이 사용되고 있는 현황과 세계 각국의 국화와 국목의 사례를 소개하고자 한다.

국가상징이란 국제사회에 이러이러한 나라가 있다는 사실을 특징적으로 널리 알리기 위해 자기 나라임을 인식할 수 있도록 그 내용을 그림이나 기호, 도형 등으로 표시한 공식적인 징표이다. 이것은 한 나라의 국민적 자긍심을 표현하는 징표(symbol, image)라고 부를 수 있다. 국가적 상징은 어느 한 시점에 만들어지는 것이 아니고 장구한 시간이 흐르는 동안 해당 나라의 전통과 역사와 문화 속에 녹아있는 특징적인 요소를 바탕으로 국민들이 공감할 수 있게 형성된다.

이 같이 형성된 국가의 상징이 갖는 기능은 첫째, 국제사회에서 한 국가를 표면적으로 대표하는 기능과 둘째로, 국민적인 공감대를 형성함으로써 은연중 국민통합을 이끌고 애국심을 불러일으키는 기능을 갖는다. 전자를 표면적 기능, 후자를 내면적 혹은 정신적 기능이라고 부를 수 있겠다. 국가상징이 이러한 국민통합이나 애국심을 조장하는 기능을 갖게 되는 것은 결국 국가 상징이 추구하는 목표라고 할 수 있겠다. 이렇게 함으로써 국가의 존속을 보장하며 한 국가가 갖고 있는 전통과 역사와 문화를 지속하여 국가와 민족의 영속성을 도모하는 것이다.

국가의 상징을 나타내는 방법은 다양하다. 이것은 각 나라가 갖고 있는 독특한 기후와 지리적인 여건, 역사, 전통, 문화 등의 특성에 따라서 나타난다. 대표적으로 국기, 국가, 국화, 국목 등을 국가상징으로 정한다. 정부는 국민들이 이러한 상징물을 접함으로써 그들로 하여금 대내적으로 애국심을 고취시키고 대외적으로는 국가의 이미지를 부각시키기 위해 노력하게 된다. 국민 스스로도 알게 모르게 자연스럽게 그렇게 되어 간다. 외국에서 자기 나라의 국기를 보았을 때 가슴이 설레이고, 국화를 보면 반가와 하며, 국가대표 선수들끼리의 경기에서 태극기를 흔들며 애국가를 부를 때 감격에 겨워 눈물을 글썽이는 것은 바로 국가상징으로 인해 표현되는 애국심의 발로이다.

우리나라의 국가상징에 해당하는 것은 국기(國旗)로서 태극기, 국가(國歌)로서 애국가, 국화로서 무궁화, 나라도장(국새, 國璽), 나라문장(紋章)이라고 하는 국장(國章) 등이 있다. 그런데 이러한 국가를 대표하는 상징물에 식물이 문양으로 이용되고 있어서 그 중요성을 일깨워주고 있다.

2. 나라문장의 역사

나라문장은 역사적으로 볼 때 한 가문(家門)이나 단체, 기관, 그리고 국가의 조직이나 힘, 권위 등을 상징하기 위해 장식적인 마크를 사용하는 것으로부터 시작되었다고 보여지며 주로 서양에서부터 발달하여 온 것으로 생각된다. 국가나 왕의 상징은 이미 고대국가 때부터 등장하였다. 예를 들면 아시리아 왕국은 황소로서 상징하였고 로마는 독수리나 용으로, 그리스는 아테네의 올빼미 등에서 확인된다. 물론 우리나라에서도 삼국시대 왕의 권좌를 상징하는 것으로서 용상이라는 말이 있듯이 용을 사용한 적이 있다.

오늘날 볼 수 있는 서양의 문장은 12세기 초에 기사들이 창 시합을 할 때나 전쟁에서 방패 혹은 갑옷, 오버 코트에 부착하였던 마크가 시초라고 한다. 영국의 경우 사자, 러시아는 독수리, 프랑스는 백합이 그 예이다. 그 외에 중세시대 영주가 허락한 각종 문장, 성직에 사용한 마크들, 도시들이 사용한 깃발, 대학 마크, 길드 조직의 문장, 장원(莊園, manor)을 소유했던 가문의 전통적인 문장이 있다. 앞서 장미전쟁에서 소개하였던 영국 랭커스터 가문의 붉은 장미, 요크 가문의 하얀 장미는 가문 문장의 대표적인 예이다.

3. 우리나라 나라문장과 식물

우리나라에 있어서 나라의 문장에 대한 규정은 법령으로서 제정되어 있다. 제정된 나라문장에 대한 규정 내용부터 살펴보자.

나라문장 제정규정(1970.7.3. 대통령령 제5151호)

제 1 조(목적)

이 영은 외국에 발신하는 공문서와 국가적 중요문서 기타 시설 · 물자 등에 대한 민국을 상징하는 휘장으로 사용하기 위한 나라문장에 관하여 필요한 사항을 규정함을 목적으로 한다

제 2 조(규격)

나라문장은 별표와 같이 하되, 휘장 또는 철인으로 하여 사용한다. 다만, 필요에 따라 규격을 확대 또는 축소하여 사용 할 수 있다. 철인으로 사용할 때에는 색을 넣지 아니한다.

제 3 조(사용)

나라문장은 다음의 각호의 문서 · 시설 또는 물자에 사용할 수 있다

(1) 외국 · 국제기구 또는 국내외국기관에 발신하는 공문서
(2) 1급이상 상당 공무원의 임명장
(3) 훈장 및 훈장증과 대통령표창장
(4) 국가공무원신분증
(5) 국 · 공립대학교의 졸업증서 및 학위증서
(6) 재외공관건물
(7) 정부소유의 선박 및 항공기
(8) 화폐
(9) 기타 각 중앙행정기관의 장이 국가표지를 필요로 한다고 인정하는 문서 · 시설 또는 물자

제 4 조(휘장 또는 철인의 위치)

문서에 휘장 또는 철인을 사용할 때에는 그 휘장 또는 철인이 문서의 중앙상단부에 오도록 찍는다

다음 그림에 우리나라에서 나라문장으로 사용하고 있는 상징물들을 소개한다. 왼쪽 문장은 철인(鐵印) 등에 사용하는 문장이고 중앙의 것은 대통령기나 대통령 휘장에 사용함으로써 대통령과 관련된 것임을 알리고, 오른쪽 문장은

중앙정부의 각 부처가 정부임을 알리는 정부기(旗)를 나타낸다. 보는 바와 같이 모든 나라문장에 무궁화꽃을 의미하는 식물문양이 들어가 있음을 알 수 있다. 이것을 볼 때 식물로써 무궁화는 우리나라를 상징하는 대단히 중요한 지위에 있음을 확인할 수 있게 한다. 대통령기 혹은 대통령 휘장에 나타나 있는 무궁화 꽃은 그 종류가 중앙에 꽃심이 올라와 있는 단심계 홑꽃 무궁화이다.

그림 4-4. 우리나라의 국장으로 사용되는 대통령기와 휘장, 정부기에 들어있는 무궁화 문양

4. 국화와 국목

가. 우리나라의 국화와 국목

국화란 나라꽃을 말한다. 나라꽃을 법령으로 제정한 나라들도 있으나 그 나라의 역사와 전통, 지리적 여건, 자연 및 풍토, 문화와 인연이 깊은 식물이 자연스럽게 국화로 정해지는 경우가 많다. 꽃을 국화로 정하기 시작한 시초에 대해서는 정확히 알 수 없다. 하지만 대체로 19세기 중엽에 들어서면서 꽃을 좋아하는 부류의 사람들이 왕실의 문장이나 훈장이나 화폐 등의 표징으로 널리 쓰이게 된 것이 계기가 되었을 것으로 짐작한다.

우리나라의 국화는 잘 알고 있는 것처럼 무궁화(無窮花)이며 국목은 아직 정해져 있지 않다. 옛날부터 우리 민족의 사랑을 받아온 무궁화는 우리나라를 상징하는 꽃이다. 꽃이름이 갖고 있는 뜻은 '끝이 없이 영원히 피어서 지지 않는 꽃'이다. 즉, 한 번 피면 지지 않는 꽃을 이름하며 '국가여 영원하라'는 민족적 소망과 염원을 간직한 꽃이다.

여기서 문헌들이 전하는 무궁화의 내력을 살펴보자. 옛 문헌의 기록들을 살펴보면 우리 민족은 흰옷과 함께 무궁화를 고조선시대 이전부터 하늘 나라의 꽃으로 귀하게 여겼다고 하는데, 신라가 스스로를 '근화향'(槿花鄕: 무궁화 나라)이라고 부른 것이 그것에 대한 한 예이다. 이 같은 사실은 당나라의 역사서인 구당서(舊唐書)에 기록되어 있다고 한다. 또한 무려 4200여년 전에 기록된 중국 고문헌 『산해경(山海經)』에도 우리나라를 '무궁화가 피고 지는 군자의 나라' 라고 칭송했다고 한다. 그래서 우리나라를 근역(槿域)이라고 하여 무궁화가 피고지는 지역이라고 표현한 것이다. 또 어떤 기록에는 단군이 나라를 열 때 무궁화가 피기 시작하였다는 기록도 있다.

이처럼 오랜 세월 동안 우리 민족과 함께 해 온 무궁화는 조선말 개화기를 거치면서 "무궁화 삼천리 화려강산"이란 노랫말이 애국가에 삽입된 이후 더욱 국민들의 사랑을 받아왔다.

그러던 것이 일제시대에 들어와서 우리 민족의 무궁화에 대한 한결 같은 사랑은 민족적 단결심과 함께 더욱 높아졌다. 이러한 것이 계기가 되어 해방 후에는 자연스럽게 무궁화가 나라의 꽃으로 자리잡게 되었다.

무궁화의 학명은 *Hibiscus syriacus* L.이다. Hibiscus는 Hibis와 cus의 합성어인데 지닌 뜻을 살펴보면, Hibis는 이집트 여신의 이름이고 cus는 '닮았다' 는 뜻이다. 즉, 여신 Hibis를 닮은 아름다운 꽃이란 의미가 담겨 있다. 영어 명칭은 'Rose of Sharon' 로서 '샤론의 장미' 라는 뜻인데 Sharon은 팔레스타인 서부에 있는 기름진 평야를 일컫는다. 즉, 하느님이 내린 축복과 은혜를 받은 땅에서 장미꽃처럼 아름답게 핀 꽃이라는 의미가 함축되어 있다. 영명이나 학명이나 그리고 우리나라에서 쓰이는 향명(鄕名)이나 담긴 뜻을 보건대 모두 아름다운 꽃이름이라는 의미를 갖고 있음을 알 수 있다.

그림 4-5. 단심계 무궁화

무궁화가 국화로 사용되다 보니 무궁화에 대한 연구개발이 많이 진척되어 우리나라에도 무궁화 품종이 200여 가지나 되는 것으로 알려지고 있다. 종류는 크게 꽃 색깔에 따라 단심계, 배달계, 아사달계 등으로 분류된다. 정부는 세 가지 가운데 꽃잎 중앙에 붉은 꽃심이 있는 단심계(丹心系) 홑꽃을 보급 품종으로 지정하였다.

나. 세계 여러 나라의 국화와 국목

영국에 있어서는 나라 전체를 상징하는 공식적인 국화는 없다. 다만 영국 왕실의 휘장이었던 장미를 일반 민중도 좋아하고 많이 가꾸게 되면서 잉글랜드의 국화로 굳어지고 그것이 다시 대영제국의 국화처럼 여기기 시작한 것이다. 스코틀랜드를 상징하는 엉겅퀴는 사실 가시가 많은 보잘것없는 잡초의 하나이다. 이것이 상징화로 된 연유는 역시 민족존속의 역사와 인연이 깊다. 옛날 덴마크의 바이킹이 침략하여 전투가 벌어졌을 때였다. 몰래 잠입한 바이킹들이 그만 엉겅퀴의 날카로운 가시에 찔려 비명을 지르는 바람에 이것을 들은 스코틀랜드 사람들이 피난하여 위기를 모면할 수 있었다. 이러한 전설로 인해서 엉겅퀴가 국화로 지정되었다. 그외 웨일즈를 대표하는 부추, 아일랜드를 대표하는 토끼풀 등 영국을 상징하는 국화는 여러 종류의 식물로 되어 있다.

일본의 국화는 벚꽃이지만 황실의 문장인 국화(菊花)도 국화로 쓰이고 있다. 미국은 주마다 주를 상징하는 주화(州花, State Flower)가 있는데 아직 합중국 전체를 대표하는 국화는 지정되어 있지 않다.

같은 꽃이 몇 나라의 국화로 지정되어 있는 경우도 많다. 방울꽃은 핀란드와 스웨덴, 에델바이스는 오스트리아와 스위스의 국화이며, 수련은 캄보디아, 태국, 이집트, 카메룬의 국화이다. 국화는 대체로 해당 나라 안에서 자라는 자생식물인 경우가 많은데 꼭 그런 것만은 아니다. 네덜란드의 경우 국화가 세계적으로 잘 알려져 있는 튤립인데 원래 자생하던 꽃이 아니고 16세기에 유럽으로 들어와 네덜란드 땅에서 널리 재배되면서 국화로 지정되었다. 튤립은 네덜란드 이외에도 이란, 아프카니스탄, 터키의 국화이며, 미국 인디애나주의 주화이다. 콜롬비아는 1937년에 대통령 포고로 카틀레야(Cattleya)를 국화로 지정하였다. 독일의 국화는 수레국화(*Centaurea cyanus*)라는 것인데 황제와 깊은 인연이 있는 꽃이기 때문에 '황제의 꽃'이라고 불리다가 시간이 흐르면서 그대로 국화로 지정되었다. 프랑스 국화는 루이 왕조가 문장으로 사용하던 아이리스(흰붓꽃)이다. 북한의 국화는 함박꽃나무로 알려져 있고 중국은 모란이었으나 1929년 법령으로 매화나무로 바꿨다고 한다.

UN에 가입한 나라는 200여 개국이나 되지만 전부가 국화를 지정하고 있는 것은 아니다. 하지만 제2차 세계대전 이 후부터 국화를 법으로 제정하는 나라들이 많이 늘어나고 있다.

표 4-1. 대륙별 세계 각국의 국화와 국목

대 륙 별	국가별 국화(國花) 혹은 국목(國木)
아 시 아	**네팔** : 붉은 만병초(Rhododendron arboreum) **대한민국** : 무궁화(Hibiscus syriacus) **레바논** : 레바논 삼나무(Cedrus libani) **말레이시아** : 코코수야자(Cocos nucifera) **미얀마** : 벼(Oryza sativa) **버마** : 사라수(Shorea robusta) **사우디아라비아** : 대추야자(Phoenix dactylis) **스리랑카** : 연꽃(Nelumbo nucifera) **시리아** : 아네모네(Anemone coronaria) **아프가니스탄** : 튜울립(Tulipa gesneriana) **예멘** : 커피나무(Coffea arabica) **이란** : 튜울립(Tulipa sylvestris) **이스라엘** : 올리브(Olea europaena) **인도** : 양귀비(Papaver somniferum) **인도네시아** : 보루네오쟈스민(Jasminum sambac) **일본** : 벚꽃(Prunus yedoensis) **중국** : 매화(Prunus mume) **중화민국** : 모란(Paeonia suffruiticosa) **캄보디아** : 수련(Nympaea tetragona) **태국** : 수련(Nympaea spp.) **터키** : 튜울립(Tulipa gesneriana) **파키스탄** : 수선화(Narcissus spp.) **필리핀** : 쟈스민(Jasminum sambac)
아프리카	**남아프리카연방공화국** : 프로테아(Protea) **마다카스카르** : 부채잎파초(Robenala madagascariensir) **이디오피아** : 칼라(Zantedeschia spp.) **이집트** : 수련(Nympaena tetragona) **카메룬** : 수련(Nympaea spp.)
오세아니아	**뉴질랜드** : 회화나무(Sophora tetraptra var. grandiflora) **오스트레일리아** : 꽃아카시아(Acasia dealbata)
유 럽	**그리스** : 향제비꽃, 올리브(Viola ordorata), (Olea europaea) **네덜란드** : 튜울립(Tulipa gesneriana) **덴마크** : 붉은 클로버(Triforium pratense) **독일** : 참나무(Quercus robur) **러시아** : 해바라기(Helianthus sp.) **루마니아** : 백장미(Rosa alba) **모나코** : 카네이션(Diathus caryophyllus)

대 륙 별	국가별 국화(國花) 혹은 국목(國木)

유 럽	**그리스** : 향제비꽃, 올리브(Viola ordorata), (Olea europaea)
	네덜란드 : 튜울립(Tulipa gesneriana)
	덴마크 : 붉은 클로버(Triforium pratense)
	독일 : 참나무(Quercus robur)
	러시아 : 해바라기(Helianthus sp.)
	루마니아 : 백장미(Rosa alba)
	모나코 : 카네이션(Diathus caryophyllus)
	바티칸 : 나팔나리(Lilium longiflorum)
	벨기에 : 아잘레아(Rhododendron indica)
	불가리아 : 장미(Rosa centifolia)
	스웨덴 : 은방울꽃(Convallalia majalis)
	스위스 : 에델바이스(Leontopodium alpinum)
	스페인 : 오렌지꽃(Citrus sinensis f. nalta de Clabra)
	아르메니아공화국 : 아네모네(Anemone coronaria)
	영국
	  스코틀랜드 : 엉겅퀴(Cirsium vulgare)
	  아일랜드 : 흰클로버(Trifolium repens)
	  웨일즈 : 수선화(Narcissus obvallaris)
	  잉글랜드 : 장미(Rosa hybrida)
	오스트리아 : 에델바이스(Leontopodium alpinum)
	이탈리아 : 데이지(Bellis perennis)
	체코슬로바키아 : 티리아(Tilia europaea)
	포루투갈 : 라벤둘라(Lavendula vera)
	폴란드 : 팬지(Viola tricolor)
	프랑스 : 아이리스(Iris florentiana)
	핀란드 : 은방울꽃(Convellaria majalis)
	희랍 : 아칸더스(Acantus)

중앙 및 남아메리카	**과테말라** : 리카스테난(Lycaste shinneri) **도미니카** : 마호가니(Swietenia mahogani) **멕시코** : 다알리아(Dahlia) **베네슈엘라** : 타베비아(Tabebuia Chrysantha) **볼리비아** : 꽃고비(Poleminium caeruleum) **브라질** : 카틀레아(Cattleya labiata) **아르헨티나** : 피토라카(Phytolacca dioica) **우루과이** : 에리스리나(Erythrina crystagalli) **칠레** : 동백꽃(Lapageria rosea) **콜롬비아** : 카틀레야(Cattleya. sp.) **쿠바** : 진저(Hedihcium coronarium) **파나마** : 파나마초(Carludovica palmate) **페루** : 해바라기(Helanthus annus)

북아메리카	**미합중국**
	  인디애나주 : 튜울립(Tulipa gesneriana)
	  캘리포니아주 : 캘리포니아포피(Califonia poppy)
	  버지니아주 : 미국산딸나무(Cornus florida)
	  하와이주 : 히비스커스(Chinese hibiscus)
	  미주리주 : 산사나무(Hawthorn)
	캐나다 : 사탕단풍나무(Acer saccharum)

주) 위 표기 중에는 나라 이름이 바뀌기 전의 예들이 많이 있는데 구체적으로 파악이 되지 않았기 때문에 그대로 두었다.

각국이 식물 중에서 특정한 식물을 국화나 국목으로 지정함으로써 식물이 그 나라 고유의 식물 문화를 대변하기도 한다. 이와 함께 국화나 국목으로 지정된 나무가 아닐지라도 그 나라의 식물 문화를 특징적으로 대표하는 예도 있다. 러시아의 자작나무문화, 일본의 조엽수림 문화, 북유럽의 전나무문화, 남유럽의 올리브-포도문화, 영국의 장미문화, 캐나다의 사탕단풍나무문화, 아프리카의 바오밥나무문화, 열대 바닷가의 야자수문화, 우리나라의 소나무문화 등은 식물이 형성하는 국가 문화의 단적인 사례이다.

제 4 절 식물의 품계(品階)

1. 꽃의 선호도

사람들이 좋아하는 꽃의 선호도에 따라서도 꽃이 갖는 사회적 지위도 달라질 것이다. 사람들은 어떤 꽃을 가장 좋아할까? 작은 꽃, 큰 꽃, 빨간 꽃, 노란 꽃, 장미, 들국화 등 수없이 많은 꽃 중에서 가장 좋아하는 꽃 하나를 선택하려면 선뜻 택하지 못할지 모른다.

꽃은 깨알 만한 것에서부터 지름 1m, 무게 7~8kg에 달하는 라플레시아라는 꽃에 이르기까지 다양하다. 뿐만 아니라 색깔, 모양에 있어서도 다채롭다. 또한 종류마다 꽃피는 계절이 다르기 때문에 좋아하는 꽃을 선택하라면 다양하게 나올 수 밖에 없을 것이다.

고양시에서 세계 꽃박람회가 열리던 1997년에 한국 갤럽이 한국민의 꽃생활 조사 결과를 발표하였다. 제주도를 제외한 전국의 만 20세 이상 남녀 1,506명을 대상으로 실시한 결과 지난 1년간 꽃을 송이나 다발로 구입해 본 경험이 있는 사람은 59.9%, 꽃나무를 구입해 본 경험이 있는 사람은 49.2%였다. 이것은 1992년 때의 같은 조사결과와 비교할 때 각각 57.5%, 47.9%에 비해 약간씩 늘어난 수치였다. 지금 집에 꽃이 꽂힌 꽃병이 있는지를 묻는 질문에는 19.5%가 꽂혀 있다고 대답하였다. 5년 전에 비교하여 5.5%가 늘어난 수치이다. 최근의 자료를 입수할 수 없어서 비교할 수는 없지만 생활이 점점 자연친화적인 경향을 취하고 있다는 판단에서 보면 최근의 경향도 과거

그림 4-6. 목련꽃

에 비해 꽃을 좀 더 가까이 하는 추세가 아닐까 생각한다.

그림 4-7. 천연기념물 제350호(좌), 제354호 (우-장사송)로 지정된 소나무 (이천용 박사, 박봉우 교수 제공)

가장 좋아하는 꽃에 대한 순위는 꽃에 대한 인간의 선호도로서 꽃의 사회적 지위라고 말할 수 있을 것이다. 최고로 선호하는 꽃은 조사 대상자들의 41.4%가 장미라고 대답하였다. 다음으로 국화가 9.4%로 2위, 백합이 6.9%

로 3위에 꼽혔다. 안개꽃, 난, 튤립, 무궁화, 프리지아, 코스모스, 목련 등의 순으로 10위가 매겨졌다.

국화는 그렇다 치더라도 장미와 백합이 상위를 차지하는 것을 보면 좋아하는 꽃도 서구적 취향으로 치닫지 않나 하는 느낌이다. 우리의 전통적인 꽃은 말할 것도 없고 국화인 무궁화마저 7위로 처져 있다. 순위는 아마도 외면적인 아름다움만을 기준으로 한 것은 아닐까 생각된다.

한편, 2001년 산림청이 한국 갤럽에 의뢰하여 18세 이상 남녀 1,814명(전문가 300명 포함)을 대상으로 가장 좋아하는 나무와 꽃나무를 조사한 바를 소개하면 다음과 같다. 우리 국민이 가장 선호하는 나무는 응답자의 58.7%가 꼽은 소나무였다. 소나무는 1991년과 1997년에 조사한 결과에서도 마찬가지로 제일 좋아하는 나무로 나타났는데 이 번 조사로 10년 동안 변함없이 최고의 자리를 차지하고 있음이 확인되었다. 이어서 2위 은행나무(6.8%), 3위 감나무(3.1%)의 순이었다. 가장 좋아하는 꽃나무는 22.0%의 지지를 얻은 목련, 2위는 16.1%를 얻은 진달래, 3위는 13.4%를 얻은 개나리, 4위는 동백나무가 차지하였다.

2. 원예서에 나타난 지위

현대인들로부터 가장 사랑을 받는 꽃은 이미 본 절에서 소개한 바 있는 것처럼 장미와 목련이다. 그러나 시대에 따라 좋아하는 꽃이 같아야 한다는 법은 없으며 사회적 흐름이나 개인의 취향이 변하기 때문에 달라지는 것도 당연하다. 역사적으로 보면 모란은 신라 때, 매화는 고구려 때, 국화는 백제 때 길렀다는 기록이 '삼국사기'에 나타나고 있다. 어떤 특정한 꽃을 길렀다는 것은 그 만큼 그 꽃을 선호했다는 증거라고도 할 수 있겠다. 조선조까지만 해도 가장 사랑받았던 꽃은 매화, 모란, 국화였다. 구체적인 예를 다음에 찾아보기로 한다.

꽃의 등급을 자세하게 소개한 역사서는 조선시대 발간된 『양화소록(養花小錄)』과 『화암수록(花菴隨錄)』이라는 책이다. 이 두 권의 책은 조선시대 2대 원예서적이라 부를 정도로 문헌적 가치가 뛰어나다. 두 권 모두 조선시대 양반들의 원예취향과 원예 문화를 이해하는데 대단히 중요한 자료이다.

가. 양화소록(養花小錄)

양화소록의 저자는 강희안(姜希顔, 1417~1464)으로서 세종 때의 명신으로서 벼슬은 부제학에 올랐다. 시와 글과 그림에 능통하여 3절(三絶)이라 불리었다. 만년에는 세상사 벼슬에 뜻이 없어 자연을 벗 삼아 살아가면서 예술인의 진가를 발휘하였다고 한다.

강희안은 화가 탓도 있었지만 누구보다도 식물을 사랑했다. 그리하여 꽃과 나무를 기르는 방법을 체득하여 실전에 응용하며 기록으로 남기기도 하였다. 『양화소록』은 화훼와 원예에 관한 서적으로서 『진산세고(晉山世稿)』 권4에 수록되어 있다. 『진산세고』란 문신으로서 강희안의 동생인 강희맹이 할아버지 강회백, 아버지 강석덕, 형 강희안의 행장(行狀)과 시문을 엮어 만든 강씨 삼대(三代)의 삼세고(三世稿)이다. 4권 1책으로 되어 있는데 제4권에 서거정과 최호라는 사람이 쓴 강희안의 시문집발과 함께 『양화소록』이 수록되어 있다. 성종 7년인 1476년에 간행된 것으로서 조선시대 화훼분야 전문서적 중 가장 오래된 서적이다. 『진산세고』는 1998년에 보물 제1290호로 지정되었다.

『양화소록』은 화초나 나무를 가꾸는 방법과 약간의 괴석(怪石)에 대해서 기록한 책이다. 그러나 식물의 생육 특성을 거울삼아 인재를 기르고 다뤄야 한다는 비유들을 피력하고 있어서 단순히 원예서적으로서만 이해될 성질의 책은 아닌 듯하다. 하지만 내용 중심은 어디까지나 식물 재배에 관한 것이다. 이것은 책의 글머리에 '이제 보고 들은 바에 따라서 화초의 성품과 재배하는 법을 기록해서 청천양화소록(菁川養花小錄)이라고 이름을 붙이니, 이는 산림에 묻혀 소일하고 일거리를 삼자는 것이오, 한편으로는 이를 즐기는 사람들과 취미를 함께 하고자 함이다' 라는 기록을 통해서 잘 알 수 있다.

한편, 많은 사람들에게 강희안이 이 책에서 꽃이나 나무의 등급을 자세하게 구분하고 설명한 것으로 알려지고 있는데 이것은 잘못인 듯하다. 이와 같이 강희안이 꽃나무의 등급을 상세하게 구분한 것으로 잘못 알려지고 있는 이유는 다음과 같다. 즉, 을유문고가 1973년에 이병훈 역으로 『양화소록』을 번역 출간하면서 별다른 언급없이 부록에 『화암수록』이라는 것을 소개하였다. 여기에 꽃나무의 등급에 관한 내용이 자세하게 설명되어 있는데 독자들은 이 내용들을 강희안의 것으로 잘못 이해하였기 때문이다. 하지만 『화암수록』의 저자는 따로 있음을 알아야 한다.

『양화소록』에 등장하는 식물들을 순서대로 열거하면 다음과 같다. 노송(老松), 만년송(萬年松), 오반죽(烏班竹), 국화, 매화, 혜란, 서향화, 연꽃, 석류꽃, 치자꽃, 사계화와 월계꽃, 산다화(동백), 자미화(백일홍), 일본철쭉, 귤나무, 석창포의 순서이다. 이 같은 기술 순서는 어떤 특별한 기준에 의해서 정하여 쓴 흔적을 발견할 수 없다. 하지만 사람의 보편적인 습성으로 볼 때 대개 좋아하는 순서대로 기록한 것이 아닐까 추측해 본다. 소나무, 대나무, 국화, 매화, 난, 연꽃 등은 조선시대 창작된 시서화 등에 자주 등장하는 식물이기 때문에 사람들이 그만큼 선호하지 않았을까 생각해 본다.

한편, 『양화소록』의 부록에 수록된 『화암수록』에는 강희안이 꽃나무를 9가지 등품으로 구분한 화목구품(花木九品)을 소개하고 있는 반면, 『양화소록』 본문에는 그에 대한 어떤 설명이나 내용도 담겨져 있지 않다. 그 이유가 무엇인지 조금은 의아스럽게 생각된다. 화목구품의 내용은 다음 표와 같다. 각 등급마다 어떤 기준으로 품계를 매겼는지 내용이 기록되어 있지 않다.

표 4-2. 강희안의 화목구품

구 분	해 당 식 물
1품	소나무, 대나무, 연꽃, 국화
2품	모란
3품	사계화, 월계화, 왜철쭉, 영산홍, 진송(眞松), 석류나무, 벽오동
4품	작약, 서향화, 노송, 단풍나무, 수양버드나무, 동백나무,
5품	치자나무, 해당화, 장미, 홍도, 벽도, 삼색도, 하얀 진달래(백두견), 파초, 전춘라(翦春羅), 금잔화
6품	백일홍, 홍철쭉, 분홍진달래(홍두견), 두충나무
7품	이화(배나무꽃), 행화(살구나무꽃), 보장화, 정향나무, 목련
8품	촉규화(蜀葵화), 산단화(山丹花), 옥매, 출장화(出墻花), 백유화(白萸花)
9품	옥잠화, 불등화, 연등화, 연교화, 초국화, 석죽화, 앵속각, 봉선화, 계관화, 무궁화

나. 화암수록(花菴隨錄)

『화암수록』은 지금까지 강희안(姜希顔) 혹은 송타(宋拖)가 쓴 것으로 알려져 있었고, 또한 2002년도 수능 시험에서도 출제되어 작가가 송타로 되어왔다. 그러나 최근 한양대 정민 교수가 연구한 바에 따르면 조선조 중후기에 살았던 유박(柳璞, 1730~1787)이라는 사람이 지었음이 확인되고 있다. 저자가 유박이라는 주장이 충분한 설득력이 있기에 본서에서는 화암수록의 저자를 유박으로 소개한다. 유박은 황해도 배천군 금곡포에 살았던 사람으로서 능력은 있으되 뜻한 바 있어서 벼슬을 하지 않고 꽃을 심어 가꾸면서 문인들과 교분하던 사람이었다. 꽃으로 장식한 그의 집을 백화암(百花庵)이라 부르고, 화암수록(花菴隨錄), 화암구곡(花菴九曲), 매농곡(梅儂曲) 등을 남겼다.

조선시대 18세기는 사회 전반적으로 다양한 변화들이 나타나게 되는데 그 중의 하나가 꽃과 나무를 가꾸는 화훼와 정원문화의 발달이다. 이러한 시대적 특징 속에서 나온 책이 『화암수록(花菴隨錄)』이다.

유박은 식물을 아름다움보다 그 상징적 의미에 따라 9등급으로 나누었다. 각 등급마다 5가지씩 총 45종과 등외로 12종을 더하여 총 57종의 식물이 소개된다. 이를 유박의 화목구등품제(花木九等品第)라고 한다. 등급 구분에 있어서 기준이 된 상징적인 단어들은 높고 뛰어난 운치, 부귀, 절개, 번화 등이다. 식물의 각 등급별 지위를 살펴보면 다음 표와 같다.

두 사람이 구분한 식물의 지위를 살펴보면 특히 1, 2 품등에 속해있는 식물들이 소나무, 대나무, 매화, 국화, 연꽃, 모란 등으로서 대체적으로 일치한다. 현대인들이 가장 선호하는 장미는 5위에 올라있다. 두 사람은 약 300년의 시차를 두고 산 사람인데 식물 지위가 거의 비슷하다.

표 4-3. 유박의 화목구등품제(花木九等品第)

9등급	기 준	해당 식물
1등	높고 뛰어난 운치	매화, 국화, 연꽃, 대나무, 소나무
2등	부 귀	모란, 작약, 왜홍(일본철쭉, 영산홍), 해류(海榴, 花石榴, 百葉榴), 파초
3등	운 치	치자, 동백, 사계(월계), 종려, 만년송(노송)
4등	운 치	화리(華梨), 소철, 서향화, 포도나무, 귤나무
5등	번 화	석류, 복숭아나무, 해당화, 장미, 수양버드나무
6등	번 화	두견화, 살구나무, 백일홍, 감나무, 오동나무
7등	각각의 장점	배나무, 정향나무, 목련, 앵도나무, 단풍나무
8등	각각의 장점	무궁화, 석죽, 옥잠화, 봉선화, 두충나무
9등	각각의 장점	해바라기, 전추라, 금잔화, 창잠(석창포), 화양목
등외		능금나무, 단내, 산수유, 위성류, 백합, 상해당, 산단화, 철쭉, 백자, 측백나무, 비자나무, 은행나무

앞에서 한국갤럽이 조사한 꽃에 대한 우리 국민들의 선호도를 소개한 것처럼 300~600여년전 5위였던 장미가 1위를 차지하였고 국화가 2위였다. 그래도 국화만큼은 지위를 비슷하게 지키고 있고 무궁화도 여전히 7~8위로 하위를 차지하지만 비슷한 경향을 나타내고 있다. 대체적으로 유박 시대로부터 다시 250여년이 지난 지금의 꽃에 대한 선호도를 비교해 보면 많이 변화하였다는 것을 발견할 수 있다.

꽃이라도 그 품종에 따라 각양각색이니 꽃의 아름다움에만 집착하는 것은 꽃을 감상하는 올바른 태도가 아닐지 모른다. 장미만 해도 그 품종은 무려 15,000여종에 달한다고 하며 계속해서 신품종이 개발되고 있다. 꽃의 모양도 홑꽃, 겹꽃, 중겹꽃 등으로 다양할 뿐만 아니라 색깔 역시 흰색, 핑크색, 복숭아 색, 붉은색, 노란색, 흑장미로 불리는 적자색(赤紫色) 등으로 다채롭기 그지없다. 그러니 특정한 모양과 색깔의 장미를 좋아한다기보다 장미의 감춰진 이미지를 사랑한다고 봐야 할 것이다.

이처럼 식물의 품등 구분에 있어서 단지 외형의 아름다움만 보고 판단하여 취한다면 그 등급은 매우 달라질 것이다. 강희안과 유박은 하나하나의 식물 속에 숨겨있는 의미에 더 큰 비중을 둔 것으로 보인다. 그 중에서도 높고 뛰어난 운치(高標逸韻)가 있는 식물을 최고의 가치가 있는 것으로 뽑았다.

3. 소나무

가. 소나무를 좋아하는 이유

앞에서도 확인할 수 있었던 것처럼 소나무는 선조들로부터 지금까지 우리 민족이 가장 좋아하는 나무임이 확인되고 있다. 그 이유는 무엇일까? 감성적 측면과 이성적 측면에서 우리 민족의 마음을 사로잡았기 때문이다.

첫째, 감성적 측면에서 판단해 보면, 늘 보아왔고 지금도 보고 있기 때문이다. 자주 봄으로써 정이 드는 것은 이성적 감각을 가지고 있는 인간이 지닌 특징이다. 이것은 운명적이다. 자주 보면 정이 든다. 상극이고, 겉보기에 전혀 어울리지 않는 형태의 남녀 사이도 자주 보면 정이 들고 사랑하게 되고 결혼에 이르게 된다. 하물며 나무 중에서도 사시사철 늘 푸른 색을 지닌 나무이고 늘 생활 가까이 있는데 누구인들 좋아하지 않을 수 없을 것이다.

이렇게 소나무를 늘 볼 수 있었고, 지금도 볼 수 있는 것은 소나무가 운명적으로 우리 한반도에 많이 분포하고 있었기 때문이다. 소나무는 적어도 17,000년 전부터 한반도에 살아온 것으로 알려지고 있다. 단군신화가 사실이라고 가정한다면, 5000년 전 단군시대의 사람들이 이 땅에 태어났을 때는 이미 울울창창한 소나무로 사방이 뒤덮혀 있었을 것이다. 원시종교에서 보듯, 하늘을 찌를 듯한 장대한 키와 몸집으로 그들 앞에 버티고 서 있는 소나무를 보고 그들은 놀라지 않을 수 없었을 것이고 외경의 마음을 가지지 않을 수 없었을 것이다. 소나무는 그때부터 지금까지 한민족의 몸과 마음에 물질적으로 정신적으로 필요한 대부분의 것들을 공급하여 주어 왔다. 삶과 사상, 의식주, 즉 생사의식주(生思衣食住)를 지배해 왔으니 정이 들지 않을 수 없다.

둘째, 이성적 측면에서 판단해 보면, 운치와 기상이 있는 나무이기 때문이다. 불그스름하고 꿋꿋한 줄기와 늘 푸른 잎으로 인하여 나무로서 청렴성과 기상이 있으며 전체적으로 품위와 운치가 두드러진다. 강희안이나 유박의 화목품등 구분에서 본 바와 같이 우리 민족은 과거부터 식물을 선호함에 있어서 운치를 최고의 가치기준으로 삼아 왔다. 그래서 소나무를 좋아하는 마음은 바로 소나무가 지닌 운치 때문인데 이것도 우리 민족에겐 역시 운명적인 면이 있다고 본다.

나. 소나무 선호의 역사기록들

소나무에 대해서 기록한 역사적인 내용들이 많이 있겠지만 몇 가지만 소개하기로 한다. 『양화소록』에서 강희안은 소나무에 대해서 중국인들이 생각한 몇 가지 사례를 소개하고 있다. 관찰어사를 지낸 당나라 시인 부재(符載)가 쓴 『식송론(植松論)』에 다음과 같이 기록되어 있다; 만일 소나무를 숭산(嵩山)이나 대산(岱山)에 심으면 북쪽 바다의 빛나는 기운이 안에서 서리고 해와 달의 밝은 빛이 밖에서 비치며, 상서로운 봉황새가 그 위에서 너울거리고, 맑은 샘물이 그 아래로 흐르며, 시원한 바람소리는 피리소리를 무색하게 한다. 그 뿌리는 황천 깊이 뻗어가고 가지는 푸른 하늘에 닿을 듯하다. 소나무야말로 명당의 기둥감이오 큰 집의 대들보 감이니 나무 중의 나무이다.

또한 강희안은 같은 책에서 중국 당나라의 문인이며 정치가였던 유유주(柳柳州)라는 사람이 쓴 편지글에서 소나무에 관한 다음과 같은 내용을 소개하였다; 소나무는 바위틈에 나서 천 길이나 높이 솟아 그 곧은 속대와 거센 가지와 굳센 뿌리를 가지고 능히 추위를 물리치고 엄동을 넘긴다. 그러므로 뜻있는 군자는 소나무를 법도로 삼는다.

소나무를 나타내는 한자는 송(松)이다. 이것은 '木'와 '公'자로 이뤄져 있는데 '公'이란 공작, 백작, 후작 등의 작위에서 가장 선도적 위치의 작위를 말한다. 그리하여 나무 중에서 가장 으뜸가는 나무를 바로 松(소나무)으로 표기하게 된 것이다. 소나무라는 말도 우리 말에서 솔 혹은 솔나무라고도 하는데 '솔'이란 최고, 으뜸, 우두머리라는 뜻이다. 따라서 으뜸가는 나무를 '솔나무'라고 하는 것인데 'ㄹ'탈락 현상으로 소나무가 된 것이다.

조선왕조실록에 기록된 것을 보면, 묘지 주변에 나무를 심을 때 고인이 어떤 인물인가에 따라서 심는 나무를 달리하였다고 한다. 즉, 천자 묘지에는 소나무를 심고, 제후 묘지에는 잣나무를 심으며, 대부 묘지에는 밤나무, 선비 묘지에는 느티나무, 그리고 일반 사람들의 묘지에는 나무를 심지 못하는 등 등급이 있었다.

또한 임금이 앉는 용상 뒤에 걸어두는 일월곤륜도 등에 나타난 그림을 보면 소나무는 항상 화제의 중심이 되고 있음을 본다. 이러한 몇 가지 역사적인 사실로 볼 때 소나무는 국가 사회적으로 최고의 위치에 있었음을 알 수 있다.

다. 소나무의 사회적 지위 사례

1) 석송령(石松靈)

석송령은 경북 예천군 감천면 천향리 804번지 석평마을에 있는 나이 600여년 된 소나무이다. 나무높이는 10m, 가슴높이 줄기 지름은 1.34m, 수관폭은 남북방향 22m, 동서방향 32m, 그늘 면적은 300여 평에 이른다. 일반 소나무와는 달리 생육 형태상 반송(盤松)이라고 한다. 이 소나무는 법원에 석송령이라는 이름으로 등재되어 토지를 소유하고 있는 나무인데 천연기념물 제294호로 지정되어 있다. 이 소나무를 석송령이나 일명 부자나무라고 하는 유래를 알아보자.

천연 기념물 안내 간판에 기록된 설명문을 참고하여 소개하면 이렇다. 약 600여년 전 풍기지방에 큰 홍수가 났을 때, 마을 앞을 흐르던 석관천(石串

그림 4-8. 예천 감천면의 석송령(천연기념물 제294호)

川)을 따라 떠내려 오던 이 소나무를 마침 지나가던 나그네가 건져 현재의 자리에 심었다고 한다. 그 후로 1930년경 당시 이 마을에 이수목이라는 노인이 살았는데 재산을 물려줄 후손이 없었던지라. 생각한 끝에 개천가에 서 있는 이 소나무가 영험이 있는 나무라 생각하여 그 이름을 석송령이라 짖고 자기 소유의 땅 6,600m^{2}를 상속하도록 등기해 주었다. 이때부터 소나무 석송령은 사람과 동등하게 법적인 이름을 갖고 토지를 소유하고 세금도 내는 부자나무로 불리게 되었다. 토지에서 나오는 수익금으로 마을 학생들에게 석송령 장학금을 수여하기도 한다.

행사가 열리면 막걸리를 마시는데 매년 마시는 막걸리의 양이 10말도 넘는다고 한다. 마을사람들에게 석송령은 마을의 단합과 안녕을 관장하는 동신목, 혹은 부귀, 장수, 상록을 상징하고 안녕과 협동심을 북돋아주는 신목(神木)이라고 할 수 있겠다.

예천 땅에는 토지를 소유하고 세금을 납부하는 나무가 한 그루 더 있다. 이것은 용궁면 금남리 금원마을에 있는 수령 약 500년의 황근목(黃根木)이라 부르는 팽나무이다. 황근목은 4000여평의 토지를 소유하고 있으며 천연기념물 제 400호로 지정되어 있다.

2) 정이품송(正二品松)

정이품송은 충북 보은군 내속리면 상판리에 있는 소나무이다. 나무의 나이 약 800년, 높이 약 15m, 가슴높이 지름 약 1.5m이다. 정이품송이라고 불리는 연유를 문헌에 소개된 이야기들을 바탕으로 재구성하면 이렇다: 조선시대 세조(1455~1468)가 속리산으로 행차하고 있었다. 앞으로 진행하던 중 마침 앞쪽에 큰 소나무의 가지가 늘어져 있었다. 이 때문에 임금의 가마(연, 輦)가 계속해서 진행할 수 없게 될 것을 염려하여 '소나무 가지에 연 걸린다' 라고 외쳤다. 그러자 솔가지가 저절로 쳐들려져서 가마가 무사히 통과하게 되었

그림 4-9. 정이품송(천연기념물 제103호)
우측 가지 아래에 후계
소나무가 서 있다.

다고 한다. 이것을 신기하게 여긴 왕이 소나무에게 정이품(장관급)의 벼슬을 내렸다고 한다. 이 후로 이 소나무를 '정이품송', 또는 '연걸이 소나무'로 불려지게 되었다.

소나무로서는 보기 드물게 나이가 오래 된 나무일 뿐더러, 자태가 아름다워 천연기념물 제103호로 지정되어 보호하고 있다. 주위에 후계 소나무들을 심어 놓아 대를 잇도록 하고 있다.

3) 성주신(城主神)

성주는 원래 하늘에 있던 신이었는데 잘못을 저질러 지상으로 내려왔다. 거처를 마련하여 살려고 살펴보니 집이 없었다. 이에 천신께 집을 주십사 빌었다. 그랬더니 천신은 '안동 땅 제비원에 가서 솔씨를 받아다 뿌려 자라거든 재목으로 베어다가 집을 짓고 살아라'고 하였다. 천신의 말씀을 받들어 제비원으로부터 솔씨를 얻어 주위에 뿌려 자란 다음 기둥감, 서까래감을 구별하여 골라내었다. 가장 듬직하고 미끈한 소나무를 상량보(上梁보, 대들보)로 베어내어 집을 짓고 들어가 살았다고 한다.

성주신은 성주(城主), 즉, 성의 주인, 말하자면 집주인 신이라는 뜻이겠다. 민간 신앙에서는 집안 곳곳에 그 공간을 관장하는 신이 있다고 믿었다. 예를 든다면 부엌을 관장하는 부엌신, 뒷간(厠間)을 다스리는 측신, 마루를 다스리는 신, 안방신 등이 그것이다.

이처럼 집안 곳곳을 다스리는 신들을 총칭하여 가신(家臣)이라고 하는데 성주신은 가신 중에 우두머리 으뜸신으로서 집의 가장 중심에 위치하는 대들보에 있는 것으로 생각한다. 이 대들보는 꼭 굵고 통직한 소나무 재목으로 만든다. 그 이유는 앞서 성주신의 유래에서 밝힌 바와 같이 소나무 속에 하늘에서 내려온 성주신이 모셔져 있다고 생각하기 때문이다. 집을 짓는

그림 4-10. 성주신이 솔씨를 받았다는 제비원 연미사 전경 (안동시 소재)

과정에서 대들보를 올릴 때에는 꼭 대들보를 올리는 의식을 하는데 이를 상량식(上梁式)이라고 한다. 상량식에서는 상량문을 지어 올리고 성주맞이와 성주굿을 한다. 성주맞이는 성주받이 또는 성주풀이라고도 하는데 '집주인'인 성주신을 들이는 의식이다. 성주굿은 성주신에게 재앙을 물리치고 행운을 들이게 해 달라고 비는 굿이다. 상량식이나 성주맞이는 일반 가옥의 건축에서는 물론 도심의 빌딩, 아파트, 공장 건축 등 구분없이 오늘날까지 계속 이어지고 있다.

성주신의 예에서 보듯이 소나무는 전통 민간 신앙에서 뿐만 아니라 현대에 이르기까지 가신을 대표하고 집의 길흉화복을 관장하는 성주신으로서 최고의 지위를 차지하고 있다.

4) 십장생(十長生)

인간이 가지고 있는 최고의 소원은 심신의 아무런 병없이 오래 사는 무병장수일 것이다. 젊음과 건강을 유지한 채 영생(永生)하고자 하는 소망은 모든 생명체들의 공통된 희망사항이다. 인간의 이러한 염원 속에서 나온 것이 십장생이다.

십장생은 도교(道敎)와 민간 신앙에서 불로장생을 상징하는 10가지 사물을 말한다. 십장생의 10가지는 문헌이나 사람에 따라서 달리 표현되는 것으로 보아 꼭 지정된 것은 아닌 듯하다. 십장생에 등장하는 것들을 보면, 해, 달, 돌, 물, 구름, 소나기, 산, 학, 거북, 사슴, 산, 개천, 소나무, 대나무, 불로초, 복숭아나무 등이 거론된다.

만물의 영장으로서 인간이 고래(古來)로부터 추구해온 무병장수와 영생을 위한 염원으로 소나무와 대나무와 불로초, 복숭아나무를 숭앙하고 있다. 지구상에 헤아릴 수 없이 수많은 식물종 가운데, 이들 식물만이 십장생의 하나로 인식되고 있는 것이다. 십장생은 이들이 인간세계에서 차지하고 있는 고차원적인 사회적 상징성을 다시 한번 확인하는 계기를 마련해 주고 있다.

4. 기타 식물의 사회적 지위

그 밖에 식물이 우리들의 일상생활에서 차지하고 있는 지위를 확인할 수 있게 하는 사례가 많을 것이다. 국가의 중요 행사시 대통령이나 장관은 기념식수를 한다. 취임을 기념하고 건립을 축하하면서 이모저모로 나무를 심는다.

그림 4-11. 십장생도(식물 요소: 소나무, 산, 불로초)

기념 식수로 많이 쓰이는 나무들은 지위가 높은 사람일수록 훌륭한 외관을 갖추고 비싼 나무를 심는다. 주목, 소나무 등을 기념식수할 때 많이 심는다. 산림청은 새로운 천 년을 기념할 수 있는 나무를 심고자 수종을 선정하는 과정에서 소나무와 느티나무를 놓고 난상토론을 벌였다고 한다. 결국 느티나무를 선정하고 여러 곳에 심었다. 2000년에 있어서 느티나무는 나라에서 최고의 지위를 차지한 나무였다.

각종 의식에서 사람들은 무엇인가 기념하고 상징하기 위한 수단으로서 나무나 꽃을 항상 사용하고 있다. 나무나 꽃이 없으면 기념식장은 썰렁하고 허전하다. 결혼식장에서 신부의 손에 부케가 들려있지 않다면, 그리고 신랑의 예복에 꽃이 꽂혀 있지 않다면 순결하고 성결스러워야 할 분위기는 어딘가 모르게 어색할 것이다. 적재·적소·적시에 식물에게 일정한 사회적 지위를 부여하는 것은 의식을 기념하고, 장소의 특성을 고양시킬 뿐만 아니라, 더 나아가서 인간의 품격과 품위를 지키기 위해서도 필요한 일로 생각할 수 있겠다.

제 5 장 세상을 바꾼 식물들

제 1 절 개 관

인류 역사의 발전과정을 조명해 보면 한 마디로 변화의 연속이다. 변화를 어떤 관점에서 바라보느냐에 따라서 그의 흐름을 달리 표현할 수 있을 것이다. 수렵채취의 시대, 농경시대, 산업시대, 전자시대 등 경제활동의 특성에 따라서 구분할 수도 있다. 구석기시대, 신석기시대, 청동기시대, 철기시대 등 인류문명의 건설에 쓰인 재료에 따라서 구분할 수도 있다.

하지만 어떤 관점에서 어떤 방법으로 구분하든 간에 상관없이 변화의 전후 전환기에 있어서 변화를 이끈 것은 대단한 힘을 가지고 획기적인 영향을 미칠 수 있었기 때문에 새로운 시대를 맞이할 수 있게 된 것이다. 불과 종이, 청동과 철, 석탄과 석유와 전기, 원자력, 컴퓨터 등은 인류 문명의 변화를 이끈 주역들이다.

다른 쪽으로 눈을 돌려서 인류의 의식주나 기호생활이 변화되어 온 것을 살펴보자. 시기적으로 획기적인 변화가 나타난 사실들이 많이 있다. 이 변화들의 한 가운데에는 식물들이 주역을 담당하고 있는 사례는 얼마든지 찾아볼 수 있다. 그 중에서 대표적인 몇 종의 식물들만 나열한다면 어떤 것을 택할 수 있을까?

1985년에 헨리 홉하우스(Henry Hobhouse)는 런던에서 『변화의 종자들. 인류를 변화시킨 5가지 식물들』이라는 제목의 책을 세상에 내놓았다. 그는 이 책에서 기나수, 사탕수수, 차, 면화, 감자를 제시하였다. 말할 필요없이 기나수는 말라리아를 치료하는데, 사탕수수는 설탕을 제조하는데, 차는 사교와 기호식품으로서, 면화는 의류제조에, 감자는 식량자원으로서 인류의 삶을 변화시키는데 중차대한 역할을 하여 왔다. 세상을 변화시킨 5대 식물에 대해서 알아보자.

제 2 절 세상을 바꾼 식물들

1. 기나나무(기나樹)

기나수는 꼭두서니과 기나수속의 활엽수이다. 남아메리카에 많이 분포하는 나무로서 잎은 광택이 나고 조금 두껍다. 이 나무의 껍질에 말라리아 치료에 사용되는 가장 중요한 알카로이드 성분인 키니네(quinine)가 들어있다.

서양에 이 약이 개발된 이후부터 제1차 세계대전까지 300여년 동안 키니네는 열병 말라리아를 치료하는 유일한 치료제였다. 인류의 생명을 구한 귀한 식물이 기나수이다.

키니네가 세상에 등장하기까지 다음과 같은 재미있는 이야기가 있어 소개한다.

때는 지금으로부터 370여년전 1638년 페루의 리마에서 있었던 일이다. 페루는 당시 스페인의 식민지로서 수도 리마에 본국으로부터 파견된 총독이 상주하고 있었다. 총독의 부인은 카운테스 킨콘(Countess Chinchon, 1576~1639)이었는데 절세 미인이었다고 한다. 그런데 안타깝게도 부인이 원인도 알 수 없고 치료도 되지 않는 병을 앓고 있었다. 체온이 교차하고 오한과 땀을 흘리는 병, 즉, 열병을 앓고 있었던 것이다. 여러 가지 약방을 다 써 보았으나, 당시로서는 어쩔 도리가 없었고 아무런 희망도 없는 처지였다. 부인의 남편, 곧 총독의 이름은 돈 루이스 페르디난데즈 드 카브레라 보바딜라 이 멘도자(Don Luis Fernandez de Cabrera Bobadilla y Mendoza)라는 비교적 긴 이름을 가진 사람이었는데 최후의 방법이라도 없는가하고 마지막으로 주치의를 다그친다. 이에 주치의는 마지막 방법이라고 하면서 북안데스산에 있는 'Quinquina'라는 나무껍질이 필요하다고 말한다. 이 일이 곧 실행되어 에쿠아도르로부터 약 800여km 떨어진 북안데스 산에 가서 킨키나 나무껍질을 가져오게 하여 치료받게 하였다. 마침내 열이 내리고 병이 낫게 되었다. 껍질에 들어있는 키닌은 적혈구 속에 들어 있는 말라리아의 원인충인 플라스모디움 속의 균이 증식과 생식을 하지 못하도록 방해하는 작용을 한다고 한다. 키니네는 해열제로서 많이 써왔다.

부인의 이름이 카운테스 킨콘이었는데 나무의 이름도 비슷하다. 부인의 이름을 따온 것인지 이 나무의 이름을 킨코나(Cinchona)라고 부르기도 하였는데 지금은 기나(quina)나무라고 부른다. 기나수는 생명의 나무였다.

그림 5-1. 기나수의 잎(육창수, 생약도감에서 인용)

2. 사탕수수

설탕(sugar)은 단맛을 지닌 수용성 무색결정으로서 당(糖)이라고 부르기도 한다. 보통 종자식물의 수액과 포유동물의 젖에 들어있다. 제일 흔한 당은 자당이라고 하는 슈크로우스이다. 설탕을 제조하게 되면서부터 인류의 입맛에 일대 혁신을 가져오게 하였다. 거의 모든 식품에 설탕이 쓰이지 않는 것이 없을 정도로 식음료 분야에서 가장 중요한 요소의 하나가 되었다. 이렇게 된 것에는 역시 식물이 중요한 역할을 하고 있는데 사탕수수와 사탕무가 대표적인 주인공이다. 사탕수수와 사탕무에 당의 주성분인 슈크로우스가 무게의 5~10% 함유되어 있다.

사탕수수(sugarcane)는 벼과에 속하는 크고 굵게 자라는 다년생초이다. 슈크로우스가 가장 많이 들어 있는 것으로 알려져 있는데 당분을 줄기대에 저장하고 있다. 당즙액을 얻기 위해 아열대와 열대 지방에서 많이 재배한다. 최초로 재배하기 시작한 것은 뉴기니 지방으로 추측한다. 대개의 재배작물이 그렇듯이 사탕수수도 인류의 이동 경로를 따라서 동남아시아, 인도, 폴리네시아로 파급되었을 것으로 본다. 현재 아시아가 가장 큰 규모의 생산지이고 남북아메리카 대륙에도 많이 심으며 하와이의 핵심 상업작물의 하나이다. 우리나라에서는 재배가 어려우며 필요한 당밀 대부분을 수입하고 있다.

사탕무(sugar beet)는 사탕수수 다음으로 슈크로우스가 많이 들어 있는 작물로 알려지고 있다. 당분은 뿌리에 저장되어 있다. 사탕수수와 달리 대체로 온대지방과 같은 추운지방에서도 재배할 수 있기 때문에 온대지방의 인구밀집지역에서 많이 재배 생산한다.

사탕무는 사탕수수에 비해 비교적 늦게 재배되기 시작했는데 그 이유는 당 성분의 중요성이 알려지기 전에는 주로 가축의 사료나 채소 정도로만 이용하였기 때문이다. 1700년대 중반에 이르러서야 유럽에서 설탕을 만드는 실험이 이뤄졌고 공장은 1802년이 되어서야 세워졌다. 이 후 점점 유럽지역에서 사탕무 재배가 늘어나서 1880년대에 이르러 사탕수수에서 제조한 설탕을 앞지르기 시작했다고 한다. 러시아, 프랑스, 미국, 독일이 사탕무를 많이 생산해 오고 있다.

그림 5-2. 캐나다의 사탕단풍나무로 만든 시럽

슈크로우스가 들어 있는 다른 식물들은 캐나다의 국목인 사탕단풍나무(sugar maple tree)와 사탕야자(대추야자) 등이다. 사탕단풍나무에서 추출하는 시럽은 캐나다의 특산품으로서 관광상품으로 인기있는 제품이 되고 있을 뿐만 아니라 나라의 이미지를 알리는 제1순위 매체가 되고 있다.

사탕수수로부터 설탕이 대량으로 생산될 때, 특히 식민지 시대에는 노예들의 고된 노동이 희생되었기에 설탕을 노예들의 땀방울이라고 부른다.

3. 차(茶)나무

차(茶)는 차나무(*Camellia simensis*)의 새순을 따서 가공하여 만든 음료를 말한다. 하지만 정확하게 말하면 '차'는 차나무의 잎을 말한다. 요즈음엔 차의 범주에 속하는 음료들이 많이 개발되어 있어서 넓은 의미로는 커피, 인삼차를 비롯하여 보리차에 이르기까지 다양하다.

차는 기호음료로서 커피와 거의 동등한 위치를 차지하고 있을 정도로 세계적인 상품이 되었다. 서양인의 식탁에 차의 맛과 향기가 전해졌을 때 설탕에 이어 다시 한 번 놀라게 되었을 것이다. 차는 커피와 함께 식품 문화와 사교 문화를 번성하게 하고 변화시키는 원동력이 되었다.

역사적으로 볼 때 중국의 사천 지방이 차의 탄생지라고 말하며 동서로 서양으로 넓게 전파되어 갔다. 녹차와 홍차는 차잎에 더운 물을 부어 우러난 물을 마시는 것을 말하고 말차란 가루로 만든 차잎을 말한다.

유럽인이 차를 마시기 시작한 것은 16세기 중엽이라고 한다. 특히 17세기에 이르러 1610년에 네덜란드의 동인도회사가 전파하여 북구, 프랑스, 영국으로 보급되었다. 이후 특히 영국은 세계에서 으뜸가는 홍차 소비국이 되었다.

우리나라에 차가 처음 들어온 때는 828년(흥덕왕 3년)으로서 당시 신라의 사신 대렴(大廉)이 당나라에서 씨앗을 가져와 재배하기 시작하였다고 한다. 하지만 그전에도 차를 이용하였을 것이라는 주장도 있다. 통일신라 때에는 승려와 화랑도의 수행시, 고려 때에는 왕실, 귀족, 사찰로 널리 퍼졌고 왕자나 왕비책봉할 때 진다의식을 행하기도 하였다. 기호와 사교 식품으로서 서양의 귀족과 귀부인들의 취향을 바꿔 놓는 중요한 식물이 되었다.

차나무는 차나무과에 속하는 상록활엽관목으로서 우리나라에서는 경남, 전남지역에서 많이 재배한다. 특히 보성지방은 우리나라 차 생산량의 40%를 차지하는 대표적인 차 생산지이다. 차잎은 보성군의 상징이며 1985년부터 다향제(茶鄕祭)를 열고 있다. 우리나라에 있어서 2002년 현재 차를 비롯한 커피류의 수출입 현황을 보면 다음과 같다.

그림 5-3. 보성지방의 차밭 전경
(보성군 홈페이지)

표 5-1 . 우리나라 커피류 수출입 현황

구 분	수 출		수 입	
	달러 (x1000불)	원 (100만원)	달러 (x1000불)	원 (100만원)
계(커피,차,마테,향신료)	13,902	17,157	103,638	131,436
커피	3,538	4,322	71,423	90,187
차	4,592	5,695	1,764	2,242

자료 : 세계무역통계연감. 2003. 통계청

차는 그 맛과 향기로 생활의 미를 새롭게 하고 인간의 취향과 사회를 변화시키는 역할을 하여 왔지만, 다른 한편으로는 국가와 민족의 존영을 위태롭게 하기도 하였다. 그 대표적인 사례가 중국과 영국의 아편전쟁과 미국 보스턴항 차 사건이다. 이에 대해서는 이미 앞에서 소개한 바 있다.

4. 목 화

목화(木花, cotton)는 아욱과 목화속에 속하는 식물로서 여러 식물의 종자섬유를 말하기도 한다. 비식용 작물 중에서 가장 중요한 작물의 하나이다. 온대지역에서 1년생 작물이지만 열대지방에서는 다년생 나무로 자란다.

심은 후 6~7개월의 생육기간 동안 키가 낮게는 60cm, 높게는 2m가량 자란다. 식재 후 80~100일 지나면 불그스레한 빛으로 변하는 흰색의 꽃이 핀다. 며칠이 지나면 꽃이 지고 녹색의 꼬투리가 맺히는데 이것을 다래라고 한다. 이것이 성숙하지 않았을 때 먹으면 달착지근한 맛이 나서 시골에서는 길가 밭에 심어져 있을 경우 오가는 길에 따 먹기도 한다. 다래가 맺힌 후 55~80일이 지나면 익는데 익는다는 것은 씨에 붙어 있는 솜털이 발달한다는 뜻이다. 하나의 다래에는 5개 이내의 조그만 갈래로 방처럼 나눠져 있는데 각 방마다 섬유뭉치에 파묻힌 7~10개의 씨가 들어있다. 섬유뭉치의 성분은 거의 대부분이 탄수화물인 셀룰로스이다. 다래가 완전히 성숙하면 터져서 하얀 솜뭉치가 밖으로 탐스럽게 불거져 나온다. 섬유뭉치를 실면(實綿), 목화송이라고 부르는데 길이가 약 2~4m에 이른다.

목화는 면제품을 만드는 원료로 쓰이기 때문에 세계적으로 중요한 농작물의 하나이다. 섬유는 가벼운 레이스에서 무거운 범포지, 정당한 두께의 우단, 가정용품, 공업용까지 다양하게 쓰이고 있다. 섬유 제품은 세탁과 다림질에 이르기까지 다루기가 쉽다.

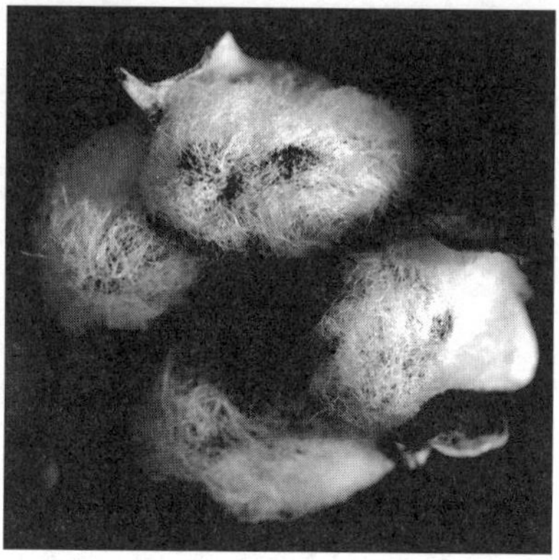

그림 5-4. 목화솜이. 4~5개의 방으로 되어 있으며 방마다 하얀 솜털 뭉치가 들어 있다.

우리나라에 목화가 수입된 것은 고려시대 1363년 공민왕 때 문익점이 원나라에서 씨를 붓뚜껑에 숨겨 몰래 들여온 것으로 알려져 있다. 당시 씨가 처음 뿌려진 곳은 경남 산청군 단성면 사월리였는데 이곳에는 현재 이를 기념하는 기념비가 세워져 있다.

면은 아시아면과 육지면이 있는데 전자는 인도가 원산지이고 후자는 라틴 아메리카일 것으로 추측한다. 우리 나라는 처음엔 아시아면을 재배했으나 요즈음엔 육지면을 재배한다.

육지면은 1905년경 중국, 일본을 통해 들어온 것으로 알려져 있다. 세계적인 중요한 생산국은 미국, 구소련, 인도, 파키스탄, 이집트, 호주, 브라질, 멕시코, 수단 등이다. 목화는 헨리 홉하우스의 말을 빌리면 '남부의 황금'이라고 표현하고 있다. 식민지 시대 드넓은 아메리카 대륙에서 면화재배는 황금을 버는 귀중한 자원식물이었기 때문이다.

면화는 분명히 의류산업에 혁명을 가져왔다. 그러나 잊지 말아야 할 것은 설탕의 생산에서도 언급한 것처럼 목화 생산 또한 흑인들의 노동 없이는 불가능한 것이었다. 다음 표로부터 노예들의 노동이 면화 생산량에 끼친 영향을 분명하게 확인할 수 있을 것이다. 그들의 노동 덕분에 면화로부터 탄생한 청바지 등 새로운 의류 문화를 창조할 수 있게 된 것이다.

표 5-2. 미국 남부에서 1790~1860년 사이에 고용된 노예수와 면화생산량 추이

연 도	노예의 수	생산량(100만파운드)
1790	697,124	1.5
1800	893,602	35
1810	1,191,362	85
1820	1,538,022	160
1830	2,009,043	331
1840	2,487,355	834
1850	3,204,313	1,001
1860	3,953,760	2,275

자료 : Levetin; McMahon 1999에서 재인용.

5. 감 자

감자(potato)는 가지과 가지속에 속하는 1년생 작물이다. 이 작물의 특징은 땅속 줄기의 끝부분이 둥그렇게 비대생장한다는 데에 있다. 그래서 우리는 감자로서 덩이줄기를 먹는 것이다. 감자 하나의 무게는 300g정도인데 1500g에 달하는 것도 생산된다고 한다.

일반적으로 감자의 원산지는 페루, 볼리비아 등 안데스 산맥 주변으로 알려져 있다. 식민지 개척을 위해 이 지역을 침입한 스페인 사람들이 16세기 후반에 감자를 유럽으로 전파하였다. 17세기 말에는 아일랜드에서, 18세기 말에는 독일과 영국 서부 등지에서 식량을 공급하는 중요한 작물이 되었으며, 아일랜드는 자국의 경제를 감자에 의존하였다고 한다. 19세기에 들어와서 계속적으로 보급되었으나 19세기 중반에 아일랜드에서 역병(疫病)이 돌아 잇따른 흉작으로 기근이 발생하여 그 동안 감자에 의존하던 정책을 다시 한 번 신중하게 고려하기도 하였다. 분해가 잘되어 소화에 좋으며 비타민 C를 비롯하여 아미노산, 단백질, 티아민, 니코틴산이 함유되어 있다. 감자는 오늘날 세계적으로 가장 중요한 식용 작물의 하나이다.

이들 5가지 식물 이외에도 생활을 바꾸게 한 식물들은 얼마든지 있다. 식량자원으로서의 벼, 비단문화를 잉태시킨 뽕나무, 기호와 향락 문화를 대변하는 커피와 담배와 양귀비, 화훼문화에 있어서 최고의 가치를 유지하는 꽃으로서 장미도 빼놓을 수 없을 것이다.

제 6 장 의식주 생활 속의 식물

제 1 절 식물과 식생활

식물은 인류와 지구상에 존재하는 모든 유기체의 전 역사를 통틀어 중요한 자리를 차지하고 있다. 인류 문명의 기원도 경작에서 비롯되었으며, 인류의 역사를 전쟁의 역사라 칭하는 사람들도 그 원인을 경작에 의한 잉여 생산물에 두고 있다. 결국 식물은 인류의 삶 자체에 지대한 영향을 미치고 있는 것이 사실인데, 인류에게 식량 자원으로 존재함과 동시에 주거문화 및 의복문화, 그리고 기타 여러 도구제작에 필요한 재료로 사용되고 있다.

식물은 생태계의 생산자 역할을 수행하면서 지구 에너지의 근원인 태양에너지를 소비자들이 이용 가능한 형태의 에너지로 변환하는 능력을 가지고 있다. 실제로 지구의 에너지원인 태양에너지를 지구상에 흡착하여 영양에너지로 치환하는 역할을 수행하는 것이 바로 식물인 것이다.

식물은 이러한 능력을 가지고 있기 때문에 인간의 식생활과 밀접한 관련이 있다. 우선 온갖 곡식과 과실을 의미하는 오곡백과(五穀百果)는 인간생활에서 각종 의식(儀式)을 가능하고도 풍부하게 한다. 특히 한 해의 농사를 마치고 풍성한 수확을 하게 되면, 다음 한 해의 식생활 걱정을 덜 수 있었던 사람들은 오곡백과를 차려 놓고 조상들에게 감사의 의식을 행하곤 했던 것이다.

또한 인간이 섭취하는 채식과 육식은 모두 식물과 밀접한 관계에 있다. 식물 자체가 중요한 식량자원일 뿐만 아니라, 식물은 생산자, 소비자, 분해자의 과정을 거쳐 인간의 식생활에 필요한 육류 생산의 기반을 제공한다. 이와 함께 잘 알려진 바와 같이 조리음식을 가능하게 했던 불(火)도 그 근원은 식물에서 유래된 것이다. 오늘날 우리 인류가 사용하고 있는 석탄, 석유 등 연료는 식물체의 화석으로부터 얻어지고 있는 것이다.

인류의 턱 구조 및 소화기관의 진화 양상도 식생활에 영향을 받은 것으로 알려져 있다. 인류가 수렵채취의 생활에서 벗어나 경작을 시작하고 식물 영양원의 섭취가 주된 식생활이 되면서 턱 구조와 소화기관도 초식동물과 유사한 형태로 변화하면서 환경에 적응한 것으로 보인다. 그 후 일찍부터 쌀의 경작이 이루어진 동양에서는 식물의 재배로 인한 식량자원의 수급으로 쌀과 곡물 위주의 음식문화가 발달하였다. 반면에 서양의 음식문화는 동물성 단백질을 중심으로 발전하였는데, 이로 인해 서양의 경우는 식량의 획득을 위한 수렵문화가 발달하였다. 따라서 일부 인류학자들은 이러한 음식문화의 차이에 따라 각 대륙간에 다른 진화양상을 가졌다고 지적하고 있다. 동서양인의 턱 구조의 차이를 보면 섬유질이 많아 소화하기 힘든 식물성분을 주식으로 삼았던 동양인의 경우는 어금니 부분이 발달하였으며, 육류 위주의 음식문화가 발달한 서양인의 경우는 자르는 이가 더 발달되었다.

식물은 직접적인 식생활 외에도 다양한 형태로 음식문화에 영향을 미치고 있다. 근래 소비경제의 발달로 식품의 선호도를 높이기 위해 색소를 많이 사용하고 있다. 색소는 식품의 기호성을 증대시키는 중요한 성분이다. 식품의 색은 신선도, 성숙도, 부패 여부, 그리고 저장기간 등의 좋은 판단기준이 되기 때문에 식품의 구매력을 높이는데 매우 중요한 요소이다. 인공 또는 합성 식용색소의 경우에는 건강에 대한 위험성 때문에 점차 식용색소로서 허용되는 수가 감소하고 있는 추세에 있으며, 현재 사용되는 허용색소도 소비자를 불안케 하고 있기 때문에 천연색소에 대한 요구도가 높아지고 있다. <표 6-1>은 식물 천연색소별 특성을 요약한 것이다.

표 6-1. 식물 천연색소의 특성

색 소	화합물수	색	가 용 성	안 정 성
Anthocyanins	150	오렌지, 적, 청	수 용 성	pH 및 금속에 민감, 열에 불안정
Flavonoids	800	무색, 황	수 용 성	열에 안정
Proanthocyanidins	20	무색	수 용 성	열에 안정
Tannins	20	무색, 황	수 용 성	열에 안정
Betaines	70	황, 적	수 용 성	열에 민감
Quinones	200	황, 흑	수 용 성	열에 안정
Xanthones	20	황	수 용 성	열에 안정
Carotenoids	450	무색, 황, 적	지 용 성	열에 안정, 산화에 민감
Chlorophylls	25	녹색, 갈색	유기용매	열에 민감
Riboflavin	1	녹황색	수 용 성	pH 및 열에 안정

천연색소는 약 3,500년 전에 이집트에서 사용하였다는 기록이 남아있는 것으로 보아 상당한 역사를 가지고 있다. 우리나라에서는 고려시대에 쑥을 넣고 빈대떡에 치자물을 썼다는 기록이 있으며, 현재는 진달래와 국화 등 다양한 식물이 독특한 색소원으로 이용되고 있다. 하지만 천연색소는 음식물의 조리 및 가공과정에서 또는 보존 중에 변색되거나 탈색되는 등 색소유지가 곤란한 경우가 있어 상품가치와 기호도 유지에 어려움이 있다. 앞으로 이러한 문제를 기술적으로 해결하면 천연색소에 대한 수요는 더욱 증가할 것으로 보인다.

이외에도 식품의 맛이나 향기를 돋우기 위해 사용되는 향신료(香辛料)도 식물로부터 얻어진다. 향신료는 일반적으로 식물의 열매, 씨, 뿌리 등으로 음식에 향기나 특이한 맛을 첨가해 주어 적은 양으로 풍미를 돋우어 주는 재료를 말한다. 향신료의 종류는 식품의 향기만을 목적으로 하는 것, 향기와 맛을 동시에 내기 위한 것, 그리고 맛만을 내기 위한 것으로 구분한다.

현재 이용되고 있는 첨가물로서의 향신료는 대부분 정유성분(essential oil)이 주체로 되어 있고 향료로서 용도가 다양하다. 이러한 천연향료는 대부분 식물로부터 추출한 정유성분 자체를 사용하거나 개별 성분을 분리한 단리향을 합성향료와 조합하여 쓰기도 한다.

제 2 절 식물과 의복문화

기원전의 의복문화에 대한 자료는 고고학적 자료 이외에는 알려진 것이 별로 없다. 주로 성경과 벽화 또는 일부의 고대 기록에 의존하고 있다. 지역의 특성에 따라 의복의 재료로서의 식물의 이용도가 다르게 나타나는데, 유목지역의 경우는 동물성 직물이 발달한 반면, 수풀이 우거지고 산림이 발달한 지역에서는 단연 재료가 풍부한 식물성 의복제조가 많이 행하여졌다. 우리나라의 경우는 재료가 풍부한 식물성 섬유는 주로 서민계층에서 많이 제조하여 사용하였다. 정약용의 '목민심서(牧民心書)'에는 '농업은 식물(食物)의 근본이고 뽕나무는 의생활의 근본이다'라고 하여 백성으로 하여금 뽕나무를 심고 가꾸게 하는 것은 수령의 중요한 임무로 역설하였다. 역사적으로도 조선 초기에 대규모로 뽕밭을 조성하여 의복의 소재로 활용하였는데, 현재 잠실이라는 지명은 이때 조성된 대규모 뽕밭에서 유래되었다.

식물성 섬유는 천연섬유의 한 분류로서 식물세포로 이루어진 섬유의 총칭으로서, 이것은 다시 종자모섬유(種子毛纖維), 인피섬유(靭皮纖維), 엽맥섬유(葉脈纖維)로 나누어진다. 종자모섬유는 면, 케이폭 등이 있고, 인피섬유는 아마, 저마, 대마 등이 있으며, 엽맥섬유는 마닐라삼, 사이잘삼 등이 있다. 섬유는 주로 셀룰로오스로 이루어지는데, 그 밖에 리그닌, 펙틴, 수지(樹脂), 납 등을 함유한다.

1. 면섬유(綿纖維. cotton)

기원전 3,000년 경 번영하였던 인더스의 유적에서 면직물 조각이 출토되었으며, 페루의 잉카 유적지에서 면직물로 된 수의가 출토되었다. 우리나라에서는 고려시대 문익점에 의하여 중국에서부터 도입되어 재배되어 사용되었다. 근세에는 미국의 남부지역에서 대면적으로 재배되었는데 이는 유럽으로 공급되어 현재 유럽 패션산업발달의 모태가 되었다고 해도 과언이 아니다. 또한 미국 남북전쟁의 경제성을 따지는 결정적 역할이 되었다.

면섬유는 면화의 종자에 붙어있는 면섬유를 조면(繰綿, gining)하여 얻어지며, 조면하고도 남은 짧은 부분을 린터(cotton linter)라 하여 레이온, 아세테이트의 원료재로 사용된다. 면은 가격이 저렴하고 섬유 중에서 가장 대량으로 생산되고 소비되며 그 용도가 넓다. 부드럽고 촉감이 좋으며 따듯하여 속옷으로 적당하다. 또한 여러 가지 섬유장의 면화를 혼합한 것을 혼면이라 하여 경제적으로 사용되고 있다

2. 인피섬유(靭皮纖維, bast fiber)

식물의 줄기에서 유래하는 인피(靭皮, bast)섬유는 의복의 재료뿐만 아니라 포대 및 밧줄을 만드는 데도 널리 이용되어 왔다. 현재에는 거의 대부분이 인조섬유에 의해 대체대고 있다. 식물의 줄기와 표피 사이의 성분에서 채취되며 잎 섬유에 비하여 섬유가 부드럽고 방적이 가능하다. 인피섬유는 아마(亞麻),

대마(大麻), 저마(苧麻)로 대별된다.

최초로 섬유로 이용된 식물은 아마(亞麻)이다. 이는 선사시대부터 여러 지역에 서식하고 있기 때문이며 스위스의 호반 거주자들은 기원전 8,000년경에 이미 사용해왔다. 아마는 원래 식물의 이름인데 그 줄기의 껍질에서 얻어지는 섬유의 이름으로 사용되고 있다. 기원전 500년경에 이집트에서는 아마가 재배되어 아마포가 만들어졌다는 기록도 남아 있다. 예부터 여러 나라에서 중요한 섬유 원료였으며, 19세기 초에는 전체 섬유 소비시장의 30% 이상이 아마였다.

대마는 우리나라에서 삼베 또는 베라고 하여 역사가 오래된 섬유로서 원산지는 인디아, 페르시아로 알려져 있다. 지금은 기후에 대한 적응성이 좋아서 세계 모든 온대 및 열대지방에서 재배된다. 대마는 가장 오래된 피복용 섬유로서 여름옷감으로 많이 사용되고 있다.

저마는 아마와 더불어 의류용으로 우수한 소재이다. 열전도 능력이 우수하여 합성섬유와 혼방하여 여름철 의복으로 널리 쓰이며, 특히 한산지역은 한산 모시로 유명하다.

3. 견섬유(絹纖維, silk)

그림 6-1.
대마의 잎(Naver인터넷자료)

누에는 원래 야생 뽕나무 잎을 먹는 해충이었으나 누에의 비단실(silk)을 이용하기 위해 인간이 오랫동안 집에서 기르는 과정에서 야성을 잃어버리고 인류사회에 이바지하는 자원 곤충이 되었다. 누에고치는 기원전 3,000년 전 중국에서 비밀리에 비단실로 만들어져 왕족이나 귀족 등 극히 일부 계층만이 사용할 수 있는 고급품이었다.

그로부터 2세기쯤 지난 후 비단은 로마에 전해져서 로마 귀족들은 가벼우면서도 부드럽고 우아한 비단에 매료돼 상인들에게 많은 금, 은 보화를 주고 비단을 구했으며, 이때부터 상인들에 의해 무려 10,000km 이상에 이르는 비단길(silk road)이 이루어지게 되었다.

당시 중국에서는 양잠 기술이 나라 밖으로 유출되지 못하도록 막았기 때문에 유럽에서는 누에 키우는 방법을 알 수가 없었다. 그러나 시간이 지나면서 누에 알이 몰래 페르시아, 프랑스, 스페인, 로마 등지로 전파됐고, 양잠과 관련된 산업은 세계 30여 나라에서 주요 산업의 하나로 발전하게 되었다.

견섬유의 주용도는 의류소재로 이용되는 것이 일반적인 경향이었으나 원성분이 천연 단백질이고 아미노산의 중합물로 이루어져 있지만 의류 이외의 용도로도 이용되고 있다.

제 3 절 식물과 주거생활

예부터 동양에서는 사찰, 궁궐등과 같은 중요한 의미를 지니는 건축물에서는 독특한 목조건축 양상을 가지고 있다. 이는 목조건축물이 가지는 고유한 기후 완화 효과를 이용한 것이다. 목조건축물의 장점은 식물 섬유구조의 특징에 기인하여, 단열 등과 같은 온도완화 효과가 뛰어남과 동시에 우수한 통풍효과를 가지고 있기 때문이다. 물론 건축물의 소재의 선택은 지역의 지질적 특징에 의존하는 경향이 있다. 또한 초기 벽돌의 제작에서도 짚이 사용됨으로 견고함을 증가시켰던 것과 같이 주거지의 건축에는 식물이 쓰이지 않은 곳이 없다. 이러한 사실은 건축재로서의 목재의 유용성이 지역의 지질적 특성과 관계없이 매우 중요하게 사용되었음을 의미한다.

1. 목재와 서양건축

일찍이 도시 문명이 발달한 서양의 경우는 그 건축양식이 문화와 지역에 따라 매우 독자적인 양식을 가지고 있으며 건축의 주 재료는 석재이다. 그러나 아치나 지붕을 건설할 때에는 반드시 목재가 이용되었으며, 모든 건축에서 목재의 중요도는 매우 컸다. 게다가 고대 건축양식의 꽃이라 할 수 있는 아치구조는 목재가 없이는 이룩할 수 없는 양식이다.

고대 지중해 지역에는 건설용과 조선용에 적합한 막대한 양의 목재가 공급되었고 그 종류도 매우 다양하였다. 전나무, 소나무, 참나무가 주된 수종이었으나 삼목과 삼나무도 선호되었다. 당시의 목재의 내역과 가격을 알 수 있는 직접적인 증거로는 목수들이 새긴 고대 기록인 금석문 정도 밖에 없지만 이에 의존하여 건설용으로 사용된 목재의 길이를 알 수 있다. 특정 수목의 사용에 관한 기록은 나이테를 통해 나무의 역사를 판별하는 연륜연대학의 도움으로 알 수 있다.

7대 불가사의에 속하는 피라미드의 건축에도 대량의 목재가 석재를 운반하기 위해 벌목되었던 것이 입증되었으며, 피라미드의 주된 재료인 석재의 무게를 분산시켜주는데 목재 구조물이 사용되었다. 후대에 큰 영향을 끼친 목재에 관한 문헌은 후기 그리스 시대의 과학자이자 저술가이었던 테오프라투스가 남긴 '식물의 조사(Inquiry into Plants)' 라는 저작이다. 이 책에 건축에 적합한 나무와 목재에 대한 내용이 기록 되어있다. 테오푸라투스는 '은빛 전나무와 전나무가 가장 적합하며, 쓰임새가 다양하다' 라고 언급한다. 또한 그는 건설용 목재에 대하여 벌목시기와 나무결의 특성, 제재 방법까지 기술하고 있다.

건축용 목재는 원하는 형태와 크기를 얻기 위해 숲에서 생산되었다. 중세에는 숲이 지배계급의 사냥터일 뿐만 아니라 목재를 생산하는 귀중한 자원으로 간주되어 법적으로 보호하였다. 대표적인 구조물로는 로마건축의 바실리카, 앵글로 노르만 양식의 성당, 중세 이탈리아 성당, 중세말기의 영국 홀이 있다.

2. 목재와 동양건축

동양의 건축물에서 목조건축은 건축물 이상의 자리를 차지하고 있다. 우리나라의 경우는 목조건축의 특성이 바로 우리나라 건축의 특성이라고 해도 과언이 아닐 정도로 건축에 목재가 널리 사용되어 왔다. 그렇다고 해서 석재가 많이 쓰이지 않았다는 것은 아니다. 다만 서양과는 달리 목재가 단순한 구조물 이외에도 내 외장재로 일찍이 사용되어 졌다는 사실이다.

동양에서는 건축에서도 자연주의적 사상이 가미됨에 따라 목재의 사용 빈도가 높게 나타나고 있다. 특히 궁궐이나 종교적 목적을 가진 구조물의 경우는 목재의 사용에 있어서 그 수종과 제재를 엄격히 다스리고 설계에도 사상이 반영됨을 볼 수 있다. 이러한 특성은 자연을 옆에 두기를 선호한 문화적 특성에도 기인한다고 할 수 있다.

동양의 건축물은 음양론에 따라 건축되었는데 소나무와 참나무가 많이 쓰였다. 이는 수종의 특성상 강도가 높고 수형이 곧으며 병충해에 강하기 때문에 건축재로 사용할 때 오래 보존할 수 있고 또한 쾌적한 주거 공간을 제공한다. 특히 소나무의 경우는 궁궐을 축조하는데 많이 사용되어 특별히 보호하였으며, 좋은 수형을 가진 나무의 사용은 그 목재의 탁월함 뿐만 아니라 상징적인 의미까지 포함하고 있기도 하다. 소나무는 수형이 굽은 목재로서의 가치가 불량한 형태는 조경수로 많이 사용하고 있다. 생장이 우수한 소나무의 경우는 수형이 곧으며 높이 자라게 된다. 우리나라에서는 춘양목과 금강송과 같이 수형이 곧고 수고가 높은 소나무는 국가적으로 보호하였는데 일례로, 1788년 정조(正租)는 '송금절목(松禁折木)' 이라는 산림 보호령을 반포(頒布)하고 조림사업에 힘썼다고 한다.

3. 목재와 현대건축

과거에는 대량의 주택을 싼 값으로 공급하기 위해 콘크리트와 시멘트 위주의 광물성 재료에 의존한 주택이 많이 지어졌다. 이때의 목재는 형틀과 기본적인 내장재로 사용 되었는데, 최근 주거 공간을 단순히 먹고 자는 공간이 아닌 건강을 지켜야 하는 공간으로 인식하게 됨에 따라 목제의 이용이 다양하게 전개되고 있다.

고급 목조주택의 수요가 늘어감에 따라 외국의 양질의 목재를 대량 수입하게 되었으며, 내장재로도 다양하게 변형되어 사용되고 있다. 또한 목재는 그 자체로 따뜻한 느낌을 가지고 있으며 충격을 완화시켜주기 때문에 바닥재로 많이 사용되고 있다. 특히 목재의 고유한 무늬는 고급스러움과 동시에 보는 이로 하여금 안정감을 가질 수 있게 하며, 마치 숲 속에 와있는 듯한 시각적 및 심리적 편안함을 제공하기 때문에 더없이 좋은 건축재료라고 할 수 있다. 앞으로도 다양한 스트레스에 노출된 현대인에게 주거용재로서 목재의 사용은 계속 늘어갈 것으로 예상된다. 이와 더불어 합판 또는 집성기술의 발달은 목재를 건축용재로 사용하는데 이점을 더하고 있다.

제 4 절 식물과 일반생활

식물은 인간의 의식주 외에도 생활에 직간접적으로 많은 영향을 주고 있다. 인류의 생활방식을 바꾸어 놓은 여러 가지 물질이 식물로부터 유래되었다. 나무로부터 얻어지는 종이는 인류가 생산하는 다양한 정보의 기록과 확산에 결정적인 기여를 하여 인류문명을 한 단계 끌어올릴 수 있는 계기가 되었다. 그리고 푸른곰팡이에서 얻는 항생물질인 페니실린이 인류의 생명연장에 지대한 공헌을 한 사실을 알고 있다. 말하자면 사람은 태어나서 죽을 때까지 식물로부터 얻어지는 수많은 종류의 물질로부터 유형무형의 혜택을 누리면서 살고 있다.

이와 같이 식물은 인류의 물질문명에 영향을 미치고 있을 뿐만 아니라 인간의 오감세계에 직간접적으로 영향을 미쳐 인간의 문명세계를 창조하고 유지하며 발전시키는 원동력이 되었다. 예를 들어 우리나라를 대표하는 수종인 소나무는 강직성과 유연성을 상징하면서 우리나라 사람들의 심성을 은근과 끈기로 표현하여 온 것이 사실이다. 이와 같이 식물은 인간의 정신세계에도 지대한 영향을 미친다고 할 수 있다.

제 7 장 문화예술 사회와 식물

제 1 절 식물과 문학

1. 문학작품 속의 식물

문학은 언어를 표현매체로 하는 예술 및 그 작품을 말하는데, 문학의 장르는 시, 소설, 수필, 시조, 동화, 희곡 등이 있다. 문학의 표현방법은 소재, 주제, 비유 또는 무대배경 등 다양한 형태를 띠는데 식물이 많은 문학작품 속에서 다양한 형태의 소재와 주제를 제공하여 왔다. 그 이유는 문학은 인간의 기쁨과 고뇌와 웃음을 언어 표현기법으로 묘사하는데 인간생활 자체가 식물사회와 밀접한 연관을 가지기 때문이다. 예를 들어 감자, 메밀꽃 필 무렵, 동백꽃, 로빈 후드의 모험, 임꺽정, 숲 속의 사람들(토머스 하디 작품)과 같은 문학 작품은 각각 식물을 주제, 소재 및 작품 배경으로 삼고 있다. 식물이 문학과 관련이 깊은 것 중에 무엇보다도 중요한 사실은, 식물사회가 작가들의 작품 구상을 위한 사색의 장소로 이용되고 있다는 사실이다. 여기에 헤르만 헤세의 "나무들"과 로버트 프로스트의 시 "눈 오는 저녁 숲길에 멈춰 서서", 그리고 주종연 교수의 수필 "자작나무"를 소개한다.

가. 헤르만 헤세의 "나무들"

나무는 나에게 언제나 제일 감명 깊은 설교자였습니다. 그들이 사람들 속에 섞여 살아갈 때 나는 숲과 임원(林苑)에 있는 나무들을 존경합니다. 그리고 그들이 홀로 서 있을 때면 나는 더욱 더 존경합니다. 그들은 고독한 사람들과도 같습니다. 어떤 허약함으로 인하여 떠나지 않은, 세상을 등진 은둔자가 아니라, 위대한, 고독하게 된 인간들 같습니다, 마치 베토벤이나 니체처럼. 나뭇가지 끝은 세상을 향해 살랑거리고 나무뿌리는 무한함 속에서 침묵하고 있습니다. 그러나 그들은 쇠하는 것이 아니라, 자기 생명의 모든 힘을 발휘하여 오로지 하나만을 추구합니다. 그들 고유의, 내재하는 법칙을 이룩하는 것, 그들 고유의 모습을 본 떠 보는 것, 제 모습을 연기해 보이는 것입니다. 아무 것도 거룩하지 않습니다, 아무 것도 한 그루의 아름답고 강인한 나무처럼 귀감이 될 만한 것은 없습니다. 한 그루의 나무가 베어 넘어져서 자기의 다친 상처를 태양에 드러내게 되면, 이윽고 우리는 그의 그루터기와 묘비의 찬연한 원반에서 그의 전 생애를 읽을 수 있습니다: 나이테 속엔, 모든 투쟁과 고통과 병고와 행운과 번영, 근근이 살아온 해와 넉넉히 자라온 해, 극복하여 물리친 침입들, 견디어 이겨낸 풍랑들이 쓰여 있습니다. 또한 모든 시골 농부의 아이는 가장 단단하고 가장 가치 있는 목재가 가장 촘촘한 나이테를 가지고 있으며, 높은 산 끊임없이 위험이 도사리고 있는 곳에 가장 강인하고 불굴의 힘찬 이상적인 나무들이 자라고 있다는 사실을 압니다.

나무는 성소입니다. 그들과 이야기하고 그들에게 귀 기울일 줄 아는 이, 그는 진리를 경험하고 있는 것입니다. 그들은 가르침과 처방을 설교하는 것이 아니라, 세세한 것에 연연하지 아니하며 삶의 근본법칙을 설교하는 것입니다.

한 그루의 나무가 말합니다. 내 몸 속에는 하나의 핵, 하나의 불꽃, 하나의 사상이 숨겨져 있소, 나는 영원한 생명의 생명이라오. 신이 나를 위해서 감행한 시험과 씨뿌리기는 단 한번에 지나지 않으며, 내 모습 그리고 내 피부의 엽맥도 한 번, 나무 가지 끝 잎사귀의 아주 작은 흔들림과 겉껍질의 미세한 흠집들도 한 번인 것이라오. 나의 사명은, 이런 뚜렷한 한 번으로 영원한 것을 형성하고 나타내 보이는 것이외다.

한 그루의 나무가 말합니다. 나의 힘은 확신이요. 나는 나의 선조들에 관해서 아무 것도 모르며, 매년 나한테 생기는 수천 명의 아이들에 관해서도 나는 아는 바가 없다오. 나는 결국 내 근심과 다를 바 없는 내 씨앗의 비밀을 살아가는 것이라오. 나는 내 안에 신이 살아있다는 것을 확신하고 있소. 나는 나의 과제가 거룩하다는 사실을 믿는다오. 이러한 확신으로 나는 살아가는 것이외다.

우리가 슬프고 그리고 삶을 더 이상 잘 감당해내기 어려울 때, 그 때 나무는 우리에게 말합니다. 진정하시오! 진정하시오! 나를 들여다보시구려! 삶은 쉽지 않은 것이오, 삶은 어렵지 않은 것이오. 그것은 어린 아이 같은 생각이라오. 신한테 들어보시오, 그러면 진정될 거요. 어머니와 고향으로부터 떠나왔으니 걱정일 거외다. 그러나 한 걸음 한 걸음, 하루하루가 새로 어머니한테 되돌아가게 할 것이오. 고향은 여기에도 저기에도 없는 것이라오. 고향은 그대 안에 들어 있소, 그렇지 않으면 아무 곳에도 없는 것이외다.

밤마다 바람에 윙윙거리는 나무소리들을 들을 때면 여행에 대한 그리움으로 가슴이 찢어질 듯합니다. 조용히 오랜 동안 듣고 있으면 이 그리움은 자기의 핵심과 의미를 보여줍니다. 그 그리움은, 예전에도 그랬듯이, 고통 앞에서 달아나고자 하는 것은 아닙니다. 그것은 고향에 대한, 어머니의 회상에 대한, 삶의 새로운 초상에 대한 그리움입니다. 그것은 집으로 향해 있습니다. 길마다 집으로 향해 있고 각각의 발걸음은 탄생이요 각각의 걸음은 죽음이며 각 무덤은 어머니입니다.

우리가 우리 특유의 어린애 같은 생각으로 불안해하면 나무는 그렇게 소리냅니다. 나무는 우리보다도 더 긴 생명을 가지고 있는 것처럼, 장구하고도 길며 고요한 생각을 가지고 있습니다. 우리가 그들에게 귀 기울이지 않는 한, 그들은 우리보다 더 현명할 것입니다. 그러나 우리가 나무를 경청하는 법을 배웠다면, 다름 아닌 우리의 짧고 얕은, 약삭빠르고 성급한 생각들은 비길 데 없이 기쁨을 갖게 될 것입니다. 나무에 귀 기울이는 것을 배운 사람은 더 이상 한 그루의 나무이기를 소원하지 않습니다. 그는 그 자신인 것 이외에는 아무 것도 되길 원치 않습니다. 그것은 고향입니다. 그것은 행복입니다.

헤르만 헤세는 독일의 소설가이며 시인이다. 그는 낭만주의 작가로서 유명한 데미안의 저자이기도 하다. 잘 아려진 바와 같이 데미안은 정신분석 연구로 자기 탐구의 길을 개척한 대표작이다. '나무들' 에서 작가는 자연, 특히 나무와 인간의 삶을 비교하면서 인생의 무상과 덧없음을 잘 표현하고 있다. 자연과 비교할 때 인생을 살아가면서 맞닥뜨리는 일들에 대하여 성낼 필요도, 슬퍼할 일도, 크게 기뻐하거나 그리워하거나 좋아할 일도 없다는 것을 작가는 강조하고 있다.

나. 로버트 프로스트의 "눈 오는 저녁 숲길에 멈춰 서서"

이 숲이 누구의 것인지 알 것 같구나.
그러나 그의 집은 마을에 있다.

숲이 눈으로 덮인 것을 바라보며

여기 멈춰 서 있는 나를 그는 보지 못하리라.

내 조그만 말이 이상스럽게 생각했나 보다,
일 년 중 제일 어두운 저녁
근처에 농가 하나 없는
숲과 얼어붙은 호수 사이에 멈춰 섬을.
그는 무언가 잘못된 일이 있느냐고 묻는 듯이
마구에 달린 방울을 한번 흔든다.
그 외에 나는 유일한 소리는 순한 바람과
솜털 같은 눈송이의 흩날리는 소리 뿐.
숲은 사랑스럽고, 어둡고, 깊다.
그러나 나는 지켜야 할 약속이 있다.
잠들기 전 수 마일을 가야만 한다.
잠들기 전 수 마일을 가야만 한다.

시인 로버트 프로스트는 시골에 파 묻혀 사는 농부시인으로 잘 알려진 작가로 이 시는 50세에 그가 출간한 시집에 수록되어 있다. 자연을 바라보는 시인의 관점이 일방적이지 않음을 이 시를 통하여 알 수 있다. 즉, 시인의 눈에는 숲은 '사랑스럽지' 만 또 한편으로는 '어둡고 깊다' 로 표현되고 있다. 자연이 이끄는 마력, 자연 속에 파묻히고 싶은 인간의 회귀본능을 느끼고 깨달으면서도, 그 것이 '지켜야 할 약속' 이 있는 마을에서의 삶을 끝장내 버리는 죽음일 수 있는 까닭에 그 마력을 떨치고 나아가려는 모습을 보여준다. 이 시에서 작가는 숲의 마력은 길 가던 사람을 멈추어 서게 할 만큼 '사랑스러운' 것을 부인할 수 없고, 결국엔 그 숲 속에서 잠들게 되는 것이 인간이라는 깨달음을 표현하고 있다.

다. 주종연의 "자작나무"

개마고원 사람들에게는 시신을 자작나무 껍질로 싸서 땅속에 파묻는 풍속이 있다. 내가 아직 철이 채 들기도 전에 나의 조부님이 돌아가셨을 때도 입관하기 전에 넓은 두루마리 같은 번쩍이는 흰 나무껍질로 싸는 것을 둘러선 어른들의 다리틈 새로 지켜보며 고모들이 일제히 터트리는 울음소리를 들었었다. 훗날 조금은 철이 들어서 아버지와 함께 조부님의 산소를 찾았을 때 거기 빼곡히 둘러싼 아름드리 자작나무들이 하늘을 찌를 듯 늠름히 서 있던 모습들이 오랫동안 나의 뇌리에 깊은 인상을 남겨 놓았다. 쭉쭉 뻗어 오른 줄기며 희뿌연 우유 빛 표피며 구김 없이 아스란히 펼쳐 나간 가지들이 함께 이룩한 자태는 피보다 더 짙게 내 가슴 속 깊이 간직되어 왔다. 남쪽 이역 하늘 아래서 내 아버지께서 마지막 숨을 거두시던 날 그 자작나무 숲 조부님의 곁에 모실 수 없는 정치적 현실이 서글퍼 밤새도록 나는 술을 퍼 마셨다. 하기야 잘 정돈된 아파트촌 같은 무슨 공원묘지에 쓸쓸히 모셔지긴 하였지만, 지난 봄 우리 학교 앞뜰에는 어디서 가져온 것인지 너덧 그루의 자작나무가 이식되었다. 정통적인 자작나무만 보아온 사람들에게는 좀 초라하게 느껴지긴 하겠지만 나에게는 그래도 희미해져 가는 기억만이라도 상기시켜 줄 수 있을 것 같아 그것들을 매일같이 가까이에서 대할 수 있는 처지가 얼마나 다행이면서도 뜻밖의 인연이 아닌가 생각되었다. 그것들이 크게 자라 내 어렸을 때 보아온 고향의 나무들처럼 하늘을 치솟아 북악 준봉과 상응할 때 내 아이들에게 무슨 전설이라도 들려주듯 가슴깊이 간직된 자작나무 숲의 이야기를 하리라.

더욱 연약하고 부드러워진 아이들의 모습에서 조금은 위화감을 느끼면서.

이 수필은 국민대학교 국문과 교수였던 작가가 '숲과 문화 1권 1호' 에 실은 내용이다. 연구실에서 내려다 본 교정의 자작나무를 보면서 어렸을 적 고향에 대한 기억과 향수, 그리고 세월의 흐름만큼 너무나 많이 변해버린 세태를 이야기하고 있다.

이외에도 바스콘 셀레스의 '나의 라임오렌지나무', 쉘 실버스타인의 '아낌없이 주는 나무', 최근 베스트셀러에 오른 베르나르 베르베르의 '나무' 라는 작품이 있다. 대부분의 문학 작품에서 식물이 가지는 의의는 자연 순화의 대표성을 띠고 있으며, 인간의 삶의 각박함 속에서도 자연의 순수함과 자애적 모습을 상기할 수 있는 매개체로서의 역할을 하고 있다.

2. 한국문학 장르별 나무의 출현 빈도

국민대 전영우 교수는 그의 저서 "산림문화론"에서 나무가 우리 문학의 소재로 어떻게 출현하고 있는지를 살펴보기 위해 한시, 시조, 민담, 현대시, 현대 대하소설에 등장하는 나무의 종류와 출현 빈도를 비교, 분석하였다. 장르별 창작 시기는 한시는 고조선부터 조선조 말까지가 그 시대적 배경이고, 시조의 경우는 고려 말부터 1920년대까지, 민담이나 현대시의 경우는 지난 100년 동안, 그리고 대하소설의 경우는 1970년대에 창작된 "장길산"을조사 대상으로 하였다. 그 결과를 요약한 것이 <표 7-1>이다.

표 7-1. 한국문학 장르별 나무의 출현 빈도

장르별 구분		한 시	시 조	민 담	현 대 시	대하소설
창작시대		고조선 -조선말	고려 말 -1920	현 대	현 대	현 대
출현빈도		18.7%	12.5%	6.7%	5.8%	
등장 수종의 종류		35수종	20수종	10수종	95수종	35수종
가장 빈번하게 등장하는 수종	1위	버드나무	소나무	배 나 무	소 나 무	소 나 무
	2위	소 나 무	대나무	참 나 무	진 달 래	느티나무
	3위	복숭아나무	매화나무	복숭아나무	버드나무	잣 나 무
	4위	오동나무	복숭아나무	버드 나무	감 나 무	전 나 무
	5위	단풍나무	배나무	소 나 무	대 나 무	버드나무

자료 : 전영우. 1997. 산림문화론. 국민대출판부.

문학의 소재로 나무가 등장하는 빈도가 민담이나 현대시보다 한시나 시조가 월등하게 높은 이유는 우선 이들의 창작된 시대배경을 들 수 있다. 농경사회에서 나타난 우리 문학의 장르를 한시나 시조라고 한다면 산업사회의 문학 장르는 현대시나 현대소설이라고 할 수 있다. 농경사회의 생활방식이 산업사회의 생활방식과 다를 수밖에 없고 산업사회는 농경사회에 비하여 자연에 대한 체험 정도가 줄어들 수밖에 없다. 그래서 자연과 유리된 삶을 영위하는 현대인은 자연의 고마움이나 자연과의 교감을 얻을 수 있는 가치를 잊고 살아가고 있는 것이다. 이와는 반대로 옛 조상들은 자연과 조화된 삶을 영위하였기 때문에 자연과 화합하면서 살아가는데 필요한 지혜, 정서, 교감의 가치를 인식하면서 시작의 소재로 나무와 같은 자연물이 무의식적으로 자연스럽게 애용되었을 것으로 판단된다.

다른 하나의 특징은 한시와 현대시를 비교하였을 때 현대시가 한시에 비하여 나무가 소재로 등장하는 빈도는 1/3으로 줄어든 반면 3배나 많은 다양한 수종이 등장하고 있다는 사실이다. 한시의 소재로 언급된 수종은 35종인데 현대시에서는 95종이었다. 그 이유는 아마도 현대인들은 자연계에 대한 과학기술의 발달로 나무에 대한 보편화된 지식의 확장을 들 수 있고, 다른 하나는 과거에 비하여 현대시에서는 가슴으로 체화된 지식보다는 머리로 얻은 지식을 시어로 활용하기 때문으로 생각된다. 자연과 유리된 삶을 살아가는 현대인은 획득할 수 있는 정서의 폭이나 의식의 깊이가 선조들에 비하여 좁아지고 얕아졌기 때문일 것으로 상상할 수 있다.

장르별로 가장 빈번하게 등장한 상위 5개의 수종은 모두 우리 고유의 나무였다. 특히 장르별로 가장 빈번하게 등장하는 수종은 소나무와 버드나무였다. 과거와 현대의 한국문학에서 일관된 하나의 흐름은 소나무가 작품의 소재로 가장 빈번하게 사용되고 있는 점이다. 소나무는 꺾이지 않는 강인한 절개, 지조를 뜻하거나 변함없는 영속성과 생명력을 상징하는 나무로서 우리 민족의 정서나 의식에 부합되는 수종이기 때문이다. 한편 버드나무는 인가 주변에서 가장 흔히 볼 수 있는 나무이다. 생명력, 번식력을 상징하거나 봄 또는 청춘을 상징하는 이 나무는 그래서 고향을 뜻하기도 하고 섬세한 아름다움을 지닌 여성을 상징하기도 한다.

제 2 절 식물과 미술

1. 미술의 개념

미술은 미를 표현하는 예술로서 특히 시각에 호소하는 예술을 말한다. 인간생활(과정)과 관련되어 체험한 미적 대상을 모양이나 색으로 표현한 것으로 회화, 조각, 건축, 공예(장식미술) 등을 말한다. 이러한 것들은 독립된 것은 아니며 상호 관련성을 가진 것이다. 또한 미술은 시대의 변화 및 사회 기구의 다양화에 따라 범위도 확대되어 소묘, 판화, 사진과 영상 등도 미술의 범주에 포함된다.

미술은 인간의 역사와 함께 있었으며 시대정신의 표현이다. 미술이 역사자료로 취급되는 이유는 바로 그 때문이다. 가장 오래된 미술작품은 동굴화나 석제 여신상으로 거슬러 올라간다. 하지만 역사적으로 볼 때 미술이란 개념이 원래부터 있었던 것은 아니며, 인간이 무언가 도구를 사용하여 만든 것을 미술이라는 테두리로 묶어 문화적 현상의 한 분야로 보게 된 것은 근대에 이르러서이다.

2. 미술의 표현 경향

서양화는 합리적인 사고로 사물을 본 그대로의 모습으로 복제하려는 경향이 강하여 묘사 기술에 중점을 둔다. 반면에 동양화는 묘사의 기교보다 그것 자체의 정신을 표현하는 것을 중요하게 여기는 특징이 있다. 그러므로 그림 그리는 기술적인 면보다는 그림 그리는 사람의 됨됨이를 중시하여 화가는 인격도야에 힘썼다. 예를 들어 서양화는 종교화, 신화화, 역사화 등 왕후귀족, 영웅용장 등의 초상화 또는 인물화 등의 작품이 주류인 반면, 동양화는 주로 자연을 대상으로 그리는 산수화가 전통적으로 존재하여 왔던 것을 알 수 있다.

근대 서양에서는 자연주의라 칭하여 서정적이고 청신한 전원 풍경을 주로 그렸으며 현실에 대한 목적론적 설명을 거부하고, 현실을 선입견 없이 실험적으로 관찰하는 방법을 예술에 적용하였다. 이것은 이상주의에 대한 반발로 나타났으며, 낭만주의에 의해 조장된 개인적 감정의 득세에 의해 촉발되었다. 영국에서는 인상파의 영향을 받아 물과 안개의 화가라 불리는 터너와 밝고 풍부한 색감으로 전원과 빛, 대기의 풍요함을 표현했던 컨스터블이 있다.

자연주의라는 용어는 1863년 카스타냐리가 미술에서, 1872년 졸라가 문학에서 처음 사용했다. 자연주의란 자연대상을 양식화하거나 그 관념적 표현을 행하지 않고 보는 그대로를 충실하게 재현하려는 예술제작 태도로 자연을 표현하는 뜻에서 사실주의와 대립하게 되었다. 영국의 풍경화나 바르비종의 화풍은 자연을 조금도 미화하거나 이상화하지 않고 자연에 깊은 애정을 갖고 그 속에 젖어들어 미묘한 광, 맑은 공기가 가득 찬 정취 있는 풍경화로 자연주의를 표현했다.

자연주의적 작품에서 나타난 식물의 모습은 아름다운 자연의 모습을 대표하면서 동시에 보는 이로 하여금 감정의 순화를 가져온다. 의학적으로도 자연이 가지는 녹색은 인간의 시신경에 안정을 주는 효과가 있다고 한다.

우리나라의 현황은 최근의 자연주의 또는 환경주의의 영향 때문인지 식물을 소재로 한 활동이 활발하다. 예를 들어 "소나무와 기하학의 만남", "소낭구전"등 소나무를 소재로 한 작품들이 눈에 띈다.

3. 식물을 이용한 미술세계

가. 식물의 활용

식물이 미술에서 활용하는 경우는 창작 도구의 재료, 작품의 소재, 그리고 작품 구상의 장소를 제공한다는 것이다. 우선 미술작품을 창작하는 도구로서 천연 안료, 붓과 붓대, 다리와 화판, 캔버스 등은 식물을 이용하여 만들어진다. 따라서 미술작품의 창작에 필요한 재료는 식물로부터 오기 때문에 식물과 미술은 원초적으로 밀접한 관계를 가지고 있다고 말할 수 있다.

한편 많은 경우에 식물은 미술작품의 소재를 제공한다. 특히 동양화의 경우

그림 7-1. 추사 김정희의 세한도(歲寒圖)

에는 자연을 그리는 산수화가 주류를 이루었기 때문에 많은 식물이 미술작품의 소재로 등장한다. 예를 들어 매난국죽(梅蘭菊竹)이나 사군자(四君子) 등은 동양화에 자주 등장하는 소재이다. 잘 알려진 바와 같이 고려청자와 조선청화백자 등에 문양(紋樣)으로 매화가 사용되었는데 이는 매화가 순결, 정절, 다산의 의미를 갖기 때문에 규방생활과도 밀접한 관계가 있다. 도자기뿐만 아니라 회화에도 매화를 그린 사례가 많다. 월전 장우성 화백의 '홍매도(紅梅圖)', 민화 '매화장생도', 이당 김은호 화백의 '작매도' 등이 이에 포함된다. 산수화 등에 등장하는 식물들은 자주 그림에서 작가가 의도하는 화의(畵意)를 대변하기도 한다. 현대화가 중 작고한 박수근 화백에게 있어서 나무는 작품의 진가를 결정하는 중요한 역할을 한다. 특히 사람들과 나무 세 그루가 등장하는 <겨울>이라는 회화 작품은 크리스티 경매에서 7억 5천만원에 낙찰되는 한국회화사상 진기록을 연출한 바 있다.

시카고 출신의 미국 작가인 조앤 미첼(1926~1992)은 추상표현주의 제2세대 작가로 '삼나무' 라는 작품을 남겼다. 추상주의 표현은 그림을 그리는 행위와 즉흥성이 강조되는 양식인데, 미첼의 특성은 불을 내뿜는 듯한 색채감각과 섬세한 감성에 있다. 이러한 양식은 그녀가 1956년부터 프랑스에 머무는 동안 1969년부터 모네의 '수련' 등이 탄생한 파리 근교의 베테이유에서 활동하며 작가로서의 절정기를 맞았다. 더없이 파란 하늘과 라일락의 자홍색, 들판의 초록색 등 베테이유의 시시각각 변화하는 아름다운 자연은 그녀만의 폭발적인 색채 감각을 발휘하기에 충분하였고, 그리하여 미술사가들은 '미첼이 모네로부터 자연 감각을 배웠지만 오히려 이를 압도한다' 고 말하고 있을 정도이다.

또한 다른 예술분야와 마찬가지로 식물세계가 미술작품 구상의 장소를 제공한다는 점에서 미술과 식물은 연관을 맺고 있다. 식물로 가득 찬 자연 속에서 작가는 예술적 감흥을 불러일으키고 이를 통해 작품을 구상하고 완성하는 것이다.

나. 식물이 미술의 표현 대상이 되는 이유

식물이 미술표현의 대상이 되는 이유는 우선 인간의 본성과 관련이 있다. 미술은 인간 생활 속에서 체험한 미적 대상을 모양이나 색으로 표현하는 예술이다. 따라서 인간은 생활 속에서 접하는 자연을 미적으로 표현하고자 하는 본성을 가지게 된다. 즉, 자연을 그리고자 하는 인간의 근원적인 본능 때문에 식물이 미술표현의 대상이 되는 것이다. 인간은 자연 속에 포함된 식물을 대상으로 진선미를 표현하고자 한다.

또 다른 이유는 미술에서는 미적 대상으로서 식물 자체의 아름다움이나 외관적인 특성을 소재로 선택하는 경우가 많다는 것이다. 식물은 자연미를 가지고 있을 뿐만 아니라 단독 또는 집단으로 균형과 조화를 이루기 때문에 미술표현의 미적 대상이 된다.

마지막으로는 식물이 가지고 있는 의미 또는 상징이 미술표현의 대상이 된다. 이러한 경향은 특히 동양화에서 강하게 나타나는데, 예를 들어 매화는 사랑, 지조, 충절, "동장군 옷고름 푸는 인동(忍冬)의 꽃망울" 등의 의미를 가지는데 이러한 것을 표현하기 위하여 매화가 미술의 소재가 되곤 한다. 또한 조선시대 강희안과 유박은 꽃을 사랑하고 꽃에 관한 지식도 해박해 일찍이 그들은 꽃의 아름다움보다 그 상징적 의미에 따라 꽃을 9등급으로 나누고 시, 서, 화의 대상으로 하였다.

제 3 절 식물과 음악

자연은 인간의 심상을 미적으로 표현하고자 하는 예술행위에 대하여 지대한 영향을 주어 왔다. 숲이 음악예술의 형성에 미친 영향은 다양하다. 그 가운데에서도 숲이 음악예술과 밀접하게 관련되는 부분은 크게 세 분야이다. 첫째는 작곡자로 하여금 작품구상에 대한 영감(靈感)을 주고받는 부분이며, 둘째는 숲의 여러 구성요소가 직·간접으로 작품의 멜로디를 구성하거나 혹은 작품전체의 분위기를 대변해 주고 있는 부분이며, 셋째는 작품을 연주하는 수단인 악기와 관련한 부분이다.

1. 음악의 유래

음악(音樂)이란 단어는 동양에서는 원래 악(樂)이란 글자에서 출발한다. 중국의 상(商)나라와 주(周)나라(기원전 20세기~기원 후 4세기) 시대의 한문에서는 이 악이란 글자가 제사와 관련이 있음을 알 수 있지만, 또한 나무와 깊은 관계가 있다는 것을 알 수 있게 한다. 즉, 악은 나무라는 대(臺) 위에 종을 올려놓고 연주하는 것으로 추측할 수 있다. 한편, 악이 가진 여러 가지 의미 중에는 '즐거움'이란 뜻도 있는데 이는 인간의 정서에 영향을 주는 것을 알 수 있게 한다.

음악의 유래에 있어서 숲과 관련하여 더욱 흥미 있는 것은 서양음악에 있어서 어원적 근거가 되고 있는 뮤즈(Muse)라는 단어에 있다. 뮤즈는 그리스 신화에 나오는 제우스 신의 딸로서 시·음악·무용 등을 주관하는 9여신이다. 뮤즈의 합창지도자인 아폴론(음악과 시의 신)이 리라를 타면서 연회장에 모인 신들을 즐겁게 해주면 뮤즈의 여신들이 노래를 불러 흥을 돋우었다. 연회가 끝나면 항상 거처로 돌아가곤 하였는데 그들의 거처는 다름 아닌 헬리콘 산과 파르낫소 산의 숲이었다. 음악의 신들은 이처럼 숲에 머물면서 숲의 정기 속에서 음악예술을 다듬고 품으면서 살았을 것이다.

2. 음향적 재료로서의 숲

음악예술의 형성과 존재를 가능하게 하는 것은 소리다. 또한 소리인 음은 도구인 악기 없이는 그의 형성과 존재가 불가능하다. 음향적 재료인 소리와 악기의 시초는 자연이며 숲에서 출발한다. 여기서 먼저 음향적 재료로서의 소리가 되는 숲을 관찰하고, 이어서 악기의 제작 재료로서의 숲과 나무를 살펴보기로 한다.

소리로서의 숲을 살펴보면 숲 속에는 무진장한 음향적 재료가 숨쉰다. 수를 헤아릴 수 없는 여러 가지 종류의 새 울음소리, 개울물소리, 바람이 나뭇잎 스치는 소리 등등. 사실 따지고 보면 이들 음향적 재료로서의 자연의 소리 자체가 하나의 완성된 음악곡으로 평가할 수도 있겠다. 채근담 후집 제64에는 '林間松韻 石上泉聲 靜裡廳來 識天地 自然鳴佩...' 이라는 구절이 있다. 이는 숲 속의 송풍과 돌 틈을 달리는 물소리도 마음을 고요히 하고 들으면 천지자연의 음악이라는 뜻이니, 이것은 식물사회로서의 숲이 이미 자연적으로 완성된 하나의 음악작품임을 대변하는 것이라 말할 수 있다. 어쨌든 숲 속에는 자연의 소리(자연음)가 있다. 이 자연음으로부터 음악예술이 태동하였으며 음악작품을 구성하였다. 음악예술에 있어서 작품에 이러한 자연의 소리를 도입하는 방법을 자연회화법(自然繪畵法) 혹은 자연묘사법(自然描寫法)이라고 한다. 이것은 바로크 시대의 비발디(Vivaldi, A.:1678~1741)에서부터 시작하여 고전 시대의 헨델(Händel, 1685~1759)과 하이든(Haydn, 1732~1809)에게서 완성되는 듯하다.

음악연주의 수단이 되는 악기의 분류는 보통 공기울림 악기, 몸울림 악기, 막울림 악기, 현울림 악기, 기계식 전자악기 등 다섯 그룹으로 분류한다. 공기울림 악기는 공기의 진동으로 소리 내고, 몸울림 악기는 악기자체의 진동으로 음이나 소음을 내며, 막울림 악기는 악기의 몸통에 씌운 막을 치거나 마찰시킨 진동으로 소리를 낸다. 현울림 악기는 줄을 진동시켜 소리 내며, 기계식 전자악기는 기존의 악기소리를 전기의 힘으로 확대시키거나 완전히 새로운 전자식 악기로 소리를 낸다. 그런데 이러한 악기의 많은 종류가 목재로 만들어진다는 사실은 음악의 음향적 재료가 숲에서 얻어진다는 것과 함께 음악이 숲과 밀접한 관계가 있음을 알 수 있다. 즉, 대부분의 악기들은 목재로 제작되는데 이는 목재 고유의 진동에 근거한다. 악기의 동체를 이루는 목재는 울림판의 구실을 하여, 음색을 곱게 함과 동시에 증폭시키기도 한다.

3. 악상(樂想)의 샘터로서의 숲

작곡가는 일상에서 얻은 또는 직접 창작과정에서 얻은 악상을 작곡이라는 창작적 노력을 통하여 음악예술로 승화시킨다. 멋진 악상은 명곡을 창작할 수 있게 하는 계기를 마련한다. 음악가와 그들의 작품을 관찰해 볼 때, 자연과 숲에서 얻은 악상으로 불후의 명곡을 작곡한 예가 이루 헤아릴 수 없이 많음을 알 수 있다. 바로크 시대의 비발디에서부터 시작하여 하이든, 베에토벤, 시트라우스, 레스피기, 쇼스타코비치에 이르기까지 많은 음악가들이 숲과의 교감을 통해서 얻은 음악적 영감을 음악예술로 승화시켰다. 이들은 때로 자연전체를, 혹은 특정한 산이나 숲을, 또는 한 그루의 나무나 초본식물을 대상으로 얻은 악상(樂想)을 주제나 모티브로 삼아 교향곡이나 교향시, 오페라, 가곡 등에 이르기까지 음악의 여러 형식에 맞춰 작곡하였다.

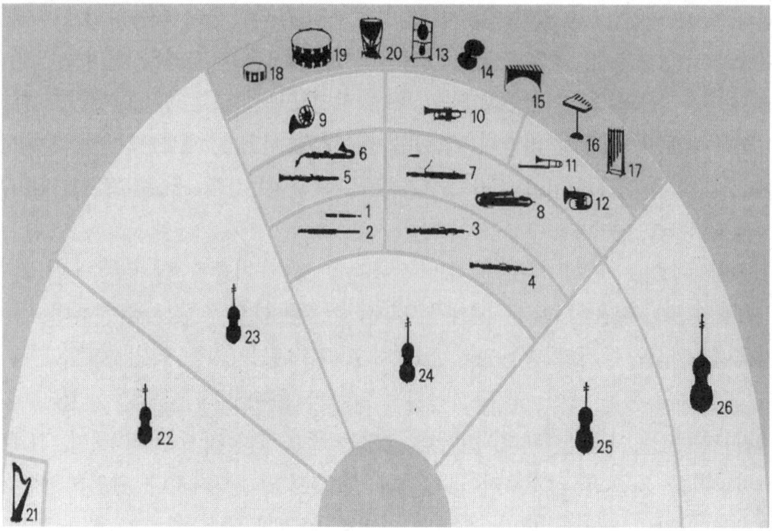

그림 7-2. 오케스트라의 악기편성(1~8번 목관악기군, 22~26번 현악기군의 대부분의 악기들은 목재로 만들어진 것이다)

예를 들어 하이든은 자연묘사법을 도입하여 숲의 정경을 실감나게 표현하고 있다. 그는 숲에서 얻은 영감을 그의 오페라 크세르크세스의 아리아 라르고에서 다음과 같이 묘사하고 있다. "아름답게 들어찬 나무 그늘. 그 사랑스러움은, 천둥이 몰아치고 폭풍우가 몰아쳐도 나무 그늘처럼 아늑하도다. 무성한 나무 그늘이여, 내 영혼이 쉬는 곳. 뻗어가는 가지와 줄기는 비할 데가 없도다. 무성한 나무 그늘, 내 영혼의 안식처여."

숲의 음악 예술적 가치표현에 있어서 헨델이나 하이든은, 작품 내에 직접 새울음소리·나뭇잎소리·시냇물소리 등을 끌어들여 숲을 주로 '감각적 사생화(感覺的 寫生畵)' 로 표현하고 있는 것 같다. 이에 반하여 베토벤은, 자연을 소재로 창작한 그의 작품들을 관찰해 볼 때, 전기한 헨델이나 하이든과 같은 그런 식의 '자연묘사' 의 예는 거의 없는 것으로 보아서, 주로 '관념적이고 정서적인 사생화' 로 숲의 음악 예술적 가치를 표현하고 있다고 생각한다.

베토벤은 자신의 교향곡 제6번 전원(Pastorale)에다 '특징 있는 교향곡, 전원생활의 추억' 이라고 적고 있다. 이러한 이유를 후세 사람들은, 이 곡을 작곡할 시기가 그가 귓병으로 고통을 받아 자주 비인 근교의 숲이 울창한 하일리겐슈

타트로 요양 가서 자연에 묻혀 그 생활을 즐긴 시기였기 때문으로 추측하고 있다. 그는 거의 매일같이 모자도 쓰지 않고 혼자서 전원을 산책하였는데 그때의 감상을 다음과 같이 적었다. "전능하신 신이시여, 숲 속에서 나는 행복합니다. 여기서 나무들은 모두 당신의 말을 합니다. 아, 신이여, 이 곳은 얼마나 장엄합니까? 숲 속 언덕 위의 이 정적이여, 당신을 받들기 위한 이 정적이여."

4. 음악예술의 창작 모티브-산과 숲과 나무

산을 대상으로 작곡한, 특히 산을 표제로 붙이거나 산의 정경을 묘사한 음악가로서 국민파 음악가 리스트, 후기 낭만파 음악가 프랑스인 댕디, 인상파 음악가 리하르트 슈트라우스, 현대음악가 그로페, 코프란드 등을 꼽을 수 있다. 슈트라우스가 작곡한 알프스 교향곡을 듣고 있으면, 인간이 음악예술을 통해서 자연을 이처럼 아름답게 표현할 수 있을까 하는 의구심을 자아내게 한다. 작곡자는 장대한 악기 사용으로 대단히 섬세하고 명쾌하게 오케스트레이션 하여 뛰어난 수법으로 숲의 정경을 묘사하고 있다. 슈트라우스는 이 곡이 초연되었을 때 "이제야 비로소 관현악법을 배웠다"라고 실토했는데, 이는 작곡자 스스로가 곡에 대하여 대단히 만족하고 있으며 알프스의 정경을 그 만큼 잘 표현했다는 의미로 이해해야 할 것이다.

그림 7-3.
베토벤의 흉상 (빈근교 하일리겐슈타트의 베토벤 길가에 서있다)

나무나 풀, 꽃, 새 등 숲을 구성하는 개별요소를 주제삼아 표현한 작가와 작품 중에는 주로 가곡이 많다. 가곡이외의 작품에 대한 예술가들로는, 로시니, 슈만, 요한 슈트라우스, 요셉 슈트라우스, 생상스, 차이코프스키, 레스피기, 스트라빈스키 등이다. 로마의 소나무(Pini di Roma)는 레스피기의 작품이다. 레스피기는 아름다운 가락과 환상적인 음악적 향기로 풍경을 묘사하는 방법이 능수능란한 작곡자로 알려지고 있다. 천년의 역사를 자랑하는 고도 로마, 여기저기 늘어선 유적과 검푸른 초록의 근엄한 자태를 내보이며 우뚝우뚝 서 있는 소나무. 언제 어디서 보나 그 빛깔만 보아도 믿음직스럽다. 1924년에 초연된 이 곡은 교향시로서 4부분으로 되어 있다: 제1부 보르게제 장(莊)의 소나무, 제2부 카타콤(지하묘지)의 소나무, 제3부 지아니콜로의 소나무, 제4부 아피아 거리의 소나무. 후에 레스피기는 '소나무'라는 별장에서 타계했는데 소나무와는 밀접한 작곡가이다.

숲을 표제로 하여 창작한 대표적인 음악가로는 요한 슈트라우스(2세), 차이코프스키, 쇼스타코비치 등이 있다. 요한 슈트라우스(2세)에 있어서 숲은 낭만과 환희와 사랑 그 모든 것이었다. 그의 작품 비인 숲 속의 이야기는 숲을 가장 정렬적이고 희망적이고 생동감이 넘치게 표현한 작품이 아닌가 생각된다. <표 7-2>는 음악사에 근거하여 숲과 자연이 창작동기가 된 음악예술을 구분한 것이다.

5. 자연의 음악성, 음악의 자연성

음악예술을 구성하는 여러 가지 요소들, 이를테면 작곡가, 음향재료로서의 소리, 작품, 그를 연주하는 수단인 악기 등은 식물사회인 숲, 혹은 자연과 불가분의 관계가 있음을 다시 강조할 필요도 없다. 숲과 자연을 떠난 음악예술의 성립은 생각할 수 없다. 음악이 존재하려면 숲(=자연)은 있어야 한다. 이것을 정확히 바로 말하면, 숲이 있어야 음악예술이 존재할 수 있다는 말이 된다. 전자는 '음악의 자연성'을 말함이요, 후자는 '자연의 음악성'을 의미한다. 자연(=숲)에 음악성이 있기 때문에 음악은 존재할 수 있으며, 음악에 자연성이 있기에 음악예술이 가능한 것이다.

표 7-2. 숲과 자연이 창작 동기가 된 음악예술의 구분.

음악사 구분	작 곡 가	작 품	내 용
바로크	Corelli, A. (1653 - 1713)	Pastorale-Largo in "Christmas Concerto"	시칠리섬 목동의 성탄축하와 들판의 천사의 춤
	Vivaldi, Antonio (1678 - 1770)	Four concerto grosso the four seasons op.8	숲과 자연의 4계절의 서정을 표현
고 전	Händel, G. F. (1685 - 1759)	Suite no.5 in E major "Aria & Variation"	시골의 대장간 주변의 풍경 표현
		Serse - Largo	숲과 나무의 은혜로움
		Julius Casar(Opera)	사냥 아리아
	Haydn, F. J. (1732 - 1809)	Oratorium "Die Jahreszeiten"	여름에 대한 묘사일품
		StringQuartet "Vogel Quartet" in C major	새(Vogel)의 울음소리를 절묘하게 도입
		String Quartet "Lerchen"in C major	종달새(Lerchen)의 지저귐이 제1악장의 주제
	Stamitz, C. (1745 - 1801)	Jagdsinfonie	사냥심포니
	Beethoven, Ludwig van (1770 - 1827)	Symphony No.6 "Pastorale"	전원 풍경을 표현
		Sonata for Piano no.15 "Pastoral"	특히 제4악장에서 전원이 특징적으로 묘사됨
		Sonata for Violin and Piano no.5 "Spring"	산천초목이 화답하며 생동하는 봄을 묘사
낭 만	Weber,Carl Maria von (1786 - 1826)	"Konzertstück" for Piano and Orchestra	숲에 대한 서정적 피아노 협주곡
		Opera "Der Freischütz"	호른연주, 사냥꾼 합창
	Berlioz, L. H. (1803 - 1869)	Symphony Fantastique	제3장 들의 풍경
	Mendelssohn-B., J. (1809- 1847)	"Fingalshoele" Overture	스코틀랜드의 헤브리데스 군도의 절경 묘사

표 7-2. (계속)

음악사 구 분	작 곡 가	작 품	내 용
국 민	Schumann,R. A. (1810- 1856)	Symphony no.1 "Spring"	봄의 정경을 교향곡으로 작곡
	Chopin, F. F. (1810 - 1849)	Ballad no. 2	호수와 숲 등을 묘사
		Preludes op.28 no.3,5	시내와 숲의 정경
	Liszt, F. (1811-1886)	Bergsymphony no.1	'산 위에서 듣다'
	Raff, J. J. (1822-1882)	Sinfonie "Im Walde"	제3부: 숲의 요정의 춤
	Cesar. F. (1822-1890)	"Pastorale" Organ	온화한 목가풍경을 오르간의 음색으로 감상
	Smetana, B. (1824 - 1884)	"the Moldau"	스마바 숲, 숲 주변의 강줄기, 프라하 등을 표현
후기 낭만 후기 국민	Bruckner, A. (1824 - 1896)	Symphony no.4 Eb "Die Romantische"	일명 숲의 교향곡 (Waldsinfonie).
	Strauss, J. (1825 - 1899)	"An der schnoenen blauen Donau"	도나우 강의 풍광과 생활을 왈츠에 실어 묘사
		"Geschichte aus dem Wienerwald" "Fruehlingsstimmen"	비너 봘트(비인 숲)의 사랑 이야기, 봄의 정경
	Saint-Saens, C. (1835 - 1921)	Le Carnaval des Animaux	동물의 사육제(6,9곡)
	Mussorgsky, M. P.(1839 - 1881)	A Night on bald Mountain	민둥산의 밤의 두려움과 여명의 장면을 묘사
	Tchaikovsky, P. I. (1840 - 1893)	The swan lake The sleeping beauty	백조의 호수 잠자는 숲 속의 미녀
	Dvorak, A. (1841 - 1904)	Symphony no.9 "from the new world"	잉글리시 호른의 단장의 멜로디는 노스탈쟈...
	Grieg, E. H. (1843 - 1907)	Peer Gynt Suite Lyric Suite	곡의 일부를 통해 북극의 숲과 자연을 표현
	D'indy, P. M. T. (1851 - 1931)	Symph. sur un Chant montagnard francais	프랑스 비보레 산의 웅대한 인상, 양치기 노래
	Mahler, G. (1860 - 1911)	Symphony no.1, 3	자연의 신비로움을 표현
		Symphony no. 9	주로 중국 자연시 주제

표 7-2. (계속)

음악사 구분	작 곡 가	작 품	내 용
인 상	Strauss, R. (1864 - 1949)	Eine Alpensinfonie	하루 중에 자연과 숲을 경험하는 과정을 기술
	Glazunov, A. K. (1865 - 1936)	Ballet Suite "The Seasons"	사계절을 표현한 발레 모음곡
	Sibelius, J. (1865 - 1957)	Symphonic poem "Tapiola"	북극의 숲, 숲의 신, 숲의 요정, 원시의 꿈
	Roussel, A. (1869 - 1937)	Sympony No 1. Le Poeme de la foret	"숲 속의 시": 숲 속의 정경
	Rakhmaninov, S. V. (1873 - 1943)	The Island of the Dead	사이프러스의 검푸른 숲을 플루트가 표현
	Ravel, M. J. (1875 - 1962)	Suite "Ma Mere L'Oye"	숲의 요정 공주와 야수가 된 왕자의 동화
	Respighi, O (1879 - 1936)	Pini di Roma	특색 있는 네 곳의 소나무를 작곡
현 대	Stravinsky, I. F. (1882 - 1971)	Le Sacre du Printemps Ballet	발레 모음곡 봄의 제전 1. 대지에의 찬양
	Milhaud, D. (1892 - 1974)	La creation du Monde Ballet	제1,2악장: 자연의 창조 과정을 묘사(발레음악)
	Grofe, F. (1892 - 1972)	Mississippi Suite Grand Canyon Suite	미시시피 강을 배경 그랜드캐넌 대협곡 정경
	Copland, A. (1900 -)	Ballet Suite "Appalachian Spring"	봄이 오는 아팔라치아 산의 정경을 표현
	Shostakovich, D.D. (1906 - 1975)	Song of the Forest	러시아 산의 녹화과정을 오라토리오로 작곡

여기 숲의 음악성, 음악의 자연성을 확인할 수 있는 좋은 예가 있다. 비인 출신의 저명한 음악학자 빅토르 추커칸들(Victor Zuckerkandl)은 그의 에세이 '음악에 있어서 오스트리아다운 것'에서 조국 오스트리아는 어떠한 나라인가라는 질문에 다음과 같이 답변하고 있다. "오스트리아의 자연경관은 음악을 통해서 표현되고 있고, 음악을 통해서만이 자연경관을 감상하는 것을 배울

수 있으며 결국 오스트리아는 음(Ton)을 가지고 대답할 수 있다." 음악예술을 떠난 오스트리아, 비인은 생각할 수 없다는 의미이다. 하이든 같은 거장이 있어서가 아니요, 모차르트와 같은 천재가 있어서도 아니다. 슈베르트나 슈트라우스나 브루크너 등의 음악적 시인이나 귀재들이 있어서는 더더욱 아니다. 그것은 바로 추커칸들이 말하는 것과 같이 그들을 잉태할 수 있게 해 준, 그리고 음악적 영감을 얻을 수 있게 해 준, 음 자체로 이뤄진 오스트리아의 아름다운 자연경관과 숲이 있기 때문이다. 즉, 숲의 음악성이요, 음악의 자연성이다.

어지러워진 인간의 마음은 숲 속의 공기로 인하여 진정된다. 베에토벤이 그랬고 슈트라우스가 그랬다. 거칠고 사나운 난파장의 음은 나무조직 속에서 걸러지고 향판과 공명판을 통해서 조율된다. 바이올린 현의 기가 막히게 아름다운 멜로디도 나무로 된 공명상자를 통하지 않고는 표현될 수가 없다. 성나고 분하고 격한 감정도 숲을 지나는 쇄락한 바람에 일거에 삭여질 수 있고, 찢어지고 깨지고 날카로운 소리도 미로의 나뭇결 속에서 조탁될 수 있다.

누에가 뽕 잎을 먹고 뽑아 낸 것이 인간세상을 바꿔 놓은 비단문화이다. 음악가가 숲의 정기를 받아 창조한 것이 음악예술이요 음악문화다. 아름답고 고운 나뭇결 속에서부터 음이 조율되며, 깊고 울창한 숲 속으로부터 음악이 잉태된다. 숲은 음악예술의 영혼이 숨쉬는 곳이다.

현대 음악에서도 자연과 숲의 아름다움을 노래하는 것이 많은데 Brain Crain, Yuki kuramoto, George Winston 등과 같은 뉴에이지 음악가들에 의해서 숲의 서정성을 감성 높은 음악으로 승화시키고 있다.

6. 한국 음악예술과 식물사회

한국의 음악예술을 대중가요, 가곡, 민요, 판소리로 대별할 때 이들 분야별 소재로 사용된 나무의 종류와 출현빈도는 다르게 나타났다. 여기서 대중가요는 서민대중들이 즐겨 부르는 세속적인 노래를 말하며, 가곡은 시를 노랫말로 하여 곡을 붙인 음악의 한 갈래이고, 민요란 민중 사이에서 불리는 전통적인 노래를 말한다. 또한 판소리는 민속악의 한 갈래로서 소리를 하는 사람이 고수의 북장단에 맞추어 긴 서사적인 이야기를 소리(창)와 아니리(말)로 엮어

발림(몸짓)을 곁들여서 구연하는 민속예술을 말한다. 전영우 교수는 그의 저서 “산림문화론”에서 표 <7-3>과 같이 한국 음악의 각기 다른 네 가지 장르별 나무의 출현 종의 수와 빈도를 비교하고 있다.

우선 민요에 등장하는 나무의 출현빈도(약 22%)가 가요(10.2%)나 가곡(12.5%)에 등장하는 빈도보다 약 2배가 높았다. 이는 민요가 창작된 시대적 배경에서 그 이유를 찾을 수 있다. 민요는 1,000년 이상 장구한 맥을 이어온 민속음악의 성격을 가진 반면, 가요나 가곡은 근대 100년 이내에 창작되었다. 따라서 민요는 농경사회를 대표하는 민중의 음악장르라고 한다면, 특히 가요는 산업사회를 대표하는 민중의 음악이라고 할 수 있다. 삶을 영위하는 농경사회의 생활양식은 문학에서와 마찬가지로 자연과 밀접한 유대를 맺고 살아야만 했기 때문에 그러한 삶이 반영된 음악에는 나무를 위시한 자연물의 소재가 의식적이거나 무의식적으로 널리 애용되었을 것으로 추측할 수 있다.

표 7-3. 한국 음악예술에 나타난 나무의 종류와 출현빈도의 비교

장 르 별		대중가요	가 곡	민 요	판 소 리
창 작 시 대		1986-현재	1920-현재	삼국시대-현재	조선 영조 이후
조 사 대 상		1,145 곡	689 곡	9,000여 수	여섯 마당
나무의 출현빈도		10.2%	12.5%	약 22%	-
등장 수종의 종류		24 수종	25 수종	157 수종	37 수종
가 장 빈번하게 등 장 한 수 종	1위	버드나무	버드나무	소나무	버드나무
	2위	진달래	소나무	대나무	오동나무
	3위	복숭아나무	진달래	버드나무	복숭아나무
	4위	동백나무	복숭아나무	오동나무	계수나무
	5위	단풍나무	단풍/개나리/오동	배나무	앵두나무

자료 : 전영우. 1997. 산림문화론, 국민대출판부.

각기 다른 한국의 음악 장르에 등장하는 나무의 종류는 민요, 판소리 여섯 마당, 가곡, 가요의 순서로 많이 출현하였다. 또한 각 장르에 가장 빈번하게 등장하는 상위 5개 수종도 문학에서와 마찬가지로 모두 우리의 고유수종이었다. 가장 많이 등장하는 수종은 버드나무와 복숭아나무였고, 그 다음은 오동나무와 진달래가 소나무와 함께 많이 등장하고 있다. 소나무는 문학에서 가장 빈번하게 등장하지만 음악 장르에서 5번째로 빈번하게 나타난 이유는 소나무가 상징하는 강인한 절개, 지조 등의 뜻이 음악의 내용으로는 다소 무거운 상징성을 나타내기 때문으로 해석할 수 있다.

가요, 가곡, 민요, 판소리 모두 그 특성상 문학적 배경을 함께 보유하고 있는 예술의 장르라고 할 수 있다. 따라서 문학의 다양한 장르에서 나무가 등장하는 경향과 크게 다르지 않음을 알 수 있고, 또한 시대적 배경이 오래될수록 나무가 더욱 빈번하게 소재로 등장하고 있는 사실은 어쩌면 당연한 것으로 받아들일 수 있을 것이다.

제 4 절 식물과 영상 예술

현대 예술에서 식물을 이용한 영상의 미학은 보는 이로 하여금 감정의 순화와 경탄을 이끌어 낼 뿐 아니라 동양적 사고인 무위자연(無爲自然)적 감흥을 일으키는 목적으로 많이 사용되고 있다. 또한 판타지적인 견지에서 식물은 하나의 사고를 가진 개체로의 표현이 부각됨으로서 식물에 대한 인간의 고정관념을 새롭게 하고 있다. 최근에 개봉되어 많은 인기를 얻고 있는 피터잭슨 감독의 '반지의 제왕-두개의 탑'에서 보면 그동안 고정된 사물의 형태로 그려진 식물에게 판타지적 이미지를 입혀 자연을 지키는 파수꾼으로의 역할을 보여주고 있다.

일본 애니메이션의 대표인물인 미야자키 하야오 '바람의 계곡 나우시카'와 '천공의 섬 라퓨타'에서 보면 자연의 대변자인 식물의 중요성을 보여주고 이를 지켜야 한다는 메시지를 주고 있다. 또한 유키토 키시로의 '총몽(銃夢)'에서는 산업화와 기계화 사회의 어두운 현실에 대한 해결점을 식물로서 보여주고 있다. 특히 '총몽(銃夢)'에서는 인간 삶의 연장을 기계에 의존해서 살아가게 되는 어두운 미래의 모습을 결말에서 주인공이 식물유기체의 조직을 빌어 기계가 아닌 자연적인 인간의 모습으로 돌아가는 것을 보여줌으로서 인간의 복잡하고 불안정한 미래에 대한 대안으로 식물을 들어 표현하고 있다. 이외에도 많은 영상 예술 작품에서 식물은 인류를 구원하는 하나의 인자로 표현되고 있다.

나무를 주제로 하여 인간의 삶과 자연보전의 중요성을 강조한 애니메이션 작품은 '나무를 심는 사람'이다. 이 작품은 30분짜리 극장용 단편 애니메이션 영화로 1987년 캐나다의 CBC와 소시에트 라디오캐나다(Societe Radio-Canada)에서 제작하였다. 엘지아 부피에라는 사람을 모델로 한 장 지오노(Jean Giono)의 원작을 프랑스 출신의 캐나다 애니메이션 작가 프레데릭 백(Frederic Back)이 애니메이션 영화로 제작한 작품이다.

인생을 관조하듯 묵묵히 자신의 일을 하는 한 사람의 이야기를 파스텔 톤으로 그린 작품으로, 자신을 위한 것이 아니라 남을 위한 마음으로 시작한 나무 심기는 환경의 중요성을 망각해가는 이 시대에 그것의 중요함을 일깨워주는 교훈적인 작품이기도 하다. 이 작품으로 프레데릭은 1981년에 제작한 크랙에 이어 1987년 두 번째로 아카데미상을 수상했다. 1987년에는 앙시 국제 애니메이션 영화제 대상, 히로시마 국제 애니메이션 영화제 대상을 수상했다. 이 감동적인 작품의 내용은 다음과 같다.

프로방스 지방의 어느 고원지대를 여행하던 주인공은 폐허가 된 마을에 도착한다. 그는 한 양치기 노인을 만나 음식과 잠자리를 제공받는다. 이 양치기의 이름은 엘지아 부피에이고, 나이는 55세이다. 그날 밤 그는 엘지아가 도토리 세는 것을 보게 된다. 양치기 노인은 100개를 세었을 때 셈을 멈춘다. 엘지아는 도토리들을 골라내 황폐한 고원에 나무를 심는 작업을 했다. 그는 나무가 부족하여 땅이 죽어가고 있다는 사실을 알고 있었다. 그는 너도밤나무뿐만 아니라 떡갈나무도 수천 그루를 심고 가꾸었다. 그 뒤 세월이 흘러 제1차 세계대전 후, 주인공이 다시 황무지를 찾아왔을 때 처음 파종한 나무는 10년생의 키 큰 나무로 성장해 있었다. 나무들이 자라 만들어진 작은 숲과 물이 흐르게 된 시내, 그리고 나무를 갉아먹는 양 대신 벌을 키우고 있는 엘지아를 만나게 된다. 그 뒤 해마다 그를 찾아가게 된 주인공은 풍요로운 숲과 풍부한 수자원 속에서 평화로운 마을이 된 고원지대의 변화를 보며 한 인간의 숭고한 정신과 마주치게 된다.

제 5 절 식물과 신앙

인류의 식물 숭배의식은 자연 숭배에서 유래되었다. 자연 숭배는 인간 출현과 함께 시작되었는데, 자연물에 인간의 吉凶禍福을 지배하는 精靈이 깃들어 있다고 믿었던 원시종교의식에 기인한다. 이러한 의식은 오늘날에도 이어져 농촌의 마을주민들이 나무를 신의 대리물이나 수호신으로 숭배하는 풍습이 있고, 이는 세계 곳곳에서 나타나고 있는 공통된 문화현상이다(예 : 神木, 성황림, 堂山木 등). 또한 홋카이도, 사할린, 아이티 또는 유럽의 여러 나라에서 전래되고 있는, 자식이 태어나면 나무를 심는 풍습은 우리나라의 민속에 전해 내려오는 "내 나무"를 가지는 풍습과 다르지 않다. 우리 조상들은 사내아이가 태어나면 소나무나 잣나무를 심고 여자 아이가 태어나면 오동나무를 심었다. 이 나무는 자식이 혼인을 하게 되면 사용하거나 또는 이 세상을 하직할 때 관으로 사용되기도 하였다.

그림 7-4. 나무를 심은 사람의 비디오 자켓

인류의 문명 발달과 함께 나무와 숲은 인간생활의 중요한 부분이 되어 삶을 위한 물질을 제공하는 처소일 뿐만 아니라 영속성, 번식력, 관대함, 신뢰성, 강인함 등의 정서적 가치와 상징적 의미를 제공하고 있다. 이는 나무가 가지고 있는 장구한 수명, 해마다 가을에 잎이 지고 봄에 새로운 싹을 틔우는 강인한 생명력의 영속성인 우주적 리듬의 재현, 매년 수많은 열매를 맺는 다산성, 다른 어떤 생명체가 갖지 못하는 거대한 몸체 등에 기인한다.

결국 우리의 조상들은 나무가 가지는 이러한 상징적 특성들을 신화나 전설로 형상화하게 되었고, 나무나 숲이 우주나 세계를 창조하는 근원, 나라와 민족을 지키는 영웅이나 신, 가족을 보호하는 수호신으로 형상화되어 신앙의 대상이 되었다. 결국 나무숭배의식은 인류가 가졌던 종교의 초기형태였던 것으로 생각할 수 있고 이것이 민속 의식 형태로 오늘날에도 남아 있음을 알 수 있다.

1. 나무 숭배의 사례

역사적으로 시대와 민족을 초월하여 나무를 숭배하였던 기록들이 도처에 남아 있다. 우선 게르만족의 튜튼어에 나오는 '신전'이나 '사원'을 뜻하는

"Temple"의 어원은 '자연적인 숲'이란 의미를 가지는데 신성한 숲에 대한 숭배의식은 고대 독일인에게 일상적이었다. 또한 로마시대의 역사가 타시터스(Tacitus)는 그의 역사서 '독일종족에 대한 보고서' 에서 '북독일의 숲은 천지만물을 지배하는 최고신의 거처이다' 라고 말하고 있다. 당시 로마시민이 가장 숭배했고 신성시했던 대상의 하나는 팔라틴 언덕에 있던 층층나무였다는 기록은 고대 유럽 사람들의 중요한 의식이었음을 알 수 있다.

스웨덴의 옛 종교적 수도인 업설라(Upssala)에는 한 그루 한 그루의 나무가 신으로 구성된 숲이 있었다. 14세기까지도 기독교로 개종하지 않았던 리투아니아 사람들의 가장 중요한 종교적 의식은 나무숭배 의식이었다. 그리고 고대 도시국가였던 크레타에서는 정령이 깃들어 있는 신성한 나무를 건축물의 기둥으로 형상화하여 나무숭배에 대한 상징을 기둥이 많은 건축양식으로 발달시켰는데, 이러한 양식이 그리스로 건너가 신전 건축양식으로 형성되었다. 즉 많은 기둥으로 된 건축을 멀리서 바라보면 수많은 신성한 나무들이 모여 있는 숲처럼 보이게 한 것이다.

북아메리카 원주민(인디언)들은 레드우드(Redwood)와 자이언트 세콰이어 나무가 성소(聖所)나 종교의 대상으로 여겨졌는데 거대한 체구와 장수가 신성함으로 상징화 된 것으로 여겼다. 세네갈과 나이제리아에서는 실크-코튼 나무가 신의 거처라고 믿고 숭배하였다. 또한 고대 이집트에서는 모래언덕을 뚫고 생명의 원천인 물까지 그 뿌리를 뻗쳐 살 수 있는 무화과나무를 신성한 나무로 숭배하여 귀족들은 건포도, 오이, 채소, 물 등을 제물로 바치고 숭배하였다. 이와 더불어 아프리카 서부 해안의 비사고스 원주민은 무화과나무에 개, 수탉, 소를 제물로 바치고 숭배한 풍습이 있다.

2. 종교별 사례

종교별로도 특징적인 나무에 대한 기록이 있다. 기독교에서는 예수의 예루살렘 입성 때 야자수의 일종인 종려나무 잎을 흔들었던 경험 때문에 이를 신성하게 취급하여 왔다. 종려나무는 번영, 아름다움, 승리를 상징하는 나무로 모세의 출애굽 사건 이후에 광야 생활에서도 종종 등장한다. 또한 창세기의 에덴동산에는 생명의 나무와 지혜의 나무가 나오는데, 여기서 지혜의 나무가 바로 선과 악을 구별하는 과실이 열리는 무화과나무이다. 유태교를 믿는 유태

인도 야자수를 신성하게 여겼는데, 그 이유는 솔로몬 왕의 궁전이 야자수로 지어졌기 때문이다.

불교에서는 석가모니가 보리수 아래서 깨달음을 얻었기에 이 나무를 신성한 것으로 여기고 있다. 석가는 사라수가 들어찬 룸비니 숲에서 탄생하였고 보리수 밑에서 도를 얻고 사라수 밑에서 열반하였다. 불교에서 사라수는 생명의 나무이고 보리수는 지혜 또는 지식의 나무로 통한다. 불교에서도 기독교와 마찬가지로 생명의 나무와 지혜의 나무가 등장하는 것을 보면 종교는 생명과 지혜라는 상징성을 중요하게 생각함을 알 수 있다. 한편 힌두교는 뱅갈 보리수를 신성한 나무로 숭배하는 것으로 알려져 있다.

제3편 웰빙사회와 식물

제 8 장 현대사회와 식물

제 9 장 식물의 보건의학적 특성

제10장 숲과 휴양

제11장 자연 체험 활동

제 8 장 현대사회와 식물

제 1 절 현대인의 생활환경

1. 물리적 생활환경

문명 사회는 농경사회, 산업사회, 고도산업사회를 거쳐 첨단 정보화 사회로 발전해 가고 있다고 한다. 소득이 높아지고 근로시간 단축으로 시간적인 여유가 많아지며, 또 정보통신 수단의 발달로 도시 생활에서 누릴 수 있는 안락함, 편리함, 문화 예술을 접촉할 수 있는 기회가 넓어지는 등 그 만큼 '삶의 질'은 향상되었다. 그러나 다른 한편으로, 범죄발생이 빈번하고, 대기와 수질오염이 증가하며, 쉴만한 공원과 녹지가 줄어들어 생활 환경이 나빠지는 등 오히려 '환경의 질'은 저하되었다.

환경의 질은 물리적 생활환경의 영향을 받는다. 물리적 생활환경은 인간의 생활환경을 구성하고 있는 인간을 제외한 토지환경, 도로, 건물, 자동차, 공기, 물 등 물질을 이루고 있는 환경을 말한다. 환경의 질이 낮아진다는 말은 물리적 생활환경을 구성하고 있는 각 요소들이 여러 가지 원인에 의해 문제를 일으키고 있다는 의미와 같다. 이것은 결국 환경문제로 귀결되며 대체로 환경오염, 교통문제, 소음, 나무와 녹지 부족 등을 물리적 생활환경의 대표적인 문제점으로 제시할 수 있다.

자동차 배기가스, 산업공단의 매연 등으로 혼탁해진 대기 오염 때문에 맑은 날인데 불구하고 산악을 배경으로 고층 건물이 어우러진 아름다운 도시 경관을 제대로 보기가 힘들다. 자동차 배기가스와 공장의 매연이 주범인 대기오염이란 우리가 하루하루 숨쉬며 살아가는 공기의 유용성을 줄이는 비정상적인 물질이 대기에 존재하므로써 공중보건에 해를 주고, 특히 쾌적한 생활의 기쁨과 재산보호에 부당하게 방해를 하는 상태를 말한다. 대기 오염이 심하면 눈이 따갑거나 목이 탁해지며 가끔 호흡이 곤란할 때도 경험한다.

수질 오염은 공장의 폐수, 가정에서 나오는 생활 하수, 가축 축사로부터 나오는 오수, 버려진 농약, 유조선의 해양 오염 등으로부터 발생한다. 수질 오염으로 수도물을 그대로 식수로 사용하지 못하고 끓여 먹거나, 아니면 비싼 정수기로 걸러 먹든지 생수를 사 먹는 일은 이미 오랜 된 일이다.

서울뿐만 아니라 지방의 큰 도시의 경우, 자동차가 급격하게 증가함에 따라 과거 보행 교통시대의 도로 체계로는 수용하기 어려운 상황으로 변하였다. 출퇴근 뿐만 아니라 한낮에도 교통체증으로 인하여 짜증나기 일쑤이다. 교통체증 뿐만이 아니다. 부족한 주차공간은 이웃간의 온정까지 사라지게 하고 있는 실정이다. 그리하여 출근 길의 교통체증으로 인한 짜증은 퇴근길 정체와 함께 집앞에서 주차할 때까지 그대로 이어진다. 자기 집 앞 주차공간은 이미 먼저 온 사람한테 빼앗기고 집 주위를 몇 바퀴 시운전인양 돌고 나서야 겨우겨우 세우는 경우가 많다. 주차 전쟁이다. 짜증나는 사람은 비단 운전하는 사람만이 아니다. 골목길에 들어서면 빽빽하게 들어선 자동차 때문에 집앞 대문을 분간하기 어려울 때도 있다.

여기에다 자동차에서 울려 대는 경적, 도난 방지용 경고음, 각종 공사장의 굉음 등으로 우리는 잠시도 조용한 도시 환경 속에서 생활하기가 쉽지 않다. 소음 수치는 대도시의 경우 일반 주거지역은 물론 전용 주거지역에서도 환경기준치를 넘고 있어서 늘 소음 공해 속에서 생활하고 있다.

도시에서 주거환경의 쾌적성을 높여 줄 수 있는 나무와 숲이 있는 공간은 녹지이다. 도시개발, 도로건설 등으로 도시의 녹지는 엄청나게 줄어들었다. 어느 도시를 가나 울창한 숲이나 풀밭이 눈에 먼저 들어오는 것보다 고층건물들이 눈을 가리고 만다. 밀집된 건물들과 포장된 보행로, 콘크리트 광장이 우리의 생활환경을 메마르게 하고 있다. 세계 보건기구가 제시하는 1인당 도시 생활권 녹지면적은 9㎡인데 우리나라의 경우 절반 수준에 머무는 것으로 조사되었다. 시민들이 자기 집에서 산보나 휴식을 하기 위해 걸어서 손쉽게 찾아 갈 수 있는 공원이 부족하다는 사실을 입증하는 것이다. 나무나 숲이 우리의 생활 주변에서 점점 멀어져 가고 있다는 증거이며, 그 만큼 인간의 정신을 잠시라도 맑게 가다듬을 수 있는 여유있는 시간을 갖기가 힘들다는 의미일 것이다.

2. 정신적 생활환경

도시의 물리적 생활환경을 물고기가 사는 물이라 비유한다면 위와 같은 여러 측면에서 관찰해 볼 때 이 물의 환경은 이미 썩기 시작한 지 오래이다 라고 말할 수 있겠다. 이런 물 속에서 살아가는 물고기로서의 인간이 가진 정신적인 환경은 어떠한가 살펴보자.

정보화 사회를 살아가는 도회지 사람이 가진 정신적 생활환경은 다양한 측면에서 관찰할 수 있겠지만 정신적인 긴장(스트레스), 인스턴트 생활, 자연과의 소외 등 세 가지 측면에서 정리하고자 한다.

바쁜 도시생활에 있어서 누구나 공통적으로 겪는 것이 있다면 그것은 바로 정신적인 긴장 즉, 스트레스일 것이다. 스트레스란 심리학이나 의학, 생물학에서는 유기체(인간)가 가지고 있는 기능이 정상적으로 작동하지 않도록 교란시키는 심리적 생리적 긴장이나 장해를 말한다. 거의 모든 현대인이 일상생활에서 공통적으로 받는 것으로 알려지고 있다.

고도 산업 사회와 정보화 사회는 인간의 생활을 기계처럼 규격화시키고, 시간과 공간의 개념을 거의 같은 차원으로 만들어 그 범위안에서 해결하도록 유도하고 있다. 한 마디로 표현하여 인간은 점점 기계화, 로버트화되어 가고 있다는 의미이다. 미리 맞춰진 시계소리에 잠에서 깨어나고, 캔이나 봉지에 들어있는 죽을 데워 먹고 출근하여 모니터 앞에서 눈이 시뻘겋게 충혈 되도록 깨알 같은 글자와 씨름하다가, 어쩌다 나타나는 맑게 개인 파아란 하늘마저 제대로 쳐다보지 못하다가 귀가한다. 주말이면 몇 개씩 빌려온 비디오로 스크린의 노예가 되어 지낸다. 또 심심하면 인터넷 정보 사냥한답시고 하루 온종일 컴퓨터와 씨름하며 보내기도 한다. 자연이나 환경에 대한 지식이나 이해도 모니터 속에 등장하는 정보를 통해 즉석에서 해결한다. 이것이 바로 현대인들이 가지고 있는 인스턴트 생활이다.

얼마나 빠른 속도로 자연으로부터 점점 멀어져 가는지 모니터나 스크린 앞에 앉아 있으면 알 도리가 없다. 나무와 숲, 계곡, 강, 자연의 푸른 생명이 살아 숨쉬는 공간과 접촉할 의지나 시간, 여유를 갖지 못하도록 정보통신 문명이 인간을 옭아놓고 있는 것이다. 또 그렇게 되도록 정보화 사회를 앞장서서 선전하는 것이 오늘날 신문, 방송 등 대중매체들이 하는 일이기도 하다.

이러한 환경에서 인간이 자연을 접촉할 수 있는 기회를 갖는다는 것은 점점 어려워질 뿐만아니라, 인간이 인간을 접촉할 기회도 점점 줄어들고 있다. 자연과의 소외는 도시환경에 있어서 인간이 가져야 할 자연성의 상실을 걱정하기 이전에, 그 이상으로 인간성의 상실을 우려하게 하는 것이다. 이런 지경에 이른 것이 도회지의 생활 양태이니 도시인들의 정신 환경이 어떠한지 가히 짐작하고도 남음이 있을 것이다.

물이 썩어 있으니 그 속에 사는 물고기로서의 인간의 정신이 온전할 리가 있을까. 이상에서 살펴 본 것처럼 우리의 생활환경을 종합해 볼 때 우리의 정신은 의학적으로 진단하면 이미 병든 지 오래일거라는 진단이 나올 법하다.

제 2 절 자연형 웰빙 사회의 등장

1. 생활양식의 변화

환경오염과 녹지가 줄어드는 등 도시의 생활환경이 열악해졌지만 사람들은 나름대로 새로운 삶의 방식을 추구하면서 삶의 질을 누리고자 노력하고 있다. 새로운 삶을 추구하는 경향은 경제성장으로 소득 수준이 높아진 것도 한 몫을 하고 있다. 현대인들이 추구하는 새로운 삶의 흐름을 정리해보도록 한다.

1980년대만 하더라도 우리나라 직장인들의 삶의 중심은 의식주를 해결하는 것이 중심이었다. 생활 자체가 입을 것과 먹을 것과 편히 쉴 수 있는 곳을 해결하기 위한 것이었다. 소득은 그런 것들을 해결하기 위한 것이었다. 근로자들은 밤으로 낮으로 일하였고, 주말도 쉬지 못하고 직장에 나와서 일하는 일이 많았다. 어쩌다 쉬는 날이 있다면 부족한 잠을 보충하거나 심신을 다스리기 위해 집에서 머무는 경우가 많았다. 그래서 생활의 중심 공간은 실내가 되었다. 이처럼 의식주를 해결하기 위한 이러한 생활양식을 생리적 생활양식(physiological life style)이라고 할 수 있겠다.

그러나, 소득이 증가하고 여가가 생기면서 생활의 내용과 활동 범위가 변해갔다. 넉넉한 소득은 오너 드라이버 시대를 탄생시켜 어디든 손쉽게 갈 수 있게 하였다. 노동하고 남은 여가를 활용하여 사람들을 만나서 사교하고 문화생활을 향유(享有)할 수 있게 되었다. 이제는 생활의 중심이 실내에서 실외로

그림 8-1. 자연형 웰빙 가족을 위한 숲속 음악제 장면

옮겨가게 된 것이다. 이러한 특징으로 나타나는 생활양식을 사회적 생활양식(social life style)이라고 부를 수 있겠다. 이 같은 사회적 변화는 삶의 질을 향상시키고, 환경의 질을 높이는데 많은 영향을 끼쳐오고 있다.

2. 자연형 웰빙 사회의 등장

사회적 생활 양식의 등장으로 나타난 도시민들의 여가 이용 활동 중 두드러진 것의 하나는 자연을 대상으로 하고 있다는 점이다. 강, 산, 숲을 찾아 탐구하고 배우고 이해하려는 과정에서 얻는 자연에 대한 지식으로 만족을 얻고, 정신적으로 정서적으로 아름다움을 추구하고 있다. 이 같은 경향이 탄생하게 된 배경이 어디 있을까?

사회학자 매슬로(Maslow A.)는 인간의 욕구충족에 대하여 다섯 가지 단계를 제안하고 있다. 생리적 욕구, 안전 욕구, 소속과 친화 욕구, 평가와 존경 욕구, 자아실현 욕구 등이 그것인데, 여기에 마지막으로 심미적 욕구(審美的 慾求)를 추가하여 인간의 욕구 충족을 여섯 가지 단계로 이야기하기도 한다.

그림 8-2. 풀잎, 나뭇잎, 열매로 액자를 만든 웰빙 가족

생리적 욕구(Physiological Needs)는 배고픔과 목마름과 같이 신체의 대사 등 생명유지와 직접 관련된 욕구이다.

안전에 대한 욕구(Safety Needs)는 신체적인 상해로부터의 보호 뿐만 아니라, 다른 사람으로부터 받는 심리적인 두려움을 극복하고, 개인적인 프라이버시를 지키며, 그리고 도시환경 내에서의 자신의 오리엔테이션(자기위치)를 증진시킬 수 있는 기회를 포함한다.

소속과 친화 욕구(Affiliation Needs)란 가령 사랑을 받고자하는 것과 같은 것이다. 또한 어떤 단체의 회원(Mem-bership)으로 가입하여 활동하고 싶은 욕구도 여기에 해당된다.

평가와 존경 욕구(Esteem Needs)는 개인의 완전성(Integrity) 혹은 자기평가(Self-Evaluation), 자신에 대하여 다른 사람이 감지한 평가 등과 관련되어 있다. 평가욕구의 충족은 자신의 환경을 개인화(자기화; Personalize)시킬 수 있는 자신의 능력과 밀접하게 관련되어 있다.

자아실현 욕구(Actualization)는 자신의 역량과 관련하여 자기실천을 위한 욕구이다. 이것은 자신의 환경을 개개인이 실제적으로 혹은 지각된 상태로 통제조정(Control)하는 것과 아주 밀접하게 관계하고 있다.

심미적 욕구(Cognitive/Aesthetic Needs)는 아름다움(Beuaty)에 대한 개인적인 이상(Concept, Idea)과 배움에 대한 욕구 등에 관계하고 있다.

이와 같이 주어진 환경에서 인간이 추구하는 가치는 여러 가지 방법으로 나타나며 일정한 단계를 거쳐서 최고로 목표하는 바에 도달한다. 인간의 가치추구에는 그러나, 환경의 영향이 많이 작용하고 있음을 부인할 수 없다.

그런데 최근 학자들의 연구에 의하면, 인간의 자아실현 욕구와 심미적 욕구 충족의 대상 환경으로서 자연환경, 특히 나무와 숲이 중요한 기능을 담당하고 있음을 발견한다. 이른바 환경론적 가치추구(環境論的 價値追求)의 등장이다. 더욱 중요한 것은 개인의 자아실현과 심미적 욕구 충족에 긴요한 역할을 하고 있는 환경이 바로 우리가 매일매일 접하며 살고 싶어하는 주변의 나무와 숲이라는 사실이다. 자연체험, 숲탐방, 숲해설, 농촌체험, 산림교육 등은 이와 같은 새로운 욕구에 대한 충족의 표현이라고 할 수 있겠다. 이러한 특징을 보이는 사회를 이른바 자연형 웰빙 사회(natural well-being society)라고 말할 수 있지 않을까?

제 3 절 식물사회의 매력

열악해진 생활환경, 각박해져 가는 인간 사회에서 사람들은 그래도 아름다운 가치를 찾으려 노력하고 있다. 맑고 깨끗한 공기를 찾아 자연으로 나오고, 꽃과 나무를 찾아 숲을 방문하는 것은 미(美)에 대한 욕구이며 심미적 욕구 해결의 대표적인 예이다. 이처럼 녹색의 식물사회는 인간의 정신적 정서적 문화 생활에 있어서 중요한 요소이며, 동시에 삶의 근원적 목표인 고도의 심미적 가치추구에 핵심적인 영향인자로서의 역할을 담당하고 있다. 식물에 무슨 매력이 있기에 인간이 주목하는 것일까?

우리 생활 현장의 구석구석에 식물의 흔적이 없는 곳이 없다. 그 존재만으로도 우리는 심리적 안정을 갖게 되고 정신적으로 위안이 되기도 한다. 녹색이 주는 심리적 편안함 때문이기도 하지만 녹색 '생명'이라는 귀중한 가치 때문이기도 하다. 식물사회 특히, 숲이 인간의 삶에 주는 매력들을 살펴보자.

숲은 물리환경(자연적)이면서도 같은 녹색의 물리환경인 도시공원이나 조경된 유원지 등의 경관에서 얻는 이미지와는 다르게 지각되고 기억된다. 그 이유는 숲에는 나무와 숲이 가지고 있는 신비스런 매력의 소스와 힘이 있기 때문이다.

숲은 인간의 심리와 정서를 자극하여 그에 대하여 친근감과 친화력을 갖게 해줄 수도 있고, 때로는 그의 장엄한 스케일에 압도되어 위압감을 느끼게 할 수도 있다. 또한 역사적으로 보면 산악, 특히 높은 산봉우리는 예수승천의 심볼, 신의 거소 등으로 숭앙 내지 경외의 대상이 되어 온 바, 인간의 신앙생활과도 깊게 결부되어 있음을 알 수 있다. 산봉우리 뿐만 아니라 마을 주변의 독립수 혹은 숲도 그와 같은 역할을 담당하여 주민의 정신적 지주가 되기도 하였다.

산과 산림과 숲은 인간의 출현과 더불어 갖가지 신화와 동화와 전설을 간직한 채 인간과 동거동락하였고, 그들의 변화무쌍한 풍광으로 여전히 우리 주변

그림 8-3. 웰빙 삶을 위한 기업 이벤트에 나온 가족들

에 살아 숨쉬며, 우리의 정서생활에 깊이 간여하고 있다. 대문호와 예술적 거장들은 자연과 산림에 대하여 갖가지 수단과 방법으로 찬미해 왔다. 대문호나 예술적 거장이 아니라 해도 우리는 숲에 대하여 많은 '느낌'을 가지게 된다. 이러한 느낌은 관찰(watch & see), 활동(activity), 체험(experience), 휴식(relax), 창조(create), 교류(communicate)를 통해서 얻을 수 있다.

이러한 여러 가지의 활동 중에 산림환경의 여러가지 구성요소들은 인간의 오감(五感)에 걸러져서 갖가지 감흥을 이르키게 된다. 아름다운 꽃, 신록, 단풍, 설경으로부터는 시각적 즐거움을, 각종 나무 열매와 산채로부터는 알싸한 미각적 자극을, 꽃향기와 숲 속의 나무와 풀잎의 싱그러운 향기부터는 후각적 도취를, 물소리, 새소리, 쇄락한 바람소리로부터는 청각적 신선함을, 그리고 계곡의 맑은 물로부터는 짜릿한 촉각적 흥분을 얻는다.

계절을 막론하고 이처럼 다양한 잠재력으로 인간의 오감을 자극하는 식물환경 속에서, 인간은 그 어느 환경보다도 더욱 만족스러운 웰빙 상태를 누릴 수 있으리라 믿는다.

제 9 장 식물의 보건의학적 특성

제 1 절 식물의 보건효과

1. 현대인의 건강에 대한 관심

경제의 발전으로 삶의 생리적 기본조건을 해결하게 되면서 인간은 좀 더 풍요롭고 질 높은 삶을 추구하게 되었다. 필연적으로 문명의 발달은 의학의 발전과 함께 사람들에게 건강에 대한 관심을 증진시키고 어떻게 하면 무병장수(無病長壽)할 수 있는가 하는 것이 모든 이들의 최대의 관심이 되었다.

근래에 메스컴에서도 현대인의 이러한 건강에 대한 관심을 반영하여 각종 신문과 방송에서 건강상식 및 식물이 가지고 있는 독특한 약리작용에 대하여 주기적 그리고 집중적으로 보도하고 있는 것이 현실이다. 사람들은 올리브유가 자연건강식으로 현대병인 콜레스테롤을 낮추는 효과가 있다는 사실을 알게 되었다. 또한 울창한 숲은 대기오염의 정화기능을 가지고 있기 때문에 마치 공기청정제의 역할을 하는 것으로 알려져 있어, 많은 사람들이 건강을 위해 숲을 찾는 것이 현실이다. 이밖에도 잣나무로 만든 베개를 베고 자면 건강에 좋다고 하여 잣나무 건강베개가 시판되고 있다.

넓은 땅을 가지고 있는 중국은 다른 어떤 나라보다도 불로장생을 추구하였던 전설과 역사가 많은 나라이다. 중국 삼황오제(三皇五帝)의 전설에 나오는 신농씨(神農氏)와 춘추전국시대의 진시황은 불로장생의 약초를 구하려 애쓰다가 죽었다는 공통점을 가지고 있다. 신농씨는 고대 중국신화에 나오는 삼황(三皇)의 두 번째 황제로서 본명은 염제(炎帝)이며 BC 28세기경에 인신우두(人身牛頭)의 형상으로 태어났다. 태어난 지 3일 만에 말을 하기 시작하고 1주일이 되기 전에 걸어 다니고 세 살이 되자 들에 나가 쟁기질을 했다고 한다. 신농씨가 한 일은 마차와 쟁기를 만들고, 소를 길들이고 말에 멍에를 씌우고 백성에게 불로 토지를 다스리는 법을 알리는 등 중국을 확고한 농경사회로 만드는데 기여했다고 전해진다. 특히 그가 작성한 365종의 약초에 관한

그림 9-1. 자연 휴양림에서 산보를 즐기고 있는 휴양객들
(경기도 가평군 소재 축령산 자연 휴양림)

목록인 신농본초경은 후대 식물의학의 기초가 되고 있다. 신농씨는 약초의 특성을 알아보기 위해 하나하나 직접 복용함으로써 하루 70번 이상이나 중독되기도 하였으며 그의 목숨을 앗아간 것도 단장초(斷腸草)라는 독초라고 한다. 그런가 하면 부귀영화에 맛들인 진시황은 봉래도(蓬萊島)에 있다고 알려진 선약(仙藥)을 직접 구하러 나섰다가 중병에 걸려 죽었다.

그리스 신화에도 만병을 통치하는 파나케아 여신 등 불로장생에 관한 이야기들이 간혹 엿보이지만 중국만큼 구체적이지는 않다. 그러한 까닭인지 아직도 서양 사람들에게는 거대한 중국의 땅덩어리가 "불로초의 보고(寶庫)"로 인식돼 있다. 그러한 이유로 험준한 구이저우(貴州) 지방의 석회암지대에서 지천으로 자라고 있는 약초들에 대해 세계의 관심이 쏠리기 시작한지는 오래다. 이미 고인이 된 중국의 실력자 덩샤오핑(鄧小平)이 여러 해 동안 하루도 거르지 않고 이 지역의 약초로 빚은 장수장락주(長壽長樂酒)를 마셔왔다는 것도 꽤 알려진 사실이다.

2. 사 례

가. 현대판 불로초 DHEA

고대의 동양인들이 하나하나의 약초에서 탁월한 효능을 발견해내는데 장구한 세월에 걸친 까다롭고 복잡한 과정을 거쳤지만 현대의 서양인들은 단시일 내에 그 과학적·의학적 근거를 찾아내려고 골몰하고 있다. 그 과정에서 돌출한 것이 생약제재들의 붐이다. 아직 검증되지도 않은 생약제재들이 항암, 정력강화, 체중조절 등에 뚜렷한 효과를 보이면서 수많은 사람들에게 마치 '신비의 영약' 처럼 여겨지고 있다.

그 중에서 대표적인 것이 멜라토닌과 DHEA(디 하이드로 에피 안드로스테론) 따위의 생약 호르몬제이다. 얼마 전 뉴욕 아카데미가 학술대회를 열었을 때 전 세계 과학자들이 "이들 호르몬제는 노화하는 뼈와 근육 및 면역체계의 강화를 돕고, 암, 당뇨병 퇴치에도 효과적"이라는 예비적 근거를 제시하면서 "현대판 불로초"로 각광받기 시작한 것이다.

나. 신비의 불로초 영지버섯

영지는 신농본초경이나 본초강목에 산삼과 더불어 가장 좋은 藥으로 알려져 있다. 또한 동양에서 길조의 징표나 영험 있는 뚜렷한 신약으로 알려있는데 중국에서는 영험하다하여 선초(仙草) 혹은 영지(靈芝)라 하고 일본에서는 건조하여 오래 보존한다고 하여 만년버섯(萬年버섯)이라고 부른다.

보통 갈색 계통의 영지가 다른 것보다 약효가 높은 것으로 보고되고 있는데 최근 新藥 개발의 목적으로 영지에 대한 과학적 재조명이 활발하다. 특히 일본을 중심으로 한 연구에서 영지 추출물 중 다당류(多糖類)(가수분해로 한 분자에서 두 개 이상의 단당류를 발생시키는 탄수화물의 총칭)가 항암 효과를 나타내는 것으로 보고된 바 있는데, 이 물질은 주로 인체의 면역 기능을 높임으로써 암세포의 성장을 억제하는 것으로 알려지고 있다. 영지버섯이 속한 버섯류의 대다수가 항암효과가 있는 것으로 알려지고 있는데, 구름버섯(雲芝버섯)에서도 항암제가 개발되었다.

영지의 약효는 고혈압, 이뇨, 보간(補肝), 강장(强壯), 강심(强心), 정신안정작용, 관절염, 기관지염, 위궤양, 만성간장염, 항종양(抗腫瘍,항암), 항균작용, 면역력 증진, 혈전(血栓)(혈관 안에서 피가 굳어 만들어진 고형물) 형성 억제 등으로 거의 만병통치 식물이다.

다. 성인병에 효과가 있는 뽕잎

지난 1994년 경희대 약대 연구팀은 뽕나무 잎에서 당뇨병에 효험이 있는 성분을 추출하는데 성공한 것을 계기로 뽕잎 건강 보조식품이 속속 등장, 관심을 모으고 있다. 최근 일부 제약회사에서 상품으로 내놓은 뽕잎 엑기스도 뽕잎의 뛰어난 약효와 영양을 십분 활용 제조한 것이다. 뽕잎 엑기스는 상품명 그대로 뽕잎에서 추출한 100% 엑기스를 일반인들이 마시기 쉽게 팩으로 만든 것으로, 아침, 저녁 식사 후 하루 2번 복용하면 각종 성인병을 예방하는데 도움이 된다는 것이 제조회사의 설명이다.

동의보감(東醫寶鑑)과 중국의 본초강목(本草綱目)에는 '뽕나무는 버릴게 하나도 없는 귀한 나무다. 특히 뽕잎을 달여 먹으면 오장육부를 강화시키는 것은 물론 신체를 튼튼하게 만든다' 고 적혀있다. 한편 현대 의학에서 분석한 연구결과에 따르면 뽕잎에 함유된 각종 성분(구와논 G와 구와논 H, 모란 A 등)은 혈압을 낮추는 강압효과가 있어 고혈압, 동맥강화를 예방하는데 효험이 있다는 것이다. 또한 당뇨예방과 감기 기침 및 가래를 해소하는 것으로 알려지고 있다.

참고로 본초강목은 중국의 유명한 약학서적으로 明代의 이시진(李時珍)(16세기경)이 52권으로 작성했는데, 신농본초경 등에서 내용을 발췌하여 편집했다고 한다. 이 서적은 라틴어, 불어, 독어, 영어, 러시아어 등으로 번역되어 전 세계 약학자, 식물학자의 관심을 불러일으켰는데 1892종의 식물의 산지(産地), 형태, 재배, 채집방법, 치료법 등 1만여 종을 소개하고 있으며 그림, 약물특성, 맛, 기능 등을 포함하고 있다.

제 2 절 의학 치료에의 응용

1. 주요 식물의 의학적 효능

식물이 가지고 있는 의학적 효능은 다양하다. 그중에 일부는 현대의 과학으로 그 효능이 입증된 것도 있지만, 한편으로는 과학적으로 입증은 안 되었으나 과거부터 조상들의 경험으로부터 유래되어 전승되어 온 민간요법도 포함된다. <표 9-1>은 이러한 주요 식물의 의학적 효능을 요약한 것이다.

가. 배나무

배꽃은 순백의 자태와 청초함을 상징하는데 과거부터 봄에 꽃이 피고 가을에 열매인 배를 즐기는 선비들의 풍류의 대상이 되어 왔다. 배나무의 의학적 효능은 우선 배가 담, 기침, 변비, 이뇨효과가 있으며 배즙에 생강즙과 꿀을 섞어 복용하면 담이나 기침에 효과가 있다. 또한 배나무 잎은 예로부터 복통에 특효로 알려져 있으며 배와 생강을 섞은 후 말린 이강고(梨薑膏)는 기침에 특효이다.

나. 대추나무

대추는 예로부터 붉은 색이 액운을 방지하는 것으로 받아들여졌으며, 벼락방지용으로 가가호호 식재하는 풍습이 있었다. 특히 여타 제수과실 중에서 가장 중요한 과실로 취급받고 있으며 결실이 풍부한 특징을 가지고 있다. 대추를 삶은 물에 생강과 꿀을 넣고 달인 온조탕(溫棗湯)은 예로부터 불로장수에 효험이 있다고 알려져 있다.

다. 주 목

주목은 살아서 천년 죽어서 천년을 간다는 말이 있을 정도로 신비한 수종이다. 고산 지역에 군생하는 특징을 가지고 있는데 붉은 열매는 설사와 기침에 좋고, 잎을 달여 마시면 이뇨, 통경, 그리고 구충에 탁월한 효능을 보인다. 특히 최근에 주목씨눈에서 탁솔을 추출하여 항암제의 제조에 이용하고 있다.

표 9-1. 주요 식물의 의학적 효능

식물명	효능(민간요법 포함)	기타 참 고 사 항
배나무	-배: 담, 기침, 변비, 이뇨 -배즙+생강즙+꿀: 담, 기침 -배나무잎: 복통, -이강고(梨薑膏): 기침 특효	-배꽃: 순백의 자태, 청초함 -선비의 풍류: 봄의 꽃, 가을의 배를 즐김 -이강주(梨薑酒)
뽕나무	-뿌리껍질(桑白皮): 이뇨 -오디: 文武實, 간장,정력,고혈압 -오디순: 나물로 먹고, 젖멍울을 없애는데 쓰임	-재배권장: 단군왕검, 고조선, 신라, 조선 등등 -桑: 오디, -東方神木: 한민족 최초 양잠 -오디술: 불로장수 -뽕밭: '뽕도 따고 임도 보고'
대 추 나 무	-온조탕(溫棗湯)=(대추 삶은 물 + 생강 + 꿀) = 불로장수약이나 여름철에 마실거리로 사용	-嫁樹: 나무시집보내기. 결실 풍부. 陽石 -棗(1),栗(3),梨(6),柿(8): 제수과실 중 왕격(씨의 수) -대추의 붉은 색이 액운 방지 -벼락 방지용으로 가가호호 식재.
주 목	-열매: 달지만 독. 지사, 해수 -잎: 달여서 이뇨, 통경, 구충 -Taxol: 항암작용	-붉어서 악귀를 쫓음 -살아서 천년 죽어서 천년(돌처럼 단단) -침엽수이지만 솔방울 없고 암수 가지 끝에 붉은 열매
살 구 나 무	-살구: 폐병 해소, 천식, 담혈, 백일해, 감기, 기침, 만성 기관지염, 혈압→거의 만병통치	-시집온 새색시 '살구': 손자볼 징조 -살구나무: 杏子, 杏木 살구씨: 杏仁 -살구지팡이, 목탁: 맹수 물리침
팔손이	-뿌리껍질, 잎말려: 기침, 천식, 진해, 거담, 진통제	-총각나무: 자생지인 비진도
산수유 나 무	-山茱萸: 신맛, 떫은 맛. *신맛: 수렴작용. 땀, 조루, 야뇨, 빈혈, 월경출혈, 어지럼증, 정력	-적요(寂寥): 봄 숲의 고요함 속에 홀로 피어있는 모습을 말함
옻나무	-옻산(Urshiol): 항균효과, 부패방지	-팔만대장경: 표면 옻칠 -각종 칠기
영 지	-주요효능: 항암, 면역증강, 淨血, 콜레스테롤억제, 補肝, 調壓, 노화억제, 減糖, 항염, AIDS억제, 알레르기개선, 해독 -영지탕 -영지천	-숙취제거에서 항암까지 임상효과 탁월 -유래:萬年草, 辛草, 福草, 神草, 不死草, 不老草. 靈芝 -神農本草經에 6色:赤, 黑, 靑, 白, 黃, 紫 -李時珍의 本草綱目: '輕身不老延年神仙'
쑥	-항염, 미백효과: 쑥한방비누, 감마밀쑥 클린싱크림 -쑥의 순: 산후 주부의 몸매관리 -쑥생리대: 진통, 냄새제거, 보혈 -빈혈: 철분, 칼슘 -지방분해: Diet	-식탁: 봄의 전령, 우리민족의 삶과 동행! -쑥한방비누(태평양), 쑥클린싱크림(에바스), 쑥패드(쌍용 제지) - '비너스의 약초': 여성 질환 계통에 효험 -음식문화 기타: 쑥차, 쑥떡 등. 창호지의 무늬로 사용하여 해충 퇴치에 사용

라. 살구나무

살구나무는 과거부터 맹수를 물리친다하여 험한 산을 넘는 사람들이 살구나무로 지팡이를 만들었으며, 스님들의 목탁 재료도 살구나무였다. 살구는 거의 만병통치약으로 불릴 정도로 다양한 의학적 효용을 나타내는데 폐병, 해소, 천식, 담혈, 백일해, 감기, 기침, 만성기관지염, 혈압 등에 효능이 있다.

마. 팔손이

잎이 8개로 갈라졌다고 해서 팔손이라는 이름이 주어졌는데 자생지인 비진도에 분포하고 있다. 뿌리껍질과 잎을 말려 먹으면 기침, 천식, 진해, 거담, 그리고 진통의 효능이 있다.

바. 산수유

산수유나무의 열매는 시고 떫은맛이 나는데 이 신맛이 다양한 약리적 효능을 가지고 있다. 땀이 많이 나는 것을 고치고 야뇨, 빈혈, 어지럼증에 좋고 정력의 보강에도 도움이 된다.

그림 9-2. 눈 위에 떨어진 산수유 열매

사. 옻나무

옻나무 껍질에 상처를 내어 수액을 채취한 것이 옻인데 그 주성분은 우루시올(urushiol)이며 처음에는 무색투명하나 공기와 접촉하면 산화하여 검게 변한다. 어떤 조건에서도 잘 변하지 않기 때문에 다른 색소와 섞어 기구 및 기계의 도료로 사용되는데 잘 아는 대로 팔만대장경의 표면에 옻칠을 하여 오랜 기간동안 보전해오고 있으며 각종 칠기공예에 활용되고 있다. 특히 나전칠기는 한국 고유의 공예품으로 세계시장에 진출하고 있다. 옻나무의 액은 항균효과와 부패방지에 탁월한 효과가 있는 것으로 알려져 있다.

아. 쑥

쑥은 우리 민족의 삶과 함께 한 식물로서 봄 식탁의 전령 역할을 한다. 특히 음식문화에 연관이 많은데 쑥떡과 쑥차 등이 있다. 또한 최근에는 미백 효과가 있어 쑥한방비누와 쑥크린싱크림 등의 제품원료로 이용되기도 하며 '비너스의 약초'로 불릴 만큼 여성 질환 계통에 효험이 있다. 쑥의 순은 출산 후 주부의 몸매관리에 좋으며 철분과 칼슘이 풍부하여 빈혈에 좋고 지방분해 효능이 특출해서 다이어트에 활용되기도 한다.

2. 주요 수종의 약리작용

많은 나무들에는 약리작용을 하는 성분이 포함되어 있는 것으로 알려져 있다. 이미 이러한 성분이 임목에 포함되어 있다는 것을 알고 있었지만 그동안 인체에 유익한 성분을 추출하지 못하였던 것은 주로 경제적인 이유 때문이다. 즉, 현대 과학기술로 임목으로부터 그러한 성분을 추출하는 것은 가능하지만 경제성이 없다는 것이 문제였다. 하지만 최근 생명공학기술의 발전은 이러한 문제를 해결할 수 있는 길을 열어 놓았으며, 그동안 알려진 주요 의약성분을 추출하기 위해 주요 수종을 대상으로 많은 노력과 연구가 활발히 진행되고 있다.

임목수종은 생리적으로 내음성(耐陰性)이라는 독특한 특성을 가지고 있다. 이는 음지에서 빛이 없이도 견디는 성질을 말하는데, 각 수종이 가지고 있는 내음성의 강약에 따라 양수(陽樹), 중용수(中庸樹), 그리고 음수(陰樹)로 구분한다. 즉, 양수는 빛이 없으면 생육에 지장을 받아 종국에는 고사하는 특성을 가진 수종이며, 반대로 음수는 빛이 적어도 죽지 않고 견디는 능력이 뛰어난 수종이며 중용수는 양수와 음수의 중간적 특성을 가지는 수종을 일컫는다.

따라서 치료에 있어서 양음의 조화를 중요한 판단 기준으로 삼는 한의학에서는 이러한 수종별 내음성을 고려하여 한의학적인 조제에 활용하기도 하며, 민간요법에서도 이러한 특성을 고려한다. <표 9-2>는 일부 주요 수종에 대한 약리작용을 정리한 것이며, 각 수종이 가지고 있는 약리작용을 수종의 내음성별로 구분하여 소개한다.

표 9-2. 주요 수종의 약리작용

과 속 명	수 종	약 리 작 용
너도밤나무과	밤나무, 구실잣밤나무	소독제, 가려움증 치료, 혈관을 유연하게 하고 고혈압 치료에 유효
삼 나 무 속	삼나무	디프테리아 치료
소 나 무 과	솔송나무, 낙엽송, 해송, 소나무, 가문비나무, 분비나무, 잣나무	동맥경화예방, 디프테리아(테르펜의 대부분이 소나무과에서 발산되므로 약리작용은 테르펜의 인체효과에 준할 수 있다)
측 백 나 무 과	편백, 노간주, 화백	정유성분을 尿路소독과 淋病 치료에 사용하며, 소염, 진정, 진해작용이 있다.
녹 나 무 과	녹나무	중추신경흥분, 局所刺激 작용
소 철 과	소철	通經, 강장, 불로장수약

가. 양수

1) 은행나무

낙엽교목으로 잎은 부채모양이며 짧은 가지 끝에 한군데에서 3~5개씩 뭉쳐나는데, 꽃은 임꽃과 수꽃이 각각의 나무에 피는 자웅이주(雌雄異住)이며 4~5월에 핀다. 농촌이나 도심지 어디에나 잘 자라며 가로수로도 많이 쓰인다. 살아있는 화석이라 불리는데 이는 선사시대의 화석에서 은행나무의 화석이 발견된 것에 기인한다. 은행나무의 약리작용으로는 진해, 수렴제로 사용되며, 잎은 방충작용이 있고 특히 고혈압, 혈류개선, 성인병치료제, 그리고 교통사고 후유증 등에 사용한다.

2) 소나무

상록침엽 교목으로 잎은 침형으로 2개씩 모여 나며 새순은 회갈색이다. 꽃은 암꽃과 수꽃이 동일한 나무에 피는 자웅동주(雌雄同住)로서 4~5월에 핀다. 줄기에서 나오는 생송지(Terbinthina)를 건조시켜 얻은 수지를 송지(松脂)라고 한다. 소나무는 생태적 천이과정에서 개척 수종으로서 어느 곳에서나 잘 자란다. 소나무와 유사 효능을 가진 수종으로는 스트로브잣나무, 솔송나무, 낙엽송, 해송, 가문비, 개분비나무, 그리고 잣나무가 있다.

소나무의 의학적 활용도는 매우 높은데 동맥경화 예방, 디프테리아에 탁월한 효능이 있다. 이는 테르펜의 대부분이 소나무과에서 발산되므로 약리작용은 테르펜의 인체효과에 준한다고 할 수 있다. 또한 죽은 소나무의 뿌리에서 자라는 복령(茯笭)은 고가의 한약재이다.

그밖에도 송홧가루는 소염작용, 지혈, 체질개선에 사용되며 솔뿌리는 근육과 뼈를 튼튼히 하는 것으로 알려져 있다. 그리고 솔방울은 해열작용이 뛰어나며 백봉령은 체내의 노폐물을 빼내 췌장을 튼튼하게 하며 심장을 편안하게 하는 효능이 있고, 적봉령은 노폐물 제거 능력이 백봉령보다 우수하다.

3) 개오동나무

낙엽교목으로 노나무라고도 한다. 야산이나 길가에서 볼 수 있으며 전국에 분포한다. 잎은 마주나거나 돌려나며 넓은 타원형으로 가장자리에 물결모양의 톱니가 있거나 3~5갈래로 갈라지는데 갈라진 조각은 끝이 뾰족하다.

개오동나무는 정원수로도 심는데 목재는 나막신의 재료이기도 하다. 개오동나무는 순환계 및 비뇨기 질환에 효험이 있는 것으로 알려져 있는데, 열매인 자실은 산제 또는 환제로 사용하며 열매 껍질은 약용으로 말려서 사용한다.

4) 소귀나무

소귀나무과의 상록활엽교목으로 잎 밑으로 갈수록 날카로워지며 끝은 둥글거나 뾰족하고 톱니가 없다. 꽃은 자웅이주이다. 산기슭의 양지쪽에서 볼 수 있으며 중국과 일본에 분포한다.

소귀나무의 약리작용으로는 구내염(口內炎)이나 고혈압에 효능이 있고, 과실은 소화불량, 토기(吐氣), 지혈제, 방부·진통제로 사용된다. 민간에서는 설사를 멈추게 하거나 타박상에 사용한다.

5) 밤나무

너도밤나무과의 낙엽활엽 교목으로 잎은 어긋나고 타원형 또는 장타원상 피침형이며 밑은 뭉툭하거나 심장형이고 끝은 날카로우며 톱니가 있다. 꽃은 자웅동주이며 과실은 견과로서 외면에 가시가 많고 9~10월에 익는다. 산기슭이나 하천가에 주로 식재한다.

약리작용으로는 소독제, 가려움증 치료, 혈관을 유연하게 하고 고혈압 치료에 유효하다. 민간에서는 밤 껍질은 목에 가시가 걸렸을 때, 뼈와 근육을 다쳤을 때, 그리고 코피의 출혈 등에 이용한다.

6) 자작나무

자작나무과의 낙엽활엽 교목으로 잎은 모진 난형이며 끝은 뾰족해지며 톱니가 있고 약간의 갈색의 털이 있다. 꽃은 자웅동주이며 과실은 견과로서 좁은 타원형의 날개가 달려있다. 산중턱 이하의 양지쪽에 잘 자란다.

약리작용은 열독창, 황달(黃疸), 폐풍독, 통풍, 류머티즘에 효능이 있으며, 잎은 이뇨제로 쓰인다. 민간약으로 자작나무의 수액은 부종, 황달, 우울병, 과로, 가려움증에 사용되며 수액은 발모제로 쓰인다.

나. 중용수

1) 후박나무

녹나무과의 상록활엽교목으로 높이는 약 20m에 달한다. 바닷가와 산기슭에 자생하며, 잎은 어긋나며 질이 두껍고 도란상 장타원형으로 밑이 날카롭고 끝은 꼬리모양으로 뾰족하며, 길이는 약 7~15㎝로서 톱니가 없고 표면은 녹색, 뒷면은회록색이다. 약리작용으로는 비위허약, 후장위, 소화불량, 해역, 거습(祛濕), 복창에 사용하며, 민간에서는 껍질을 소화불량과 식욕부진에 사용한다.

2) 차나무

차나무과의 상록활엽교목으로 일년생 가지는 갈색으로 잔털이 있고 월년생 가지는 회갈색으로 털이 없다. 과실은 편평하고 둥글며 둔한 삼각형이고 3개의 종자가 있는데 이듬해 가을에 성숙한다. 마시는 차를 대별하면 녹차, 홍차, 오룡차와 구분하고 제조법에 차이가 있다. 흥분, 이뇨, 두통에 효과가 있으며, 수렴제로 활용된다.

3) 삼나무

일본 원산의 상록침엽교목으로 위로 곧게 자라 미적 가치가 높은 수종이다. 우리나라에서는 남부지방에 주요 조림수종으로 식재되어 있으며, 제주도에서는 주로 방풍림으로 식재되어 있다. 삼나무는 디프테리아 치료제 원료로 사용된다.

4) 편백나무

일본 원산의 상록침엽교목으로 일본에서 도입되어 제주도 및 남해안 지방에 조림수종으로 식재하고 있다. 목재에서 채취한 정유성분을 요로(尿路)소독과 임병(淋病) 치료에 사용하며, 소염, 진정, 진해작용이 있다.

5) 녹나무

녹나무과의 상록활엽교목으로 우리나라에서는 제주도에서만 자라는 나무이다. 장목 또는 예장나무라고도 부르며 수명이 길어서 천살이 넘는 것도 드물게 있다. 녹나무는 민간에서 암치료 약으로 오래 전부터 써왔다. 갖가지 암에 족제비 한 마리를 통째로 녹나무와 함께 넣고 푹 삶은 다음 삼베로 짜서 물만 마시면 된다. 족제비는 원기를 돋우는 작용이 있고, 녹나무는 암세포를 죽이는 작용이 있어 연구가 진행되고 있다. 잎은 차로 달여 마시면 좋으며 두통, 불면증, 감기 등에 효과가 있다.

다. 음수

1) 눈주목

소철과의 상록침엽교목으로 줄기는 비스듬히 누우며, 잎은 선형으로 약간 짧고 두줄로 배열한다. 과실은 견과로서 도란형이며 9월에 붉게 익는다. 높은 산등성이에 자라는데 희귀하다. 수피에는 항종양성분인 알칼로이드를 함유하고 있다. 잎은 구충, 통경, 당뇨, 신장염, 위장병에 쓰이며, 종자에는 진해작용에 탁월한 성분이 있다.

2) 음나무

음나무는 어릴 때는 음수이나 성목은 양수가 되는 특징을 가지고 있지만 약리작용은 주로 어린 음나무가 효과가 있기 때문에 음수로 구분하였다. 오갈피나무과의 낙엽활엽 교목으로 높이는 25m 내외이다. 어릴 적에 수피에 굵은 가시가 많이 붙어있으며, 성목이 되면서 점차 없어진다. 주로 산기슭의 양지와 길가에서 자란다.

음나무는 허리와 무릎통증에 효험이 있으며, 신경통과 요통 그리고 자양강장에 좋다. 어린 음나무는 줄기째로 삶아서 그 물을 약으로 사용한다. 민간에서는 닭과 같이 요리하여 음양의 기운을 조화시켜 기력을 회복하는데 사용한다.

3. 산야초와 재배채소의 의학적 효능

<표 9-3>은 흔히 산이나 들에서 볼 수 있는 풀 또는 재배채소의 영양물질을 분석하여 비교한 결과이다. 이러한 들풀들도 의학적 효능을 가지고 있는데, 그 내용은 다음과 같다.

표 9-3. 산야초와 재배채소의 영양물질 분석 비교

식물명	수 분	단백질	지 질	당 질	섬 유	무기질	칼 슘
	%	g	g	g	g	g	mg
닭의장풀	88.03	2.92	2.23	0.74	3.09	2.99	39.58
짚신나물	64.43	7.66	1.95	9.83	12.74	3.39	60.71
메 꽃	85.42	3.97	2.55	2.06	2.52	3.48	24.97
달맞이꽃	82.98	4.64	2.56	2.01	3.10	4.71	45.61
쇠 비 름	86.77	5.56	1.75	1.30	1.13	3.51	39.43
오 이 풀	70.69	8.10	2.32	10.69	2.31	5.89	63.33
소리쟁이	85.34	2.71	0.99	2.40	3.27	5.30	247.8
시 금 치	93.7	2.6	0.7	1.2	0.7	1.1	36
배 추	94.7	1.3	0.2	2.6	0.7	0.5	70
상 치	94.1	1.8	0.4	2.2	0.8	0.7	49

가. 닭의장풀

흔한 1년생 잡초로서 보통 15~50cm 정도의 높이까지 자란다. 어린순은 나물로서 식용으로 이용되며, 약용으로도 사용된다.

나. 짚신나물

들이나 강가에 흔히 자라는 다년초로 30~100cm 높이까지 자란다. 역시 어린순은 나물로 이용되며 약용으로도 사용된다.

다. 메꽃

들에서 흔히 자라는 다년초로 어린순은 나물로 먹는데 마찬가지로 약용으로도 사용된다.

라. 쇠비름

묘포장 같은 곳에서 자라는 1년생 잡초의 일종으로 높이가 30cm 정도까지 자란다. 서양에서는 상치와 함께 샐러드의 재료로 사용되며, 우리나라에서는 연한 부분은 나물로 먹는다. 특히 벌레나 뱀에게 물렸을 때 해독작용에 뛰어난 특성을 가지고 있고 이질에도 특효가 있는 식물이다. 또한 이뇨제로도 사용된다.

마. 오이풀

산야에서 흔히 자라는 다년초로 높이 30~150cm까지 자란다. 뿌리는 지혈의 효과가 있기 때문에 각혈 등과 같은 증상에 이용된다.

바. 소리쟁이

습지에서 자라는 다년초로 30~80cm 정도까지 자란다. 어린잎은 식용으로 사용되며, 뿌리는 위병에 효용이 있는 건위제로 사용되기도 한다.

사. 달맞이꽃

칠레 원산의 2년 초로 50~90cm 정도까지 자라며, 어린잎은 소가 먹지만 성숙한 잎은 먹지 않는다.

4. 산림 부산물의 의학적 이용

가. 목초액(木酢液)

처음부터 목초액이 질병의 치료나 건강 유지를 위한 용도로 사용된 것은 아니다. 물론 죽력(竹瀝)이 한약의 재료가 되었다는 기록이 있기는 하지만, 본격적인 연구는 일본에서 동물실험을 통해 진행되었다. 동물 사료로 개발된 목초액의 효능을 밝히기 위해 동물실험을 한 결과, 목초액을 먹인 가축이 잔병치레가 없고 발육이 더 좋으며 고기의 육질이 우수하다는 사실들이 밝혀졌다. 목초액을 먹인 가축이 잔병 없이 잘 자란다는 결과를 얻어 이는 곧바로 사람에게도 적용되지 않을까 하는 생각으로 연결되었다.

몇몇 진보적인 사고를 가진 의학자들은 현대의학으로는 고칠 수 없는 질병으로 고생하는 환자들에게 목초액을 투여하고 그 효과를 관측하였는데 놀랄 만한 결과를 얻었다. 모든 효과가 다 사람에게서 과학적으로 입증된 것은 아니지만, 과학적으로 분석되지 않았다 하더라도 체험수기에 나타난 내용과 동물실험과의 관계를 유추하여 목초액의 약리작용과 질병치료의 효과에 대한 가능성을 열어 놓았다.

최근 일본의 연구에 따르면 목초액이 인체세포의 건강에 영향을 미친다는 사실이 발표되어 비상한 관심을 끌기 시작했다. 이 연구를 통해 발표된 내용을 요약하면 다음과 같다. 세포 노화의 주범은 활성산소로 산소의 다른 얼굴을 한 활성산소(발생기 산소)가 세포에 과다하게 생성되어 존재하기 때문에 세포가 노화한다. 활성산소는 스트레스나 과다한 운동, 타박상, 지나친 음주나 흡연, 피로 등을 막기 위한 수단으로 인체에서 생성되는 물질이다. 그런데 과로나 몸에 갑작스럽게 이상이 생기면 활성산소가 갑자기 증폭되어 이를 조절하는 기능이 마비 상태에 이른다는 것이다. 활성산소는 우리 몸을 지키기 위한 방어 수단으로 생성되는 소독약 같은 존재인데, 이것이 생기면 자연히 소멸시키는 수단도 있다고 한다. 또한 변화가 너무 갑작스럽게 오면 활성산소를 조절하는 기능이 무너진다. 활성산소를 몸에서 조절하는 기능은 SOD(superoxide dismutase)라는 효소가 담당하는데 활성산소가 과다하게 쌓이면 바로 이 기능이 저하된다. 활성산소는 마침내 산화물질이 되어 세포를 죽게 하는 것이다. 운동선수나 중노동을 하는 사람들이 오래 살지 못하는 것도 이러한 이유에서라고 추측된다. 그런데 식용 목초액은 세포 내에 활성산소를 제거하는 능력이 탁월하다고 한다. 이처럼 세포에서 활성산소를 제거하는 능력을 SOD기능이라고 하는데 목초액은 이 기능이 다른 식초보다 30배 이상 높다. SOD기능은 세포 내의 이물질을 제거하고 세포의 호흡 회로를 정상화하며, 세포를 건강하게 하고 각종 난치병을 치유하는데 효과적이라고 한다.

나. 인삼 사포닌

인삼의 생리활성 성분연구가 본격적으로 시작된 것은 1957년 러시아의 Brekhman에 의해 사포닌 배당체가 인삼의 약효성분임을 강조함으로써 사포닌에 대한 집중적인 연구가 이루어졌다. 그 후 1960년대 초부터 시작하여 1980년대 중반까지 일본의 연구팀에 의해 인삼 사포닌(3~6%)이 triterpenoid 계열의 dammarane 골격에 glucose, arabinose, xylose 및 rhamnose 등이 결합한 bisdesmoside의 중성 배당체임이 밝혀졌으며, 이들을 TLC(박층 크로마토그라피)에서 극성의 순서에 따라 ginsenoside-Rx라 명명하였다. 따라서 지금까지 백삼 및 홍삼의 사포닌 성분에 대한 광범위한 연구로 37종의 ginsenoside의 화학구조가 해석되었다. <표 9-4>는 인삼 사포닌의 종류별 약리작용에 대한 요약이다.

표 9-4. 인삼사포닌의 주요 약리작용

Ginsenoside	주요 약리작용
G-Rb1 Protopanaxadiol계	인슐린 유사 작용, 중추신경억제 및 정신안정, 최면작용, 중추성 섭식억제, 공격성 행동억제, 진통, 항경련, 항불안, 부신피질 자극 호르몬과 코티코스테론 분비촉진, 콜레스테로 생합성촉진, 기억력 개선, 고코레스테롤과 중성지방 및 유리지방산의 저하, 신경세포생존촉진, 간상해 보호, 골수세포의 DNA, RNA, 단백질 및 지질합성 촉진, 아세칠콜린 방출촉진, 혈관 확장, 혈소판 응집억제, 지질과산화억제, 콜레스테롤 대사촉진, 항염증, 탐식기능 활성화, 신장사구체 비대억제.
G-Rb2 Protopanaxadiol계	당 및 지방대사 촉진, 항당뇨 작용, 질소대사 평형유지, 단백질 및 지질합성촉진, 고콜레스테롤 저하 및 항동맥경화, 암독소 호르몬의 길항 작용, 평활근세포 증식억제, DNA, RNA, 부신피질자극 호르몬 및 코티코스테론 분비촉진, 스트레스성 식욕감퇴개선, 종양혈관 신생억제, 항산화활성물질 생성촉진, 간조직의 ATP공급활성화, 면역조절, 콜레스테롤 대사촉진, 간세포증식 및 DNA합성 촉진, 혈소판 응집억제, 진통작용
G-Rc Protopanaxadiol계	간, 혈청콜레스테롤 및 RNA합성 촉진, 골수세포DNA, RNA, 단백질 및 지질합성 촉진, 진통작용, 코티코스테론 분비촉진, prostacylin생합성 촉진, 신장사구체 비대억제
G-Rd Protopanaxadiol계	부신피질 자극 호르몬 및 코티코스테론 분비촉진, 신장사구체비대억제

표 9-4. (계속)

Ginsenoside	주요 약리작용
G-Re Protopanaxatriol계	부신피질 자극 호르몬 및 코티코스테론 분비촉진, 진통, 혈관 확장, 항 고온스트레스, 평활근 세포증식 억제, 골수세포DNA, RNA, 단백질 및 지질합성 촉진, 간상해보호, 콜레스테롤대사촉진
G-Rf Protopanaxatriol계	뇌신경세포 관련 통증억제, 지질과산화 억제, 알코올유도 뇌발육장해 방어 작용
G-Rg1 Protopanaxatriol계	면역기능 증강, 혈소판 응집억제, 항 트롬빈, 선용활성화, 기억 및 학습기능증진, 항피로, 항스트레스, 중추흥분, 혈관 확장, 항염증, 항신염 및 신혈류량 증대작용, 고온 환경 및 내인성 발열물질 등 유해자극 방어 작용, 스트레스성 서행동장해 개선, 신경세포 생존율 촉진, 간세포 증식과 DNA합성 촉진, 부신피질 자극 호르몬 분비촉진, 콜레스테롤 대사촉진, 간상해 보호 작용
G-Rg2 Protopanaxatriol계	혈소판응집 억제, 아세틸콜린 유도 카테콜아민 분비억제 및 세포내 칼슘유입억제, 항 트롬빈, 선용활성화 작용, 기억 감퇴 개선, 평활근세포 증식억제작용
G-Rg3 Protopanaxadiol계	암세포전이 억제작용, 혈소판 응집억제 및 항혈전작용, 간상해 억제, 항암제내성억제, 혈관이완 작용
G-Rh1 Protopanaxatriol계	암세포증식 억제작용, 실험적 간상해 억제작용, 종양세포 분화촉진, 혈소판 응집억제, 선용활성화작용
G-Rh2 Protopanaxadiol계	홍삼 특유 성분 : 암세포증식 억제작용, 암세포 재분화 유도촉진, 암세포 침윤억제, 종양증식 억제작용, 항암제의 항암활성 증대작용
G-Rh4 Protopanaxatriol계	홍삼 특유 성분 : 암세포전이 억제작용
G-Ro Oleanane계	항염증, 해독작용, 혈소판 응집억제, 항트롬빈 및 선용 활성화, 평활근세포증식 억제, 항간염, 대식세포 활성화, 혈관확장 작용.

다. 숯

숯은 '신선한 힘'이란 뜻을 지닌 우리말이다. 숯은 장작을 땠을 때 생긴 잔재물로서 옛날에는 대장간의 풀무불이나 요리할 때 숯불구이 재료로, 숯불 화로나 다리미에, 또는 아이 낳으면 대문에 걸어 두는 금줄이나 장 담글 때 널리 사용될 정도로 나무를 땔감으로 쓰던 옛날에는 일상생활과 밀접한 관계를 갖고 있었다. 나무가 타서 완전 연소되면 남는 것은 재뿐이지만 가마에 나무를 넣고 공기를 차단한 뒤 열을 가하면 탄화 과정에서, 즉 나무의 세포벽이 타들어 가면서 미세한 구멍이 숯에 엄청나게 많이 생겨난다. 맛과 냄새가 전혀 없는 이 검은 숯 덩어리의 미세한 구멍들이 숯으로 하여금 여러 가지 기능을 할 수 있게 만들어 주는 비밀을 갖게 만드는 셈이다.

숯은 강력한 흡착력의 기능으로 제독 효과, 흡습 효과, 소취 작용, 가스 흡착, 탈취 작용, 습도 조절을 비롯하여 음이온 방사, 원적외선 방사, 전자파 차폐, 항균 작용, 정수·정화 작용 등 그 하는 일이 수도 없이 많아 여러 방면에서 두루 쓰임 받는 까닭에 검은 보석이란 별명을 갖고 있기도 하다.

숯가루는 먹고 난 뒤 1분 이내에 신속하게 체내의 독성 성분, 불순물을 흡수하며, 각종 이물질인 농약성분, 발암물질인 농약성분, 발암물질이 체내의 소화액의 작용에도 불구하고 숯가루가 흡수시키고 있음이 미국 의학협회에 의해 보고된 바 있다. 숯가루는 피부에 발랐을 때도 그리고 복용을 했을 때도 우리 신체에 전혀 해를 끼치지 않음이 밝혀졌고 오히려 발암물질인 벤자피린을 흡수하는 것으로 보고되고 있다.

서양에서는 고대로부터 의료용으로 숯가루가 사용되었다. 기원전 1550년경의 이집트 파피루스에 여러 종류의 숯가루가 의학용으로 사용되었음이 기록되어 있으며, 수세기 동안 의사들은 치료제로서 나무 숯가루를 비중 높게 사용했다. 기원전 400년경의 히포크라테스 시대와 기원 후 50년경의 플리니 시대에 나무 숯가루가 간질, 현기증, 빈혈, 탄저병의 치료에 이용했다는 기록이 있다. 또 프랑스 화학자 베르낭은 비소의 특성에 대해서 동물 실험을 통하여 연구하면서 숯이 독성 예방에 효과적이라는 것을 발견하였다. 그 자신이 치사량의 150배에 해당하는 비소 5그람을 숯과 함께 먹음으로서 숯이 뛰어난 해독제임을 입증했다. 1834년 미국의 의사가 수은 이염화물 중독환자를 다량의 숯가루를 복용시켜 구하였다는 보고가 있다. 1845년 미국의 약품 해설서에 숯가루는 방부성과 흡착성이 있다고 수록하였다. 또한 1915년 제 1차 세계대전 당시 독일군이 염소가스를 무기로 사용하자 연합군측이 숯을 이용한 방독면으로 만들어 이를 무력화 시켰다.

이처럼 숯가루는 감기, 간장 질환, 식중독, 알코올 환자, 간장 보호, 농약중독 예방, 그리고 각종 암 질환 등 폭넓게 사용되고 있다. 숯이 가지고 있는 기능을 간략하게 정리하면 다음과 같다.

1) 강력한 흡착력

숯은 다공질로서 인체 내 독소, 유해균, 노폐물, 부패물 등을 흡착하여 배출시키고, 악취를 제거하며 부패균의 발생을 억제한다.

2) 제습·습도조절

다공질의 탄소 덩어리인 숯은 습기를 흡착하고 방출하는 성질이 있어 강력한 제습 및 습도조절 작용을 한다.

3) 정화작용

숯은 오염된 공기와 물을 정화시켜 준다. 따라서 숯은 방독 마스크나 포도당액인 링겔의 정수에도 쓰이는데, 최고의 고성능 필터 역할을 하는 것이다.

4) 방부효과

숯은 미생물, 곰팡이의 발생을 억제하여 부패되는 것을 막아준다.

5) 음이온 발산

신체의 노화를 막고 심리적 안정을 주는 음이온을 무한정 방전하고 인체에 해로운 양이온을 흡착한다.

6) 미네랄 공급

숯은 온갖 미네랄을 함유하고 있으며, 특히 주성분인 칼슘은 골다공증 방지 및 신경안정 작용을 한다.

7) 전자파 흡수

숯은 전기적 특성을 지니며 전자파를 흡수하고 소멸시킨다.

8) 해독작용

모든 질병은 체내의 독소의 누적으로 인한 간의 해독 능력의 저하로 나타나는 현상이다. 인체의 해독제로서의 숯에 대한 연구가 이미 1800년대부터 시작되었고 그 유효성이 입증되어 왔다.

9) 질병치료

우리의 조상들은 예로부터 설사, 소화불량, 이질, 장염의 경우 숯가루를 복용하였다. 숯은 의학적으로 진통효과, 해열효과, 해독효과, 공해물질의 제거, 농약성분의 제거효과 등이 있다는 것이 많은 실험과 임상결과로 밝혀졌다. 숯을 복용하였을 때, 위염, 위궤양, 장염, 소화불량, 식중독, 과음시 숙취제거에 좋고 간염, 간경변, 황달에는 조정역할을 하고 약물중독의 해독, 변비, 숙변제거 등에 효과가 있다는 것이 밝혀졌다. 또한 뱀이나 해충에 물렸을 경우와 화상을 입었을 경우에 민간요법으로 숯을 사용해 왔다.

제 10 장 숲과 휴양

제 1 절 현대생활과 여가휴양 활동

1. 여가의 개념과 정의

가. 여가의 개념

여가의 어원은 그리이스와 로마시대에서 그 근원을 찾을 수 있는데, 그리이스어의 스콜레(scole)는 "중지, 정지, 평화 및 평온"을 의미하며 로마어의 오티움(otium)은 "아무 것도 하지 않음"을 의미한다. 전자는 자기 계발을 위한 적극적인 정신활동 상태를 뜻하는데 비하여 후자는 소극적인 무위 활동 상태를 말한다. 그러나 이들 어원은 모두 정지 상태와 평화 상태를 내포하면서 시간적 의미가 부여된 것으로 남는 시간에 자기 자신을 위한 시간으로 발전하여 왔다.

나. 여가의 정의

1) 시간적 개념의 정의

여가의 시간적 개념에서의 정의는 인간 생활을 생활 필수시간, 노동시간, 그리고 자유 시간으로 구분하고, 1일 24시간 중에서 인간생활의 기초적인 욕구가 충족되고 남는 잔여 시간으로 여가를 간주하는 것을 말한다.

2) 활동적 정의

여가의 활동적 정의는 시간적 여가 개념의 바탕위에서 여가를 활동으로 인식하는 것이다. 따라서 여가를 개인의 노동, 가족, 그리고 사회의 의무에서 벗어나 휴식, 기분전환, 그리고 자유로운 창조력에 발휘를 위하여 이용되는 임의적 활동의 총체로 보는 것을 의미한다.

3) 상태적 정의

여가를 존재의 상태로 보고 삶의 목적으로서 여가 그 자체를 영위하여야 한다는 것을 주지시킴으로서 여가를 주관적으로 정의한 것이다.

4) 제도적 정의

여가의 본질을 노동, 결혼, 교육, 정치, 경제 등 사회제도의 상태나 가치패턴과의 관련성을 검토하여 그 정의를 규정하고자 하는 것이다. 특히 노동과의 관계에 있어서 여가는 중요한 의미를 지니고 있는데 인간이 삶을 영위하면서 노동으로부터 생기는 피로, 권태감, 압박감으로부터 해방됨으로써 에너지를 보충하여 재생산하는 수단으로 여가의 본질을 정의한다.

이상과 같은 여가에 대한 다양한 정의를 바탕으로 최근에는 이 네 가지 속성이 적절히 배합된 포괄적인 개념으로 여가를 다음과 같이 정의한다. 여가란 "개인이 가정, 노동 및 기타 사회적 의무로부터 자유로운 상태 하에서 휴식, 기분전환, 자기계발 및 사회적 성취를 위하여 활동하게 되는 시간"을 말한다.

2. 시대에 따른 여가의 발전과 변화

인류의 역사를 시대의 구분에 따라 분류할 때 어디에 초점을 맞추느냐에 따라 그 구분이 달라질 수 있다. 인류의 삶 속에서 여가의 형태는 지속적으로 변천하여 왔으며, 시대에 따른 여가의 발전과 변화는 다음과 같이 요약할 수 있다.

가. 고대 원시사회

고대 원시사회는 기본적으로 여가의 개념이 없었다. 이 시대의 여가는 고작 일의 틈틈이 휴식을 취하거나 의식에 참여하는 정도였다. 특히 이 시대의 여가는 놀이의 단순한 자기표현이었고 노동인 동시에 여가의 형태를 띠었다.

나. 고대 그리스 시대

고대 그리스 시대는 여가가 개인의 자유 시간 이상이어야 한다는 사고가 최초로 도입된 시기였다. 하지만 엄격한 의미에서의 여가는 소수 특권층에 편중되었고, 여가를 문화의 창조에 기여하도록 가용된 시기이기도 하다.

다. 중세시대

중세시대의 여가는 종교적인 생활에 밀려 설자리를 잃게 되었고, 이 시대는 근면한 노동과 명상을 중시하였기 때문에 여가활동을 통제하여 일종의 여가 공백기라고 할 수 있다.

라. 르네상스 시대

르네상스 시대는 유럽의 문화가 꽃을 피웠던 시기이다. 중세시대의 침체기를 벗어나 사람들의 여가활동도 자기계발과 지적인 욕구 충족을 위한 수단으로 인식되었다. 이 시기의 여가 형태는 일과 휴식에 있어서 균형 잡힌 생활을 강조함으로써, 오늘날의 건전한 여가생활의 추구와 유사한 형태를 보이고 있다.

마. 산업혁명 이후

산업혁명은 사람들의 생활 자체에 큰 변화를 가져왔다. 따라서 산업혁명 이후의 여가에 대한 사람들의 인식도 큰 변화를 겪게 되는데, 여가 자체를 이전과는 본질적으로 달리 산업사회의 산물임과 동시에 노동의 보상으로 인식하게 되었다. 따라서 여가는 일을 수행하는데 필요한 에너지의 공급수단으로서 평가하게 되었고 점점 더 여가의 중요성이 부각되었다.

바. 현대사회

현대사회에서의 여가는 보편화 및 대중화, 그리고 대량화로 요약될 수 있다. 일반 국민들의 소득수준이 높아지면서 일부 계층의 여가 편중이 무너지고 여가의 대중화 및 대량화 현상으로 발전하게 된 것이다.

3. 우리나라의 여가 발전

우리나라의 여가 발전을 몇 단계로 구분하면 일제로부터 해방된 1945년 이전의 여가 개념 미형성기와 그 이후의 여가의 과도기, 발아기, 도약기, 성장기로 구분할 수 있다. 특히 해방 이후의 여가 형태는 짧은 기간 동안 양적으로 그리고 질적으로 비약적인 발전을 거듭하여 오늘날에 이르렀다.

가. 여가개념 미형성기

해방 이전의 시기로 소수 특권층의 시간 소일형 여가활동이 주를 이루었다는 특징을 가지고 있다. 우리나라의 고대 부족사회에서는 제의적(祭儀的) 성격을 띤 여가 활동이 주를 이루었으며, 삼국시대에 와서는 여가가 상류층은 사교적 형태를 보이지만 서민층은 불교행사 등과 같은 축제의식과 결부된 놀이를 보인다.

고려시대에는 여가의 형태로 다양한 불교행사에서 호화로운 연회와 유희를 갖는 풍습을 보였으며, 조선시대에는 계급에 따라 양반은 자연의 아름다움에 대한 동경과 자연을 노래하면서 여행을 즐기는 여가 형태를 보였지만 서민들의 여가는 농경놀이 문화에 동화된 형태를 보였다. 한편 개화기에는 현대식 학교가 세워지면서 체조 등과 같은 다양한 유희가 교과목으로 채택되어 서구화된 여가 형태가 도입되었으나, 일제의 침투와 강점기에 들어서면 일본적 놀이문화가 강요되었다.

나. 여가의 과도기

일제로부터 해방된 1945년부터 자유당 정권이 혁명에 의해 무너지는 1961년까지의 시기는 여가의 과도기라고 할 수 있다. 이 시기는 해방 후의 혼란기와 6.25 전쟁을 거치면서 가난과 궁핍 속에서 일반 서민의 정서에는 숙명주의와 허무주의가 팽배하였다. 결과적으로 이 시기에는 일부 부유층이나 특권층에 의해 여가가 독점되었으며, 여가의 과도기적 성격을 띠고 있다.

다. 여가의 발아기

우리나라의 본격적인 산업화가 시작되는 1962년부터 1971년까지는 본격적인 여가의 발아기로 규정할 수 있다. 이 시기에는 대도시 중심의 산업화가 이루어지면서 농어촌의 노동력이 대규모로 도시로 집중되었다. 특히 이 시기는 공업화로 인한 정신적 스트레스와 도시 혼잡을 피하려는 여가의 형태가 나타나며, 여가패턴은 기분전환이라는 욕구에 의하여 강하게 나타났다. 1967년에 최초로 지리산이 국립공원으로 지정되었으며, 여가 및 레크레이션을 국민복지 차원에서 논의하기 시작한 시기이다.

라. 여가 도약기

급속한 경제발전에 힘입어 여가에 대한 욕구가 폭발하였던 1972년부터 1981년까지의 시기를 여가 도약기로 볼 수 있다. 이 시기에는 여가와 관련된 행정조직과 법률의 정비가 진전된 시기로, 그 이전에 경험하였던 절대빈곤의 상황에서는 생각하지 못하였던 인간적인 삶의 질을 추구하도록 국민의 의식과 욕망을 자극하게 되었다. 이 시기에는 여가활동이 활성화 되면서 도시민의 야외 향락기회가 증가되고 농어민의 단체관광이 두드러졌다. 특히 가족 간의 오붓한 향락과 친구들 간의 야영이 새로운 현상으로 나타났다.

마. 여가 성장기

여가의 성장기는 1982년부터 현재까지로 구분할 수 있다. 이 시기에는 경제성장의 가속화로 여가의 중요성이 더욱 커졌다. 국민 여가성향은 대상과 방법에 있어서 다양화되었는데, 특히 가족 단위의 여가 활동이 두드러졌다. 한편 경제발전에 따라 일부에서는 과시적이고 소비적인 양상을 보여 향락산업의 급증과 범죄의 증가라는 부작용을 가져왔다. 최근에 와서는 주5일 근무제가 보편화되면서 여름철의 휴가 기간 동에 집중되었던 여행이 상시화되었으며, 특히 환경 및 자연 생태에 대한 국민 의식이 높아지면서 생태관광 등과 같은 테마가 있는 여가 활동이 급속히 증가하고 있다.

표 10-1. 우리나라 여가발전 과정의 단계 및 특징

연 대	1945년	1962년	1972년	1982년	현재
단계구분	개념미형성기	과 도 기	발 아 기	도 약 기	성 장 기
소득소비		의·식·주 해결시대	내구소비재 시대	대중 여가 시대	여가 개성화 시대
여가의식		여가부정의 시대	여가인식 시대	여가긍정 시대	여가중시시대
여가욕구		생리적 안전욕구	기분전환 욕구	사회적 욕구	지적 교양적 욕구
여가활동	시간 소일형 여가활동		재생산 시간 소일형		가치 창조적 여가활동
여가정책	소수특권층을 위한 정책		대중을 위한 정책		저소득층을 위한 정책
여가개발 주체	국가 · 지방자치단체			민 간 기 업	
시설개발 유형	단순여가시설		극장, 영화관, 박물관 민속촌, 관광단지, 국립공원, 어린이공원, 실내체육관		복합여가시설
주요여가 시설의 개발	제의장, 왕실, 행사, 수렵장, 씨름장, 군사훈련장, 운동장	명산, 대찰, 관광호텔, 해수욕장, 박물관	국립공원, 관광지, 온천장, 테니스장	관광단지, 전적지, 헬스클럽, 유원지, 경마장	국민관광지, 콘도, 전자오락실, 스키장, 대중골프장, 보트장

자료 : 현대여가론-이론과 실제. 김광득. 자유출판사

제 2 절 숲의 보건 휴양 효과

숲은 인간의 생활환경의 질을 높이고 인간의 오감을 자극하여 보건 증진에 기여하는 것으로 알려져 있다. 이는 인간의 정신적 안정과 육체적 건강 모두에 관련된 것으로 인간의 보건 증진에 관여하는 대표적인 숲의 기능과 숲에서 발산하는 물질은 다음과 같은 것들이 있다.

1. 숲의 공기 청정도

도회지의 혼탁한 대기는 풀이나 나무, 그리고 숲을 통과하면서 여과되고 정화된다. 대기 중에는 인간의 건강에 해로운 아황산가스, 일산화탄소, 질소 산화물, 탄화수소, 오존물질, 부유 분진 등의 각종 오염물질이 먼지 알갱이 형태로 떠다니는데 이 알갱이들이 풀잎이나 나뭇잎, 줄기 등에 흡착하여 주변의 공기를 정화시키게 된다.

농경지의 먼지 흡착률을 1로 보았을 때 잔디밭은 2배, 관목 숲은 20배, 그리고 울창한 숲은 200배에 이른다는 연구결과가 있다. 이는 숲의 공기 청정도가 다른 지역에 비하여 훨씬 높은 것을 나타내는 지표로서 당연히 숲을 거닐 때 건강에 유익함을 알 수 있다. 한편 공기 1리터 당의 공업지역과 대도시, 그리고 숲 속의 먼지 알갱이 수를 비교한 결과를 보면 공업지역은 숲의 250배 내지 1,000배가 많고 대도시는 50배 내지 200배에 이르는 것으로 나타났다. 이는 바꾸어 이야기하면 숲의 공기가 공업지대와 대도시에 비하여 최소 50배에서 최대 1,000배 더 맑다는 것을 의미한다. 공기 청정도의 비교는 숲이 맑은 공기로 인하여 건강을 증진시켜 줄 수 있다는 증거가 된다.

2. 음이온

1950년대 프랑스의 메타디에(G. Metadier) 교수는 공기 중에 있는 전하를 띤 미립자인 이온이 인체조직과 정신 상태에 영향을 줄 수 있다는 것을 발견하였다. 이온에는 양이온과 음이온이 있는데 양이온은 해롭지만 음이온(Negative Ions)은 인체건강에 유익하다는 것이었다.

일반적으로 양이온은 공기가 혼탁한 도회지, 통기 불량한 실내, 폭풍우 전에 항상 발생하지만 음이온은 태양의 자외선, 폭포, 계곡의 물가, 분수 등 물분자가 격렬하게 운동하는 곳, 비올 때 빗방울이 튀는 곳, 산림, 광합성 작용이 왕성한 곳에 다량 존재한다. 공기 중에 음이온이 증가하면 인체건강과 현재 문명병 치료에 대단히 유익한 것으로 알려져 있다. 자율신경을 진정시킨다든지 불면증을 없애고 신진대사를 촉진하며, 혈액을 정화하고, 세포의 기능을 강화하며 얼굴 색을 아름답게 한다. 결국 인체건강을 증진시켜 수명을 연장시킨다.

음이온은 산림 중에서 활엽수 숲보다는 소나무나 삼나무 등의 침엽수 숲에 더 많이 포함되어 있는 것으로 보고되고 있다. 음이온의 양을 도회지 실내를 1로 보았을 때, 도회지 실외는 1.1-5, 교외는 2.8-10, 산야는 10-26.7, 그리고 숲은 14.3-73.3배의 비율로 높게 포함되어 있다. 따라서 숲 속에서는 다량 함유된 음이온으로 인하여 다른 환경조건에 비하여 그 만큼 더 건강을 보양시킬 수 있는 잠재력을 가지고 있다고 말할 수 있다.

3. 피톤치드와 테르펜

피톤치드(Phytoncide)와 테르펜(Terpene)은 숲에서 발산하는 물질로 보건 기능이 탁월한 물질이다. 피톤치드는 러시아의 학자가 명명한 숲에서 발산하는 물질로서 일종의 "정성적"용어이다. "Phyto"은 식물을 의미하며 "cide"는 죽인다는 러시아어이다. 따라서 피톤치드는 식물이 자신에 해로운 다른 식물의 위해로 부터 자신을 지키기 위하여 방향물질을 발산하는데 이를 피톤치드라고 하며 이 물질은 일종의 살균작용을 함으로써 숲 속에서 인간에게는 건강에 유익한 역할을 한다.

테르펜은 숲 속의 보약으로 알려져 있는 숲에서 발산하는 화학물질을 통칭하는 말로 어떤 의미에서는 앞의 피톤치드를 포함한다고 말할 수도 있다. 테르펜은 발산성 물질로 대기 중에는 다량 함유되어 있지 않지만 산림 속에는 냄새를 맡을 수 있어 존재를 확인 할 수 있을 뿐만 아니라, 상쾌한 향기를 느끼게 한다.

테르펜은 기상조건과 밀접한 관계를 갖는데 바람이 강하게 불면 발산량이 증가하며, 기온이 높은 날에 발산량이 많다. 구름이 적어 일사량이 많은 날에 발산량이 많고 하루 중에도 정오경에 가장 발산량이 많은 것으로 알려져 있다. 상대습도가 높은 날은 일반적으로 발산량이 적은 날이나 숲 내외의 공기교환이 활발하지 않아 오히려 숲 내의 테르펜 농도는 높은 것으로 보고되고 있다. 테르펜은 침엽수림에 많이 포함되어 있는데 계절적으로는 성장기인 봄과 여름에 가장 많이 발산한다.

테르펜의 인체 보건 효과는 약 23가지로 조사되었다. 숲 속에서 기분이 상쾌해 지고 안정되는 것은 테르펜의 진정효과가 있기 때문이며 향긋하고 신선한 내음은 방향성이 있기 때문이다. 실제로 침엽수의 잎에서 방향제를 추출하고 있다. 테르펜의 인체 약리효과는 <표 10-2>와 같다.

표 10-2. 테르펜의 인체효과

테르펜류 / 효과	$C_{10}H_{16}$	$C_{15}H_{24}$	$C_{20}H_{32}$	테르펜류 / 효과	$C_{10}H_{16}$	$C_{15}H_{24}$	$C_{20}H_{32}$
마비성	●			거담성	●		
강장	●	●		혈압강하	●	●	●
진통		●		살충	●		●
구충	●	●		자격성	●	●	
항생	●	●	●	생장호르몬	●	●	●
抗간질		●		방향	●	●	●
항히스타민성	●			식물호르몬	●	●	
항염증성	●	●		완통변	●		●
항류머티스	●			진정	●	●	
항종양성	●	●	●	유독성		●	●
담즙분비촉진		●		비타민			●
이뇨	●						

자료 : 只木良也, 吉良龍夫. 1982. ヒトと森林.
주 : $C_{10}H_{16}$ 모노 테르펜, $C_{15}H_{24}$ 세스키 테르펜, $C_{20}H_{32}$ 디 테르펜

제 3 절 산림욕

1. 산림욕의 역사

산림욕은 산림이 갖는 여러 가지 보건휴양기능을 이용하여 숲 속에서 보양하는 것을 말한다. 이러한 의미에서 산림욕은 인간이 자연을 벗하며 살아온 이후 계속되고 있다고 말할 수 있다. 동서고금을 통하여 사람들은 자연을 수신제가의 수단으로 생각하여 왔다. 3세기경 중국의 갈홍(葛洪)은 "포박자(抱

朴子)"에서 불로장생하는 선인이 되는 길은 자연과 함께 유유자적하는 생활이라고 제안하고 있다. 채근담의 후집에서도 이와 유사한 제안을 하고 있는데 이른바 수림이 울창한 자연 속에 들어가 수양을 쌓으라고 하였다.

1840년 독일 사람들은 높은 산악지대의 산림에서 천천히 걸으면서 요양하는 "기후요법"이라는 것이 있었다. 이어서 1865년에는 독일 과학자들이 주창한 "산림 지형요법"이라는 것이 나타났는데 이것은 숲이 울창한 경사진 산림지형을 보행하면서 보양하는 건강법이었다. 즉, 공기가 청량하고 경관이 수려한 수림지의 경사지, 적당히 상하경사가 반복되는 숲을 보행하는 즐거움을 누리면서 보양하는 것이다. 이것이 1980년대에 이르러 "자연건강 조양법(調養法)"으로 발전하였는데 현재는 전국의 산간 계곡의 작은 마을 단위로 수십개의 자연건강 요양지가 있다.

한편, 1943년 왁스만이 스트렙토마이신을 발견하면서 식물은 경쟁이 될 만한 상대 종이 내뿜는 독소를 죽이는 물질을 발산하여 자기 자신을 방어한다는 사실을 밝혀내게 되었다. 이를 식물성 살균물질, 즉 피톤치드라 명명하였으며, 1952년 러시아의 토킨(Tokin)은 이를 제목으로 한 권의 책을 발간하였다. 또한 침엽수에 인체에 유효한 각종 약리효과가 있는 테르펜에 대한 연구 보고가 이어지면서 산림에서의 휴양이 인체건강에 효과가 있다는 것이 증명되었다. 이러한 독일을 비롯한 숲에서의 건강요법이 일본, 대만, 그리고 한국에서 산림욕(Green Shower)으로 유행하게 되었다.

2. 산림욕의 효과

실험결과에 따르면 산림 내에서의 동공반응은 인공기후 실험실 내에서 보다 3배 이상 높았다. 이처럼 숲에서는 자율신경이 자극을 잘 받으며 동공에 생기가 충만하고 뇌의 활동까지도 건전하게 돕는다. 숲 속에는 살균물질인 피톤치드가 나와서 유해한 병균발생을 억제하고, 수목이 발생하는 테르펜의 여러 가지 약리작용으로 인하여 인체건강에 다방면으로 유익하다는 사실에 착안하여 산림욕이 출현하게 되었다. 따라서 산림욕은 숲에 들어와 전신을 숲의 정기와 방향(芳香) 속에 잠기게 함으로써 심신을 강건하게 하고 활력을 배양하는 효과가 있다.

산림욕이 몸과 마음에 건강을 준다는 과학적 근거는 있다. 중국의 임문진 박사는 이를 세 가지로 요약하고 있다. 첫째, 삼림식물이 발산하는 정기, 방향(芳香), 즉 분다정(芬多精)이 유해한 병균을 죽이고 인체를 정화하고 백가지 병을 예방한다. 둘째, 폭포, 계곡의 물이 사방으로 튀기며 물보라를 일으키는 지역, 광합성 작용이 왕성하게 일어나는 지역에 많이 있는 음이온은 우리 몸의 자율신경을 조절하고 진정시키며 문명병을 없애준다. 셋째, 나무가 울창한 숲을 천천히 산보하는 것은 신체의 리듬을 회복시키고 산소공급을 원활히 하여 반사신경 등 운동신경을 단련시켜서 인체건강에 유익하다.

3. 산림욕을 행하는 방법

가. 일반적인 방법

산림욕의 활동에는 다음과 같이 세 가지 과정을 포함하는 것이 좋다.

첫째로, 숲에서 보행할 때는 될 수 있으면 땀을 흘리되, 약간의 피로감이 있을 때까지 하는 것이 가장 좋다. 동시에, 산림에 들어가서 가능한 한 산림의 현상을 탐색해야 하는데, 조류, 나비, 들꽃, 곤충을 감상하고, 식물과 열매를 채집하여 식물도감을 봄으로써 즐거움을 얻어야만 비로소 이러한 보행이 헛되지 않는 것이다.

둘째로, 숲을 걸으면서 다소 피로감을 느낄 때, 멈춰 서서 큰 나무를 향하여 심호흡을 하여 입으로 더러운 기를 토하고, 코로 신선한 기를 들이 마셔 심신을 가볍게 한다. 아울러 심호흡으로 테르펜과 음이온을 마음껏 흡입하여야 한다.

셋째로, 산림욕의 마지막 과정은 심리상의 건강을 위한 것으로, 고요히 생각할 수 있는 산림욕을 해야 한다. 인간은 오욕칠정의 각종 감정을 모두 가지고 있는데 숲 속에 들어가 고요히 생각하고 마음을 편안히 하면, 심기(心氣)가 상쾌함을 느낄 수 있고, 생활 정취의 효과를 다시 얻을 수 있을 것이다. 가벼운 시, 수필집이나 명상록을 지참하여 나무에 기대어 읽으면 좋다. 이것이 진정한 휴양(休養)이다.

산림욕은 나무들의 생육이 가장 활발한 봄부터 초가을까지가 좋고, 이 때가 다른 계절보다 5~10배의 효과가 있으며, 날씨가 맑고 바람이 적은 날이 좋다. 오후보다는 오전 10시~12시 사이가 좋으며, 산중턱의 숲 가장자리에서 100m이상 들어간 깊은 숲일수록 방출되는 방향물질이 많으므로 산 위나 아래보다도 더 효과적이다.

산림욕은 나무가 우거진 곳이면 어디나 가능하나 소나무, 전나무, 잣나무 등 침엽수가 많은 곳이 더욱 바람직하다. 산림욕을 할 때에는 통기성이 좋은 옷, 땀 흡수가 잘되는 편한 옷차림으로 산책이나 조깅, 심호흡, 사색을 하며 최소 3시간이상 숲 속에 머물면서 산림욕을 즐긴다.

산림욕을 하기 위해서 다음과 같은 몇 가지 염두에 두어야 할 사항들이 있다.

- 건강한 심신을 위해서는 목적의식이 있어야 한다. 적어도 3시간 이상의 충분한 시간을 가지고 숲에 들어가서 정신을 보양하는 여유를 가져본다. 가장 좋은 것은 산장 혹은 통나무집에서 며칠씩 묵는 것이다.
- 산림욕은 사계절 어느 때든지 모두 가능하겠으나, 여름의 서늘한 오전, 겨울의 화창한 햇빛이 비출 때가 가장 적합하다.
- 공기가 잘 통하는 면직물 의복을 입고, 땀 흡수가 잘 되는 면양말과 미끄럽지 않은 운동화를 신고, 챙이 있는 모자를 쓰고, 가방은 등에 메고 손에는 아무 것도 들지 않고 걷는다.
- 자기 자신이나 가족의 체력에 적합한 노선을 선택하고 운동량은 피로감이 조금 있는 것이 몸 건강의 효과가 가장 크다.
- 걸음걸이는 빠르게 하되 가끔씩 휴식하고 나무를 향해서 심호흡을 하여, 피톤치드를 흡수하는 빈도를 증가시킨다. 산림욕 체조는 이에 도움이 된다.
- 계곡을 지날 때는 맨 발로 땅을 밟는 것이 가장 좋다. 수심이 얕은 곳에서 각보욕(脚步浴)을 하고, 앉아서 물보라로 '공기 비타민' 인 음이온을 향유한다. 오감을 충분히 이용한다.
- 산림에 진입하여 자연현상을 탐색한다. 예를 들면, 산의 경치와 들새를 감상하고, 숲을 탐색하여 식물·들꽃을 알아둔다. 동물 곤충의 세계를 관찰하고 수목의 과실을 주워서, 식물 도감을 이용하여 숲의 세계를 체험해 본다.

나. 정적인 산림욕과 동적 산림욕

산림욕을 행하는 방법은 크게 정적인 방법과 동적인 방법의 두 가지로 나눌 수 있다. 이는 산림욕을 원하는 사람들의 나이와 조건을 고려하여 선택적으로 행할 수 있다. 정적인 방법은 산림욕 효과가 큰 숲 속을 산책하거나 설치된 평상이나 벤치 등에서 사색, 담소 등 가벼운 동작을 행하는 것이다. 반면에 동적인 방법은 산림욕에 합당한 약간의 필요한 시설을 설치하여 코스별로 적당한 운동을 반복하는 방법이다. 동적인 산림욕에는 세 가지 운동요소가 있는데 신장(伸張; Stretching), 단련(Power up), 산소운동(Aerobics)이 그것이다. 이들을 S.P.A운동이라고 하는데 여기에는 14단계에 걸친 운동이 있으며 3가지 예비운동(신장), 8가지 증진운동(단련), 그리고 3가지 완화운동(산소운동)으로 구성한다.

표 10-3 . S.P.A 산림욕 체조의 단계별 내용

단 계	동작구분	운 동 내 용
1 단계	예비운동	전신의 근육과 뼈를 신장시키는 운동
2 단계		徒手體操로서 근육과 뼈를 유연하게 함
3 단계		도수체조로서 다리를 굽혔다 폈다하는 운동
4 단계	증진운동	통나무 계단을 뛰어오르면서 다리의 힘을 강화
5 단계		평행봉에 팔굽혀펴기로서 뼈와 근육운동
6 단계		가설된 통나무를 넘나드는 운동. 온몸운동으로 체력증진
7 단계		수평으로 가설된 사다리를 팔로 잡아 이동. 완력강화
8 단계		제자리 높이 뛰기로 순발력과 다리 힘을 강화
9 단계		벤치나 평상에서 바로 누어 윗몸 일으키기. 배 힘을 강화
10 단계		벤치나 평상에서 엎드린 자세로 윗몸 일으키기. 등 운동
11 단계		통나무 위에서 좌우로 굴리면서 몸 균형 잡기. 평형성 유지
12 단계	완화운동	윗몸을 직각으로 굽혀 팔을 좌우로 회전, 몸을 유연하게.
13 단계		목을 상하좌우로 움직여서 유연하게 운동
14 단계		팔을 쭉 펴서 상하로 운동. 몸의 열을 조정, 마무리운동

＊ 자료 : 林文鎭 1988. 森林浴的 世界

산림욕 체조는 각 단계별로 체조에 대한 숙련도와 연령에 따라서 동작과 횟수를 적당하게 조절하면서 한다. 음이온과 테르펜이 살아 숨 쉬는 맑은 숲의 공기 속에서 팔과 다리를 신장시키고 심호흡하면서 각자의 몸에 알맞게 체조를 반복하면 산림욕의 효과가 증진될 것이다.

제 4 절 자연 휴양림

1. 자연 휴양림 탄생의 배경

자연 휴양림(이하 휴양림)이란 정상적인 산림경영을 하면서 휴양시설을 설치하여 국민의 보건휴양 및 정서함양을 위한 야외 휴양공간을 제공함과 동시에 자연교육장으로서의 역할과 산림소유자의 소득향상에 이바지하기 위한 산림을 말한다. 이러한 휴양림 제도는 독일의 휴양림으로부터 많은 영향을 받았다.

독일 사람들은 일찍부터 산림지형요법, 기후요법, 자연건강 조양법 등의 명칭으로 산림이 주는 의학적인 혜택으로 숲 속에서 건강을 회복하고 질병을 예방하는 데에 큰 관심을 기울여 왔다. 이와 같은 휴양활동은 산림과 관련하여 의학적으로 충분한 증거가 있었기 때문에 가능한 것이었다. 그래서 휴양림이나 휴양지에 산림이 주는 보건의학적인 기능을 활용하여 휴양효과가 있는 코스 개발 등의 휴양시설을 설치하여 왔다.

휴양림의 원형이 되었던 독일의 산림기후요법이나 자연건강 조양법 이외에도 프랑스에서는 '음이온' 과학, 러시아에서는 '芬多精(피톤치드)' 과학 등이 전개되었다. 이것들은 숲 속의 각종 식물들이 내뿜는 인체에 유익한 물질들과 방향을 이용하여 건강을 증진시키는 보양법으로서 오늘날 산림 휴양을 말하는 것으로 해석할 수 있겠다.

독일의 산림 요양 활동의 흐름이 일본, 대만으로 전해지고, 우리나라로 널리 전해지게 되었다. 특히 자연 휴양림의 핵심이 되고 있는 산림욕이라는 말은 일본에서 아카자와 자연 휴양림에서 최초로 불려지게 되었고, 우리나라에서는 1980~81년부터 대대적으로 보도되어 알려지기 시작하였다. 이후 자연

그림 10-1. 축령산 자연 휴양림

휴양림에 대한 관심이 고조되면서 산림청은 산림 휴양분야에 대한 정책을 수립하게 되었고 1988년에 최초의 휴양림인 대관령 자연 휴양림이 개장되어 국민들에게 휴양 서비스를 시작하게 되었다. 1990년 1월에는 산림법 제31조에 자연 휴양림에 관한 내용이 규정되고 같은 해에 자연휴양림 설계기준이 탄생하였다. 이후 산림청에는 휴양정책을 관장하는 산림문화휴양과가 조직되어 휴양에 대한 대국민 서비스 정책을 좀더 강력하게 추진할 수 있도록 하였다. 산림휴양관계법은 2005년 8월 4일에 산림법으로부터 분리되면서 산림문화휴양에 관한 법률로 재탄생하게 되어 휴양정책을 더욱 내실있게 추진할 수 있도록 하였다.

2. 관련 법의 내용

휴양림에 관련되는 법은 7장 32조로 구성된 <산림문화·휴양에 관한 법률>이다. 이 법의 내용은 원래 산림법에 포함되어 있었으나 2005년 8월에 분리되어 독립된 법률로서 효력을 발휘하고 있다. 산림문화휴양에 관한 법률은 산림문화와 산림휴양자원의 보전, 이용 및 관리에 관한 사항을 규정하여 국민에게 쾌적하고 안전한 산림문화, 휴양 서비스를 제공함으로써 국민의 삶의 질 향상에 이바지함을 목적으로 하고 있다.

자연 휴양림에 대해서는 국민의 정서함양, 보건휴양 및 산림교육 등을 위하여 조성한 산림(휴양시설과 그 토지를 포함한다)으로 정하고 있는데(제2조 2항), 그 외 규정하고 있는 몇 가지 주요한 내용을 소개한다.

그림 10-2. 학가산 자연 휴양림의 낙엽송 산책로

- **휴양림의 지정:** 국유림의 경우, 산림청장은 소관 국유림의 경관, 위치, 면적 등이 대통령령이 정하는 기준에 적합한 때에는 해당 산림을 자연휴양림으로 지정하고 이를 조성할 수 있다. 민유림의 경우, 소유자(산주) 또는 국유림의 대부 또는 사용허가를 받은 자는 소유하고 있거나 대부 등을 받은 산림을 자연휴양림으로 지정받고자 할 때, 농림부령이 정하는 바에 따라 산림청장에게 지정 신청을 하여야 한다.
- **지정 기준**

휴양림은 기본적으로 울창한 산림이어야 하고, 이용하기 좋은 접근하기 좋은 곳에 있어야 하며, 수자원이 풍부해야 한다. 산림이 휴양림으로 지정되기 위해서는 휴양림 지정을 위한 평가 항목에 따라서 평가하여 60점 이상을 받아야 한다. 주요한 평가항목들은 다음과 같다.

-지형조건 : 해발, 경사, 방위, 지세 등
-임　상 : 수종 및 ha당 축적 등
-수원관계 : 계곡부의 수량 풍부 여부 등
-기암괴석관계 : 특징적인 바위, 봉우리, 고갯길 등 이름
-희귀동·식물 분포 및 서식관계 : 천연기념물 및 야생동물 종류, 밀도 등
-경관관계 : 계곡 및 봉우리, 임상 등 경관
-인근지역과의 관계 : 사찰, 명승고적, 유적지, 온천, 약수터, 저수지 등
-지역특산물 : 산림부산물(산나물, 열매, 버섯 등), 기타 부산물(목공예품, 향토음식 등)

-주변 대도시를 기점으로 인근 시·군 소재지까지의 거리, 소요시간
-인근 시·군 소재지에서 휴양림까지의 차도(포장·비포장) 및 보행거리
-대중교통편(1일 왕복회수, 출발 및 소요시간)

• **휴양림 시설**

설치할 수 있는 시설은 다음과 같다.

-편익시설 : 야외탁자, 임산물판매장, 매점, 방문자 안내소, 대피소, 산림문화 휴양관, 전망대, 야외 공연장, 식품위생법 규정에 의한 휴게음식점 및 일반음식점
-위생시설 : 오수정화시설
-교육시설 : 전시관, 숲속교실, 동식물원, 산림생태 관찰원, 목공예실 등 산림체험시설
-체육시설 : 철봉 등의 체력단련시설, 족구장, 민속씨름장, 배드민턴장, 게이트볼장, 썰매장, 테니스장(2면 이하의 것에 한함), 어린이놀이터, 물놀이장, 패러글라이딩의 활공장, 산악자전거 등 산악체육시설

• **관리 및 운영**

휴양림을 관리하고 운영하는 사람(기관)은 이용객들의 불편이 없도록 안내판에 휴양림 개장기간, 입장료 및 시설사용료 징수기준 등을 휴양림 입구에 게시하여야 하며, 이용절차 및 방법 등에 관한 세부기준을 정하여 운영할 수 있다. 이에 따라서 휴양림의 소유자는 휴양림에 입장하는 자로부터 입장료 및 시설사용료를 징수할 수 있다. 또한, 산림청장 또는 지방자치단체의 장은 휴양림의 보호 및 이용자의 안전 등을 위하여 국유 또는 공유 휴양림의 전부 또는 일부 구역에 대하여 일정 기간 동안 일반인의 출입을 제한하거나 금지하는 휴식년제를 실시할 수 있다. 개인이 운영하는 휴양림의 경우에는 그 소유자의 신청에 따라 시장, 군수, 구청장이 휴식년제를 실시할 수 있다.

3. 자연 휴양림 현황

휴양림은 산림청이 하는 정책 중 국민으로부터 가장 사랑을 받는 정책으로 인정받고 있다. 그와 같은 증거로 1988년 대관령 휴양림이 개장된 이래 매년 여러 개의 새로운 휴양림이 조성되어 개장하고 있는 것과 매우 높은 수준으로 휴양림 이용객이 늘고 있다는 것을 예로 들 수 있다. 또한, 각 지자체와 개인 산주들이 휴양림 개발을 위해서 노력하고 있다는 것을 통해서도 알 수 있다.

표 10-4. 연도별 휴양림 운영 개소수 및 이용객 현황

단위: 개, 1000명

구 분	1996	1997	1998	1999	2000	2001	2002	2003	2004
운영 개소수	54	61	68	71	77	90	92	93	94
이 용 객	2,472	2,606	2,680	3,132	3,798	3,818	4,078	4,345	4,809

최근에 실시된 조사에 의하면 산이나 휴양림을 찾는 방문객들의 방문목적이 주로 심신단련(41%)이나 등산, 산책, 산림욕(42%) 등으로 나타났다. 이것은 휴양림의 기능이 건강을 도모하고 요양을 위한 것임을 확인시켜 주는 것이다. 위의 표에서 볼 수 있는 것처럼 휴양림 이용객이 늘고 있는 것은 건강을 증진할 수 있는 것 뿐만 아니라, 숲이 주는 특별한 매력 때문일 것으로 평가할 수 있다. 과거 여름철 휴가철에는 주로 바닷가로 피서를 떠나곤 하였지만, 이제는 피서객의 상당한 부분이 휴양림이나 숲으로 가고 있다. 숲은 바다가 주지 못하는 오감으로 느낄 수 있고 체험할 수 있는 다양함과 녹색의 세계가 있기 때문이다.

제 11 장 자연 체험 활동

제 1 절 오감체험을 통한 환경 배우기

소득이 증가하고 시간 여유가 생기면서 일주일 내내 의식주 해결에 매달리던 과거의 옥내 생활 중심의 생리적 생활 양식이 지금은 주말마다 야외로 나들이 나가는 등 옥외 생활 중심의 사회적 생활 양식으로 바뀌져 있다. 시민들의 이러한 사회적 생활 양식에 편승하여 문학기행, 미술기행, 도자기행 등 야외를 무대로 하는 이벤트 행사들이 부쩍 유행하고 있는 실정이다. 이와 같은 이벤트에 참여하는 사람들은 결국 심미적 욕구를 충족시키고자 하는 사람들이다. 특별히 주목할 만한 것은, 학교 교육에서 체험 환경교육을 강조하고 있고, 또 자연과 소외된 현대인들이 녹색환경을 그리워하고 있는 점을 겨냥하여 식물사회를 대상으로 기획한 체험이벤트가 많이 생겨났다는 점과 여기에 참여하려는 수요가 폭증하고 있다는 점이다. 체험 이벤트는 우리가 가지고 있는 시각, 청각, 후각, 미각, 촉각 등 5가지 감각 기관을 동원하여 자연을 이해하는 내용으로 구성되어 있는 것이 특징이다.

숲 등 자연환경을 대상으로 체험 활동을 하는 이벤트는 숲탐방, 숲체험, 임업체험, 자연체험, 환경체험과 같은 프로그램이 있다. 가슴 깊은 곳으로부터 끓어오르는 심미적 욕구를 충족시키기 위해 봄, 여름, 가을, 겨울 사시사철 변화무쌍하게 변하는 식물의 세계로 찾아가는 프로그램들이다. 숲속에서 계류에 몸과 마음을 씻어가며, 나뭇가지를 스쳐지나는 바람소리와 새소리를 들어가면서 도회지의 삶의 때를 씻어볼 수 있다. 계곡 안쪽 깊은 곳으로 나있는 호젓한 숲길을 걸으면서 소나무와 잣나무를 가려내고 떡갈나무와 상수리나무를 구별하여 보기도 한다. 잎의 수와 꽃의 수를 세어보고 그 얼개를 그려 보면서 나무와 숲의 세계에 몸과 마음을 흠뻑 빠져 보기도 한다. 잎과 가지와 열매와 꽃으로 꾸미는 멋진 작품을 만들어보기도 한다.

요즈음 현대인들은 웰빙과 자연환경에 대한 이해를 넓히기 위해 이러한 자연 체험적 삶을 즐기고 있다. 오감을 동원한 체험 활동 중심의 교육은 전세계적으로 공통으로 나타나는 환경교육의 특징이기도 하다.

그림 11-1 . 숲해설가가 숲체험 활동을 지도하는 장면

제 2 절 환경교육

1. 정 의

환경교육(environmental education)은 인간과 환경과의 상호 관계 속에서 환경을 구성하고 있는 모든 생명체의 의미와 중요성을 깨닫게 하고 보전하는 방법을 교육하는 것이다. 이것은 현세대뿐만 아니라 다음 세대의 삶을 보장하기 위한 목적을 지니고 있다. 여기서 말하는 환경이란 자연환경과 인공환경 모두를 포함하는 의미로 사용된다. 환경교육과 유사한 의미를 갖고 있는 자연교육이란 자연을 대상으로 하는 환경교육을 말한다. 그러나 자연교육이라고 해서 자연만 취급하고 인공 환경(인간의 생활환경)을 다루지 않을 수 없기 때문에 두 용어의 의미상의 차이는 없다고 본다.

환경교육과 유사하거나 서로 연관성이 있는 용어로서 자연교육 이외에도 자연해설(환경해설), 생태교육, 산림교육, 산림문화교육, 산림학교, 숲속 학교, 숲체험교실, 숲아카데미 등이 있다. 자연해설이란 자연에 대해서 궁금해 하는 사람들을 야외에서 소규모의 그룹 단위로 데리고 다니면서 전문가가 해설(interpretation)하면서 교육하는 것을 말한다. 생태교육이란 육지 및 해양 생태계 전반에 대한 이해를 목적으로 실시하는 교육이다. 산림교육은 나무, 숲, 산림과 생태, 산림과 환경, 목재의 이용, 임업 등 주로 산림을 대상으로 실시하는 교육이다. 산림문화교육이란 산림교육을 문화와의 관계 속에서 교육하는 것이다. 산림학교란 산림이나 환경교육을 실시하는 기관으로서 시설의 의미도 있고 프로그램의 의미도 있다. 독일, 오스트리아, 스위스 등에서는 산림 및 환경교육을 할 수 있도록 산림 속에 적정 규모의 건축물을 확보하고 있다. 우리나라의 대부분의 경우처럼 시설이 없이 환경교육만 실시하는 경우도 많다.

여기서 말하는 환경교육은 정규 교육기관이 실시하는 것을 말하는 것이 아니고 정규, 비정규 기관이나 단체를 막론하고 환경에 대해서 사회교육의 일환으로 실시하는 교육을 말한다.

2. 환경교육의 출현 배경과 필요성

자연 생태계는 산불, 산사태, 홍수 등 일상적인 자연 현상에 의해서 받은 피해에 대해서는 적절히 대처하여 일정한 시간이 흐르면 원상을 회복한다. 이것을 환경이 갖고 있는 자정작용(自淨作用)이라고 한다. 그러나, 산업화, 도시화 과정에서 인간이 무리하게 가한 여러 가지 개발형태에 대해서는 생태계가 대처할 능력이 없어 이전의 상태를 회복하지 못하고 지금까지 유지하여 왔던 생태적 균형과 질서를 잃고 점차 황폐해져 간다. 환경오염이란 인간의 각종 경제활동의 결과로 환경에 가한 개발행위로 인하여 환경 스스로의 자정능력 범위를 벗어나서 원상태를 회복하지 못하고 자연 생태계의 균형과 질서가 깨진 현상을 말한다.

환경오염이 가중되어 생활환경이 위협을 받게 되고, 천연자원의 고갈로 인류의 미래에 대한 보장이 불확실해지면서 이러한 문제에 대해서 지역적으로 혹은 국제적으로 적극 대처하기 시작하였다. 이러한 맥락에서 열렸던 1992년 리우 환경 정상회의는 전 세계인으로 하여금 환경의 중요성과 보호에 대한 관심을 크게 불러일으켰다. 물론 자연보호나 환경보호에 대한 관심은 130여 년 전부터 지속적으로 있어 왔다. 1872년 옐로스톤 지역일대를 국립공원으로 지정하면서부터 일어난 국립공원 운동이라든가 1948년 국제자연보호연맹의 창설 등이 그 같은 관심을 대변한다. 1992년 이후부터는 국제협약이 체결되고 국가간의 협력이 강화되는 등 자연을 지키려는 노력이 과거 어느 때보다 더욱 강화되고 있다. 여러 가지 노력 가운데에 환경윤리 혹은 생명윤리의 출현은 자연환경을 중시하고 보전하기 위한 새로운 사상의 태동이라는 점에서 큰 의미를 부여할 수 있다. 중시해야 할 점은 이것이 단순히 윤리적 사상의 제기에 지나지 않고 사회적 흐름 속에서 현대인의 마음속에 환경의식의 태동과 함께 행동으로 표출되고 있다라는 사실이다. 그것은 다름 아닌 자연 교육 혹은 환경교육의 형태로 이뤄지고 있는 것을 말한다.

사상은 단순히 일부 철학자나 사상가의 제안으로 완성되는 것이 아니다. 사회적 합의가 전제되고 그것이 일반인들의 마음속에 의식화되어 자연스럽게 행동으로 표출되면 하나의 사상으로 정립되는 것이다. 환경교육은 환경윤리나 생명윤리를 행동으로 실천할 수 있는 토대를 마련하는 교육적 수단이며 환경윤리를 정립시키는 도구라고 볼 수 있다. 새로운 사상이 태동하는 한편, 다른 한편에서는 여러 가지 이념을 가진 환경관련 단체들이 탄생하였다. 환경교육과 관련된 학회는 한국환경교육학회로서 1989년 9월에 창립되었다.

환경교육은 여러 가지 관점에서 필요성을 제기할 수 있을 것이다. 첫째, 교육적 관점에서 현장에서 학생들에게 직접적으로 자연과 접할 수 있는 교육을 필요로 하는 시점에서 환경교육은 그에 가장 잘 어울리는 교육이다. 교육자와 피교육자 간에 현장에서 직접 주고 받는 실질적인 교육이 이뤄지며 교육 효과도 배증되는 것은 당연한 일이다.

둘째, 사회적 관점에서 일반 사회인들에게 환경과 생명에 대해 경각심을 일깨우고 자연의 중요성을 강조함으로써 자연 보전에 대해 환경윤리의 관점에서 실천적 행동으로 옮길 수 있도록 하는데 환경교육은 꼭 필요하다. 특히 인터넷을 통해서 가상현실을 체험하면서 살아가는 현대 생활의 특징으로 볼 때, 점점 녹색 자연과의 접촉에서 멀어져가는 현대인에게 환경교육은 자연을 접촉하게 해 준다는 관점에서도 더욱 그 필요성이 강조된다.

셋째, 환경적인 관점에서 환경문제가 심각해지고 있지만 생태계의 원리나 체계를 조직적으로 배울 수 있는 기회가 별로 주어지지 않는 현재의 교육 체계에서 환경교육은 절실히 요구되는 교육의 하나이다.

제 3 절 환경교육의 국내외 현황

1. 국 내

가. 자연환경안내자 교육 과정

1997년 말 외환 보유고 고갈을 겪으면서 맞이했던 경제위기는 수많은 사람들을 실업자의 이름으로 길거리로 내몰았다. 1998년 당시 노동부는 실업대책의 하나로서 재취업 교육의 일환으로 국민대학교에 자연환경 안내자 과정을 설치하도록 인가하였다. 이렇게 하여 국민대학교는 사회교육원에서 삼림과학대학 교수진이 중심이 되어 국내 최초로 자연환경을 안내할 수 있는 전문가를 양성하는 교육을 실시할 수 있었다. 대학에서 집단적으로 일반 성인을 대상으로 환경교육을 실시한 것의 효시가 되었다.

교육 프로그램은 기초분야와 실전분야로 나눠서 각 8과목씩 16개 과목으로 구성되었는데 각 과목별 15시간씩의 강의와 실습으로 진행되었다. 각 분야별 프로그램의 내용을 소개하면 다음과 같다.

표 11-1. 기초분야 교육 프로그램

교과과정	과목의 중심 교육 내용
산림과문화	산림의 의미와 기능, 숲의 역사, 우리문화와 숲, 숲과 민속, 숲과 환경문제, 숲과 예술, 숲과 신화와 종교, 숲과 현대문명
산림과환경생태	인간생활과 환경문제, 환경생태계, 생태계의 발달, 환경오염과 생태계, 환경윤리
산림과식물	식물과 인간생활, 식물과 환경, 식물식별의 기초, 여러 가지 야외조사 방법
산림과야생조수	산림과 야생조수의 서식처 관계, 포유류 및 야생조류 분류, 서식밀도, 야생조수생태, 보호와 관리
산림과기상	산림의 기상특성, 산림기상과 산악기상, 산림의 생기후, 대기오염, 산림기상과 기후
산림과토양	산림토양, 토양구성과 단면, 토양의 생성과 발달, 토양의 물리성과 화학성, 토양과 물, 토양 생물, 토양과 산림입지, 토양 조사 방법
산림임업	산림과 인간생활, 국내와 산림자원, 산림의 조성, 산림가꾸기, 산림측정과 임업경영, 산림생산, 목재산업의 현황
산림생산과이용	산림이용과 개발현황, 기반시설, 임도계획과 설계, 나무베기와 다듬기,임업부산물 생산, 산림개발의 문제와 대책

표 11-2. 실전분야 교육 프로그램

교과과정	과목의 중심 교육 내용
자연해설기법	자연해설의 역사와 이념, 자연해설의 정의 및 내용, 자연해설의 종류, 자연해설과 시설, 자연해설의 대상, 해설프로그램기획, 해설기법
자연관찰의 이론과 실제	자연관찰의 기초이론, 자연관찰을 위한 준비작업, 자연관찰의 지도방법, 자연관찰 프로그램 사례
야외활동지도방법	레크레이션의 기초이론, 야외활동의 지도방법, 조직캠프의 지도와 운영, 야외활동지도의 실제
네이쳐 게임의 이론과 실제	네이쳐 게임의 유래와 특성, 네이쳐 게임의 목적과 특징, 네이쳐 게임의 원리, 실제, 응용, 네이쳐 게임을 위한 준비작업
구급처치의 실제	구급처치의 원리, 기초이론, 실제, 야외 안전관리의 실제, 안전사고의 예방과 대책
자연공원경관해석의 이론과 실제	자연공원의 정의, 경관계획, 경관분석의 기초, 서울인근 산림 및 자연공원경관의 해석 실습
산림휴양의 이론과 실제	현대인의 생활과 건강, 노동과 여가와 휴양, 산림휴양의 특성과 경향, 숲의 의학적 효능, 산림욕의 역사와 출현배경, 피톤치드와 테르펜, 자연휴양림
임업체험	임업체험의 기초이론, 초중등학생을 위한 임업체험지도방법과 실제, 올바른 임업체험 지도방법과 응용

본 교육 프로그램은 1998년 5월부터 7월까지 40명의 수강생을 모집하여 실시하였으나 그 이후에는 정부의 도움이 끊기어 계속하지 못하고 단절되었다.

나. 숲아카데미와 숲해설가 교육

숲아카데미와 숲해설가 교육은 (사)숲해설가 협회에서 실시하는 산림환경에 대한 교양 및 전문교육 프로그램이다. 국민대학교의 자연환경 안내자 과정을 수료한 졸업생들이 1998년 가을에 자연환경안내자 협회를 결성하였다. 이 후 명칭을 바꿔 사단법인 숲해설가 협회로 산림청에 법인으로 등록하였다. 협회 회원들은 초창기 자연환경 안내자 과정을 졸업한 사람들이었으나 전문인과 협회에서 진행하는 교육을 수료한 사람들이 가입하면서 많이 늘어났다. 숲해설가들은 자연휴양림이나 수목원, 공원 등지에서 해설가로서 활동하고 있다.

협회는 숲해설 사업 이외에도 시민을 대상으로 환경교육을 실시하고 있다. 대표적인 교육 프로그램으로 숲아카데미, 숲해설가 양성교육, 심화교육 등이 있다. 숲아카데미는 숲과 자연을 사랑하고 자연으로부터 지혜를 얻고 건강한 자연관을 실천하며 살아가려는 사람들을 대상으로 하는 교양강좌이다. 교육 내용은 숲생태 전반에 대해서 다루고 있으며, 총 9주에 걸쳐서 20회의 강의로 구성된 2개월 과정인데 개강은 3월말, 5월말, 7월말, 9월에 있다. 숲해설가 양성 교육은 숲아카데미를 수료한 사람 중에서 숲해설가로서 활동하고자 하는 사람들을 대상으로 실시하는 환경교육이다. 숲아카데미보다 심도 있는 이론 및 현장 강의를 통해서 숲해설가로 성장할 수 있는 기회를 제공하기 위해 마련한 프로그램이다. 교육기간은 총 15주로서 강의 40회와 실습 8회로 이뤄져있으며 3월초, 8월초 개강하여 연 2회 진행한다.

표 11-3. 숲아카데미의교육프로그램

교육과목	내　용	교 육 과 목	내　용
숲과 문화1(이론)	역사, 문화, 예술과 숲	토양생태(이론)	토양생태계의 이해
숲과 문화2(이론)	상동	야생조류(이론)	야생조류의 생태 및 구분
생태윤리(이론)	생태철학과 생명윤리	야생조류(현장)	상동
자연체험과 인간발달(이론)	자연체험과 인간성장, 발달의 관계	인간과 자연(토론)	인간과 자연을 보는 시각
숲생태학(현장)	숲의 구조와 생태계	숲체험활동(현장)	숲체험활동
숲생태학(이론)	숲의 구조와 생태계	곤충(이론)	곤충의 생태 및 구분
목본식물(현장)	목본식물의 이해	곤충(현장)	상동
초본식물(현장)	초본식물의 이해	sharing nature -자연놀이(현장)	nature game 체험활동
식물의 이해(이론)	식물생태 개관	숲해설이란(이론)	숲해설의 역사, 의의
계곡생태(현장)	계곡생물의 생태	발표회 및 수료식	

표 11-4. 숲해설가 양성 교육 프로그램

분야구분	교 과 목	주 요 내 용
환경교육	환경교육론	환경교육전반
	교수학습방법 환경교육공학	야외환경교육시에 필요한 교수·학습방법 연구
숲해설가의 태도와 가치	생태철학	생태철학과 환경윤리
	숲과 명상	숲에서의 명상, 수련활동
숲해설	숲해설 워크샵	숲해설 프로그램기획, 운영방법
	자연놀이	자연놀이와 전통놀이
생태학	생태학과 숲생태학	생태학 전반, 숲아카데미 수업 심화교육
생물각론	식물학	식물의 이해, 식물분류학
	조　류	조류에 대한 전반적인 이해, 동정
	곤　충	곤충에 대한 전반적인 이해, 동정
기타	야외응급처치	야외활동시 주의사항, 응급처치방법
	모니터링	모니터링방법과 기법연구
	트레이닝 과정	
	평가회 및 수료식	

한편 심화교육은 정규교육을 마친 정회원을 대상으로 하며 숲해설에 필요한 여러가지 주제로 보다 전문적인 배움의 기회를 갖도록 마련한 것이다. 이 교육 프로그램은 몇 개의 주제로 구성되어 진행되는데 각 주제마다 교육내용과 형식, 교육기간 을 달리하며 개강시기도 다르다. 주제 분야별 대강의 내용은 다음과 같다.

표 11-5. 심화교육의 내용

심 화 분 야	교 육 내 용
환 경 교 육	교수·학습방법 연구, 교육심리학, 교재나 교구개발 등
식 물	식물분류학, 식물생태학 등
생 태 학	생태학 개론, 산림생태학 등
곤 충	곤충 분류, 곤충생태 등
조 류	조류 분류, 조류생태 등
기 타	사진, 자연놀이 등

자료 : www.foresto.org(숲해설가 협회 홈페이지).

다. 산림학교

산림과 환경문제의 중요성을 인식하여 스위스에서는 이미 1980년대부터 산림학교(Waldschule)라는 명칭으로 산림교육을 실시하기 시작하였다. 우리나라에서도 환경교육의 범주에서 산림의 생태적, 환경적, 자원적 중요성을 널리 알리고 인간과의 관계를 올바로 정립시키기 위해 숲에서 여러 가지 형태로 교육이 일어나고 있다. 숲체험 교실, 숲속의 집 등은 기능이 비슷한 프로그램이다.

국민대학교에서 개설한 산림학교는 산림청이 후원하는 녹색자금을 지원받아 산주와 일반 시민을 대상으로 16개 강좌와 명사특강, 현장 견학으로 구성된 산림환경 교육 프로그램이다. 교육의 취지는 산주를 교육하여 토지가격이 상승하기만 기대하며 방치하고 있는 산림을 적극적으로 관리하도록 유도하는데 있다. 전국 산림의 70%가 개인이 소유하고 있는 사유림인데 많은 산주들은 산을 가꾸고 싶어도 전문 지식이 없어 고민만 하고 있는 실정이다. 이러한 상황을 감안하여 국민대학교의 제창으로 이와 같은 프로그램이 출현하게 된 것이다.

교육은 2003년 11월부터 시작되었는데 프로그램 명칭은 다르지만 녹색자금 지원으로 산림자원학과가 설치된 대학 중 12개 대학이 거의 비슷한 시기에 일반인을 대상으로 산림교육을 실시하고 있다. 이 교육의 대상은 산주 혹은 일반시민이며 완전 무료 교육으로 시행된다. 녹색자금이란 복권 사업의 수익금 중 산림사업에 쓸 수 있도록 산림청에 배당된 자금을 말한다.

1) 산림학교 실시의 배경

우리나라의 산림은 국토 면적의 65%나 된다. 차지하고 있는 면적이 넓은 만큼 산림은 나라의 경제, 사회, 문화, 환경, 생태계 등에 많은 영향을 끼치고 있다.

그런데 전체 산림의 70%나 되는 면적이 개인이 소유하고 있는 사유림이며 산주의 수가 전국적으로 220만명이나 된다. 산주는 많지만 전문적인 지식도 부족하고 정보도 없어서 산을 관리하는 데에 엄두를 내지 못하고 있는 실정이다. 현재의 울창한 숲을 경제적으로, 환경적으로, 문화적으로 더욱 가치있게 가꾸려면 산림교육의 진정한 실수요자인 이들 개인 산주들에 대한 교육이 절대적으로 꼭 필요하다.

이러한 상황을 인식하여 국민대학교(삼림과학대학)는 산림청의 후원으로 녹색자금을 지원받아, 산을 가지고 있으면서 어떻게 관리해야 할 지 고민하는 산주들에게 해답을 주기 위하여 <산림학교>를 개강하였다. 이 교육은 무료이며 일반 시민에게도 열려있는 사회 교육 프로그램이다.

내 산의 부동산 가치를 높혀주는 방법, 내 산의 나무이름 알기, 산에서 소득얻기, 사회와 정치 속에서 산림의 역할, 여러 가지 산림재정 지원제도, 숲의 문화적 가치, 시인과 화가와 음악가와의 만남, 명사 특강, 모범 조림지 견학 등을 통해서 내 산에 대한 다양한 가치를 깨닫고, 교양과 견문을 넓히는 계기가 될 것이다. 220만 산주에게는 내 산 가꾸기를 위한 뚜렷한 방향 제시뿐만 아니라, 산과 숲과 환경에 대한 교양을 넓혀 드리는 멋진 자연 문화 교양강좌가 될 것으로 기대한다.

그림 11-2. 국민대학교 산림학교 실시 광경
(산림과학원 산림유전자원부 견학-수원)

2) 교육의 필요성

첫째, 숲-산림-임학-임업교육을 학교밖에 있는 진정한 실수요자들인 산주에게 열어야 하며, 둘째, 사회교육을 통해 산주로 하여금, 자기 山에 대한 "부동산으로서의 가치"만을 생각하는 고정관념에서 벗어나는 계기를 마련해 줄 필요가 있고, 셋째, 이러한 의식전환을 통해서 자발적인 육림활동이 아래로부터(산주로부터) 진작될 수 있도록 유도할 필요가 있으며, 넷째, 산림 관련 대학에서 산주들을 적극적으로 교육하는 이른바 '산주 참여교육'을 실천하므로써 산주와 행정기관과 교육기관간의 유대관계를 공고히 할 필요가 있다.

3) 개설목적

첫째, 산주에게 자기 산의 산업적, 환경적, 생태적, 정치 사회적, 문화적 가치를 알려주고 둘째, 내 산의 중요성을 인식시켜 육림활동 등 산림 관리 의욕을 진작시키고, 셋째, 숲 가꾸기에 필요한 여러 가지 재정적이고 실질적인 아이디어를 제공하며, 넷째, 일반인들에게는 숲과 임업과 환경의 중요성을 계몽하고, 다섯째, 나무와 숲과 환경에 대한 교양과 고급 정보를 제공하므로써 시민들이 희구하는 자연친화적 삶의 질을 고양시키고자 하는 것이다.

4) 교육 방법, 인원

격주로 주말을 이용하여 2일 동안 실시하는데 토요일에는 강의, 일요일에는 현장을 견학한다. 매회 100명씩 산주와 일반시민을 대상으로 선착순으로 모집한다. 2003년도에는 5회, 2004년도에는 4회, 2005년에는 3회 걸쳐서 연인원 총 2000여명에게 교육하였다.

표 11-6. 산림학교 교육 프로그램(2005년)

분 야		강 의 과 목	교 육 내 용
본강좌	I 산림 환경	①수목 피해와 외과수술	천연기념물, 노거수, 일반수목의 보호 관리법
		②국토간호와 자연조화	국토와 산림을 자연조화롭게 관리하는 법
		③산림과 환경	지구환경과 숲
	II 경영 육림	④내산의 나무구별하기	수목원이나 교내 나무 이름 알기
		⑤산림 부동산 관리법	산림 부동산 개발 및 투자 방안
		⑥내산 어떻게경영할까	산/산림을 잘 관리/경영하는 방법
	III 생산 이용	⑦산림재정지원제도	산에 관련된 재정지원 내역
		⑧나무심기와 육림방법	나무심기, 가지치기 등 육림방법
		⑨나무에서 종이까지	나무에서 종이 만드는 방법 실연
특별프로	IV 산림 문화	⑩목재의 성질바로알기	목재의 여러 성질을 쉽게 알림
		⑪목공예	목공예 실습
		⑫실용 버섯 재배기술	소득 가능한 버섯재배기술
	특별 강연	⑬산림문화기획과이벤트	산림문화이벤트 계획하기
		⑭영상제작과 편집	자연다큐 촬영에서 편집까지
		⑮표현과 화술	대중앞에서의 표현과 화술
	현장 견학	⑯숲속의예술학교(1~4)	시, 나무그리기, 풀잎 목공예
		⑰명사 특강	산림/임업 관련 특강
		⑱조림 성공지 및 목재가공공장 시찰	조림지와 목재공장시찰

5) 강의 및 수강 신청 방법

총 개설과목은 4분야 16강좌로서 1교시에 각 분야별로 1과목씩 4과목을 동시에 열어 5교시에 걸쳐 강의한다. 따라서 수강생은 1교시에 1과목씩 하루(1차)에 총 4과목을 수강할 수 있다. 5교시 중 제3교시는 명사특강으로 준비되어 있다. 수강생은 접수할 때 아래에 제시된 시간표를 참고하여 각 교시마다 수강을 원하는 과목을 미리 신청하여야 한다.

표 11-7. 산림학교 교육 시간표(2003년)

<table>
<tr><th colspan="2" rowspan="3">구분</th><th>1교시</th><th>2교시</th><th>점심</th><th>3교시</th><th>4교시</th><th>5교시</th></tr>
<tr><td rowspan="2">9:30~
11:00</td><td rowspan="2">11:15~
12:45</td><td>12:45~
13:45</td><td>13:45~
14:45</td><td rowspan="2">15:00~
16:30</td><td rowspan="2">16:45~
18:15</td></tr>
<tr><td></td><td>특강</td></tr>
<tr><td rowspan="4">택1
강
좌</td><td>산림
환경</td><td>①산림과
환경문제</td><td>②국토간호
와 임정</td><td rowspan="4">국민대
교직원
식당</td><td rowspan="4">명사
초청 특강</td><td>③내산의
나무
구별하기</td><td>④산림과
사회와
정의</td></tr>
<tr><td>경영
육림</td><td>⑤산림
부동산
관리법</td><td>⑥내산
어떻게
경영할까</td><td>⑦산림재정
지원 제도</td><td>⑧나무심기와
육림방법</td></tr>
<tr><td>생산
이용</td><td>⑨나무에서
종이까지</td><td>⑩나무에서
징코민까지</td><td>⑪나무로
만들어진
것들-목질
재료</td><td>⑫실용 버섯
재배기술</td></tr>
<tr><td>산림
문화</td><td>⑬인터넷과
PC를
이용한
산림정보
관리</td><td>⑯숲 속의
예술 학교</td><td>⑮숲의문화적
가치와
우리민족의
삶</td><td>⑭산림욕과
자연휴양림</td></tr>
</table>

라. 그린캠프

그린캠프(green camp)는 설악산 장수대 숲속 수련장에서 전국의 여고생을 대상으로 숲의 소중함을 다각도로 조명하여 교육하는 환경 프로그램이다. 산림조합중앙회와 유한킴벌리가 공동주최하고 산림청에서 후원하는데 매년 여름방학을 이용하여 3박 4일간 두 차례 실시한다. 2003년 여름방학까지 전국의 1,453개교에서 2,324명의 여고생들이 참가하여 숲속 환경 체험교육을 받았다.

교육 프로그램은 캐나다, 호주, 코스타리카, 케냐, 블티시 웨스트 인디스, 멕시코 등 세계 6개 지역에서 운영하고 있는 세계적인 환경체험 교육기관인 SFS(School for Field Studies) 교육방식과 유사하다.

표 11-8. 그린캠프 숲속 체험 교육 프로그램 내용

시 간	첫째 날	둘째 날	셋째 날	넷째 날
06:00		아침체조	아침체조	아침체조
07:00	삼성동 집결	아침식사	아침식사	아침식사
08:00	숲속학교로 이동	Fields Studies(1) -숲과 물 -숲과 대기 -숲과 토양	Fields Studies(2) -숲과 나무 -숲과 생물 다양성 -숲진단	설 문
09:00				조 사 수 료 식
10:00				서울로 이동
11:00	캠프등록			
12:00	점심식사	점심식사	점심식사	
13:00	입 학 식			
14:00	친교시간 -마임배우기 -조별시간	물 놀 이	영만들기 -기획토의 -스토리보드작성 -준비와 리허설 -촬영	
15:00		목공교실		
16:00				서울 도착
17:00		역할연기이해		
18:00	저녁식사	저녁식사	저녁식사	
19:00	조별발표	숲속특강	숲을 위한 음악회	
20:00				
21:00	숲속 밤 체험 -소리지도만들기 -야간곤충관찰 -별자리관찰	레크레이션	숲속 영화제	
22:00			캠프화이어	

자료 : www.forestkorea.org 유한킴벌리 <우리강산 푸르게 푸르게> 홈페이지)

마. 그린스쿨

산림청 국립수목원이 교육, 홍보 업무의 하나로 청소년들을 위한 산림환경 교육 프로그램인 그린스쿨(green school)과 방문객을 위해 무료 해설 강좌를 제공하고 있다.

그린스쿨의 교육 목적은 청소년들에게 자연을 직접 체험할 수 있는 기회를 부여하고 체험학습 프로그램 운영으로 관련 지식을 습득할 기회를 제공하며 자연환경보호에 대한 주인의식을 심어주기 위함이다. 프로그램의 구체적인 내용을 소개하면 다음과 같다.

1) 교육개요

① 기간 : 매년 5월~10월(수~금요일)
② 장소 : 국립수목원(경기도 포천군 소흘면 직동리 일대)
③ 대상 : 수도권 초등학교 5학년생
④ 인원 : 약 10,000명
⑤ 내용 : 자연관찰 및 현장체험 교육

2) 참가방법

① 신청기간 : 4월말까지 초등학교별로 해당 교육구청에 신청
② 신청대상 : 서울, 경기 지역 초등학교 5학년

국립수목원에서는 교육구청으로부터 접수된 신청학교를 일정별로 조정하여 해당 교육구청에 알려주면 교육구청은 그 결과를 각 학교에 통보하여 준비하도록 한다.

3) 교육지도

국립 수목원의 직원과 관련분야에서 활동하는 전문강사를 활용한다. 여기에는 숲해설가 협회 소속의 숲해설가들이 다수 참여한다.

4) 교육 프로그램

자연관찰학습 중심으로서 이를 위해 스스로 찾아서 할 수 있도록 학습교재를 제작하거나 수목원 및 산림박물관 자료를 활용하기도 한다.

5) 현장체험학습

숲속 보물찾기, 숲 설계도, 우리나무예요, 연필꽂이 만들기 등의 프로그램으로 진행한다.

6) 교육운영방식

1일 교육인원은 약 200명으로서 100명씩 두 개 반으로 나눠서 A, B반으로 편성하여 반별로 운영한다. A반이 자연관찰학습(수목원관찰) 및 모의실험에 참여하는 동안 B반은 현장체험학습 참여한다. A반과 B반을 오전과 오후로 상호 교대하여 교육한다.

모든 교육 참여자에게 기본교재로서 『숲과 우리생활』을 배부하며 연필꽂이 공작교실에서 스스로 제작한 연필꽂이를 가져간다. 무료 숲해설 프로그램은 수목원에 오는 방문객들을 대상으로 수목원, 산림, 환경등에 관해 해설해주는 자연환경 안내 서비스이다. 숲해설가 협회 소속의 해설가들이 많이 참여하고 있다.

바. 숲과 문화 연구회의 <아름다운 숲 찾아가기> 외

숲과 문화 연구회는 1992년에 창립된 단체이다. 우리를 둘러싼 환경의 급격한 변화와 더불어 사라져 가는 숲을 보전하여 우리의 생활을 푸르름 속에서 풍요롭게 유지될 수 있도록 지향하기 위한 여러 가지 일들을 행동으로 실천하고 있다. 그중에서 환경교육과 관련된 것은 <아름다운 숲 찾아가기>, <자녀와 함께 아름다운 숲 찾아가기>, <숲 문화학교> 행사이다. 이 행사들은 일반인과 가족단위, 초중등 학생들을 대상으로 숲을 탐방하면서 체험적 산림환경 교육을 실시하는 것이다. <숲 문화학교>는 하나은행 후원하에 1박 2일로 자연휴양림의 청소년 수련관에서 진행한다.

표 11-9. 숲 문화학교 교육 프로그램

첫 째 날(토 요 일)			
시간	일 정	세 부 일 정	준 비 물
13:00 ~ 4:30	-출발 -휴양림 도착	버스 안 행사 : 숲과 관련한 비디오 상영	비디오 2종 4편
4:30~ 6:00	-짐정리 -축구공 만들기	-짐정리 후 축구공 만들기 (모둠별로 숲 해설가 담당)	지푸라기, 정전가위 또는 커터, 현수막 설치 엠프, 마이크
7:00~ 8:00	-숲 속 음악회 (우리 가락 배우기)	-국악 연주와 우리가락 배우기, -혹은 양악 프로그램으로 준비 -함께 노래 부르기	- 장단과 민요 배우기 - 국악 연주 감상
8:00~ 9:00	-가족놀이	-숲 속 월드컵 : 장소는 운동장 -자연놀이: 숲 해설가 2인	머리띠 : 팀구별 용 자연놀이 준비물
9:00~ 10:00	-아름다운 숲 감상 -나만의 도안 만들기	-아름다운 숲 감상(어른): 강의실에서 국내와 아름다운 숲 감상회 -강연자 : 숲과 문화 연구회의 운영회원 -나만의 도안 만들기(아이들)	다과 및 간식준비 민무늬 면티: 인원 수 아크릴 물감, 붓, 플라스틱 접시, 신문지, 휴지, 종이컵, 이면지
둘 째 날 (일 요 일)			
시간	일 정	세 부 일 정	준 비 물
7:00~ 9:00	-기상 및 짐정리 -아침 산책 -아침 식사	-아침식사 전에 짐정리 -아침산책과 식사는 자율적으로	
9:00~ 11:00	-숲 속 여행 및 가족 작품 만들기	-각 모둠별로 숲 속 여행 -진 행 : 숲 해설가	모둠별 준비물 : 하드보드, 테이프, 싸인펜 12색 4셋트, 끈, 집게
11:00 ~ 11:30	-집결 및 사진 촬영	-모둠단위 활동 후 전체 집결 (집결 시간 엄수)	
11:30 ~ 12:30	-식사 및 짐 정리	-식사 후 버스 승차 -귀경 차량 : 설문지 작성	기념품 배포(가족당 1개), 설문지, 필기도구

자료 : 숲과 문화 연구회(www.humantree.or.kr)

그림 11-3. 숲 문화학교 실시 광경(산음 자연 휴양림 일대)

사. 각종 숲체험 교실

1) (사)생명의 숲 국민운동의 환경교육 프로그램

1998년 창단한 (사)생명의 숲 국민운동은 여러 가지 형태로 환경교육을 실시한다. 봄부터 가을까지 홍릉수목원에서 숲체험 교실을 운영하고 있으며, 지자체와 공동으로 숲체험 지도자 교육을 실시한다. 아래 제시하는 프로그램은 서울특별시 서초구 여성인력개발 센타와 공동으로 실시한 환경 교육 프로그램의 내용이다.

표 11-10. 숲체험 지도자 교육 프로그램(10주 과정)

일정	교 과 목	학 습 내 용
1주	-개강식,오리엔테이션 -숲과 사람, 사람과 숲	숲이란 무엇일까 숲을 위한 시민운동
	산림생태계의 구성과 특성	산림생태계, 숲의 발달
2주	숲의 가치	자연체험과 인간발달
	수목분류학	수종명의 유래, 수목일반, 수종구별
3주	숲과 문화	숲과 문학, 숲과 철학, 숲과 종교, 숲과 미술, 숲과 음악
	야생동물의 생태적 의미	생태적 의미와 보호방안, 도심서식의 문제점 및 대책
4주	우리식물 다시 알기	우릿기물에 대한 단상
	숲과 생태	지구환경과 숲, 그리고 인간
5주	숲과 새	야생조류와 숲의 상호관계
	자연해설 시연 I	시연 I
6주	초본식물	초본식물과 자생식물
	숲 가꾸기 현장체험	숲가꾸기 활동(가지치기)
7주	도시숲의 경관생태	환경친화적 지역개발과 지속가능성, 토지이용과 숲의 관리
	궁궐숲 돌아보기	종묘숲의 식생구조, 궁궐숲의 역할
8주	숲을 활용한 환경교육 교재활용	환경교육의 교수 학습평가, 숲활용을 위한 다양한 교재
	숲속 보물들과 하나되기	자연놀이 및 만들기
9주	숲해설의 실제	숲해설 유형과 해설 원칙
	다음세대를 위하여	가을숲 가꾸기
10주	도시의 나무	나무 돌보아 주기
	자연해설 시연 II 및 수료식	시연 II, 숲체험지도자 사명 선언식

자료 : (사)생명의 숲. 숲체험 지도자. 생명의 숲(www.forest.or.kr). 2003

2) 한국불교환경교육원의 생태학교

생태학교라는 환경교육 프로그램도 여러 기관과 단체에서 같은 이름으로 진행한다. 한국 불교 환경교육원은 1991년부터 환경문제에 대한 근본인식과 인식의 사회적 확산을 위해 생태학교와 생명운동 아카데미를 운영하고 있다. 생태학교에서 운영하였던 프로그램의 일부를 소개한다.

표 11-11. 생태학교 프로그램 사례1(한국 불교 환경교육원)

대 주 제	강 좌
생태위기의 현실	새로운 사회운동으로서 생명운동
	전지구적 환경문제와 문영의 위기
	대기오염과 녹색교통운동
	생물 종다양성 보존과 생태계
	팔당 상수원지역 탐사
생명문제의 근본인식	노장의 세계관과 환경문제
	생명운동과 노동운동
	여성문제와 에코페미니즘
	21세기, 새로운 인간상
위기를 희망으로	살림운동과 통일운동
	시민운동과 환경운동의 전략
	서울을 고향으로-서울의제21
	문화운동과 지역문화만들기
	오염감시운동과 주민운동
	새로운 문명, 새로운 인간

3) 숲 연구소의 숲생태 교육 아카데미

숲연구소는 일반인을 대상으로 자연생태의 이해를 돕기 위해 연구하는 단체로서 2002년 1월 북한산 숲생태 탐방을 시작으로 본격적으로 활동하고 있다. 생태탐방이나 생태 나들이를 통해서 숲과 그 주변의 환경에 대한 배움과 지식을 주고 받고 있다. 특히 한겨레 문화센터와 공동으로 주관하는 숲생태교육 아카데미는 숲생태 지도자 양성 교육과정으로서 생태철학, 숲생태, 목본 및 초본 생태의 이해, 계곡생태계 등의 분야로 구분하여 산림환경에 대해서 전문 교육을 실시하고 있다. 숲생태 아카데미가 제공하는 프로그램은 다음과 같다.

표 11-12. 숲생태 아카데미의 환경 교육 프로그램

분 야		교 과 목
제1일	생태철학	-오리엔테이션, 숲이란 무엇인가?
제2일		-환경교육
제3일		-생태윤리
제4일		-숲의 이해 : 홍릉 수목원
제5일	초본생태의 이해	-초본이야기
제6일		-현장교육 1 : 들꽃학습원
제7일		-현장교육 2 : 분당 청계산
제8일	계곡생태의 이해	-계곡 생태계의 이해
제9일		-계곡 생태계의 이해 현상실습 : 홍릉 수목원
제10일	숲생태의 이해	-자연과학적 관점에서의 숲생태학
제11일		-현장교육 : 북한산
제12일		-현장교육 : 청계산
제13일	목본생태의 이해	-수목의 구조와 생리
제14일		-현장교육 : 창경궁
제15일		-수목검색 교육
제16일		-수목검색 현장실습 : 서초 청계산
제17일	체험환경교육 시연교육	-체험환경교육 프로그램 기획 1
제18일		-체험환경교육 프로그램 기획 2
제19일		-체험환경교육 시연 및 평가

4) 한국 지역사회 시니어클럽의 환경교육

한국 지역사회 시니어 클럽은 직장 은퇴자들의 사회활동 참여와 소득보장 등 고령사회를 대비한 종합적 차원의 접근을 시도하는 기관으로 보건복지부의 지원을 받고 있다. 정책 지원사업이다. 2001년 8월부터 시작된 한국 지역사회 시니어 클럽은 2003년 현재 전국20개의 지회를 두고 활동 중이다. 교보생명의 지원을 받아 지회 자체적으로 푸른 숲 안내교실을 운영하고 있다.

기타 각종 환경관련 단체마다 다양한 환경교육을 실시하고 있으며 교육의 내용은 서로 유사하다.

2. 국외

가. 미국

자연교육 혹은 환경교육의 역사를 말할 때 미국의 개척자 시절 활동한 자연주의자들을 우선으로 설명하곤 한다. 그 중에서 1889년부터 1922년 죽을 때까지 로키 산맥 일대에서 등산객들을 안내하며 살았던 밀즈(Enos A. Mills)를 자연교육의 창시자로 일컫는다. 특히 그는 최초의 자연환경교육 프로그램이라고 볼 수 있는 트레일 스쿨(trail school)을 창설한 사람으로도 알려져 있다. 등산객을 안내한 활동은 환경해설 혹은 자연해설의 초기형태라고 볼 수 있으며 환경해설이란 야외에서 실시하는 환경교육의 형태이다. 이러한 해설 서비스는 1898년 옐로스톤 국립공원, 1904년 요세미티 국립공원, 1913년 레이니어 국립공원 등지에서 제공되기 시작하였다.

미국 워싱턴 주 소재 국립공원에서 제공되고 있는 환경교육 관련 프로그램을 소개하면 다음과 같다.

표 11-13. 미국 워싱턴 주 국립공원의 환경교육 프로그램

	레이니어 국립공원	올림픽 국립공원	노스 케스케이드 국립공원
연 간 탐방객수	약200만	약400만	약40만
프로그램	-연중 다양한 자연관찰학습프로그램 -자연학습 탐방로 -Where the river begins?	-자기안내 해설 프로그램 -공원관리자 해설프로그램 -다양한 자연학습 탐방로 -성인 및 가족대상 세미나	-지역 초·중학생을 위한 프로그램 -일반인을 위한 환경세미나 -다양한 자연학습 탐방로 -A living classroom
교육지원 단 체	-레이니어·노스케스케이드·올림픽山 기금 -서북부 해설 협회(NWIA) -워싱턴주 산림보호협회 -워싱턴주 환경교육사무소 -파크넷(Parknet) 등		

자료 : 이선경 외. 1998. 숲과 자연교육. 숲과 문화 연구회

나. 일 본

미국의 예에서 관찰할 수 있었듯이 환경교육의 시작은 국립공원에서부터 시작하고 있다. 이 같은 예는 일본의 경우도 마찬가지이다. 1964년에 일본에서는 최초로 닛꼬 국립공원 안에 방문자 센터(visitor center)가 설립되어 일반인들에게 간접적인 해설 서비스가 제공되기 시작하였다. 1978년에는 일본자연보호협회에서 자연관찰지도원이라는 자연해설가를 양성하는 사업이 추진되면서 이수자들을 곳곳에 파견하기 시작하였다. 1986년에는 민간기업인 (주)자연교육 연구센터가 요코하마에 자연관찰의 숲을 개관하여 일반인을 대상으로 자연교육을 실시하였다. 1992년부터는 임야청이 산림환경교육을 담당하는 산림 지도사(forest instructor) 제도를 만들어 운영하고 있다.

한편, 1987년에는 야외에서 환경교육을 실시한 환경교육포럼이 생겨나고 1990년에는 환경교육학회가 발족되었다. 1987년에 탄생한 환경교육포럼은 1992년에 일본 환경교육포럼으로 확대 결성되었는데 환경교육을 위해서 자연학교라는 프로그램을 운영하고 있다. 이외에도 수많은 단체들이 결성되어 자연환경교육과 관련한 활동을 진행하고 있다. 일본에서 이뤄지고 있는 환경교육을 위한 단체와 활동을 소개하면 다음 표와 같다.

표 11-14. 일본 환경교육의 주요 단체 및 활동(김상윤, 1998; 김인호, 1998)

단 체	활 동 내 용
(주)자연교육 연구센터	1989년에 임의단체로 출발해 1990년에 법인화한 자연교육단체. 자연환경해설자의 양성교육과 파견, 자연교육시설, 자연교육 프로그램이나 행사기획 및 운영 등
일본자연보호협회	자연보호사상을 국민에게 보급하는 일
삼림문화교실	나무와 숲의 문화를 주제 삼아 활동하는 자연교육기관. 자연을 통해 자연이 우리에게 베푸는 은혜를 직접 체험하고 배우는 프로그램을 제공하는 것은 물론 자연교육을 전달하는 인스트럭터의 양성에도 이바지.
일본 네이쳐 게임 협회	네이쳐 게임이란 미국의 자연주의자인 코넬(Joseph B. Cornell)에 의해 고안된 자연을 소재로 한 게임을 통해 자연과 환경에 대해 체험과 이해를 도모하는 프로그램. 네이쳐 게임의 지속적인 보급을 위해 본 협회가 설치됨
(사)전국임업 개량보급협회 삼림교육센터	보다 많은 사람들이 산림 및 임업을 이해할 수 있도록 필요한 정보를 소책자 등으로 보급. 산림 시리즈, 숲과 인간 시리즈, 산림초등학교, 산림교실 등의 책자를 발간
(사)전국삼림 레크레이션협회	국유임야 사업에 있어서 자연관찰, 임업체험, 산림욕 등의 야외활동을 하는 경우에 산림, 임업, 수목, 야생조류 등에 관한 설명, 현지안내, 야외활동에 관한 기술을 지도
자 연 학 교	일본 환경교육포럼에서 실시하는 환경교육 프로그램으로서 가족, 어린이, 젊은 남녀, 노인, 기업의 신입사원, 기업의 사업기획자, 노동조합원 등을 대상으로 하는 다양한 프로그램을 운영

다. 독일 베를린 주정부의 산림학교 운영[1]

1) 개 요

독일의 경우 시민사회의 환경의식은 지난 세기부터 있어왔던 환경교육의 전통 속에 맥이 닿아 있으며, 1920년대의 정원학교운동이나 1950년대와 60년대의 녹지 속의 학교 등을 예로 들 수 있다. 그러다가 1970년대 이후 환경문제, 특히 오염으로 인해 숲이 죽어가는 문제(Waldsterben: 숲의 죽음)가 크게 확산되면서 이를 해결하기 위한 교육의 필요성을 더욱 심각히 느끼게 된다. 이 과정에서 산림학교가 탄생하게 되었다.

주된 목표는 아이들로 하여금 학교의 일상생활로부터의 전환과 책임의식을 고양시키게 될 자연과의 신뢰성을 일깨우고자 하는 것이다. 산림학교는 대개 1) 숲의 죽음 대신 숲의 삶(Waldleben statt Waldsterben), 2) (학교에서와 같은) 교육 매체의 배척, 3) 비성과 경쟁 등의 3가지 기본 원칙을 적용함으로써 어린이들로 하여금 자연과의 거리를 좁히고자 하였다. 첫 번째 원칙은 숲도 인간처럼 생명을 가진 유기체라는 점을 깨닫게 하고자 하는 것이고, 두 번째 원칙은 숲속에서는 복잡한 교보재없이 숲에 있는 자연 그대로의 교보재로 교육한다는 것이다. 세 번째 원칙은 심리적인 부담을 주지않기 위해 숲에서 체험학습한 것을 평가하지 않는다는 원칙이다. 이러한 방향설정은 아이들이 학교일상에서 벗어날 수 있게 되면 그들은 보다 자유로운 상태에서 자연을 전적으로 그리고 완전하게 받아들일 수 있게 된다는 신념에 기초하고 있다.

여기 소개되는 내용은 현재 베를린시에서 진행되고 있는 산림학교 운영의 실태를 파악한 것이다.

2) 산림학교의 활동현황

① 역사와 출현배경: 스위스 취리히市 실 산림학교(Sihlwaldschule)

독일어권에 있어서 산림학교는 스위스 취리히市에서부터 시작되었다. 그 중에서도 취리히市 실 숲(Sihlwald)에 있는 산림학교가 선구자로서 인식되고

---

1) 이 내용은 2002년도 12월, 한국환경교육학회 정기학술발표회에 저자(김기원)가 공주대 이재영 교수와 함께 발표한 논문에서 발췌한 것이다.

있다. 이 학교는 무엇보다도 슈파이흐(Speich)라는 취리히시 산림공무원의 공로로 태동한 것이다. 1970~80년대 당시부터 환경분야에서 가장 큰 관심의 하나였던 것은 오염으로 인한 산림황폐화 문제였다.

시의 산림 공무원들은 환경오염으로부터 실 숲이 가지고 있는 경관을 보전하기 위해 기존의 산림이용(경영) 방식에서 벗어나는 새로운 프로젝트를 개발하였으며 이 과정에서 1986년에 산림학교가 탄생할 수 있게 된다. 처음 2년간의 개척시기를 지나면서부터는 1년 중 3~4개월 정도는 예약이 끝나게 되는 성공적인 단계로 발전하게 된다. 점차 사람들이 늘자 취리히 시에서는 두 개의 학교를 더 개설하게 되었고 현재는 연간 450개 학급이 하루를 숲에서 보내고 있으며, 1년 중 9개월 예약이 이미 끝난 상태가 될 정도로 활성화되어 있다.

산림학교에서 적용하고 있는 학습의 기본 원칙은 다음과 같이 요약될 수 있다. 먼저 산림학교 프로그램의 중점은 숲을 감성적으로 지각하도록 하는 것이며, 다음과 같은 3가지 교수법상의 기본원칙을 제시하고 있다

첫째, 자연과 긍정적인 만남이 자연 속에서 기쁨을 불러일으키고 유지시켜준다. 둘째, 교육매체의 배척 즉, 비디오, 슬라이드, 학습지, 지정된 책 등 교보재를 사용하지 않는다. 셋째, 어린이는 혼자서 자연에 몰두하도록 하고 다른 아이와 더불어 붙어있지 않게 한다.

여기서는 아무런 경쟁도 없다. 다루게 될 주제는 학교 선생님들과 미리 이야기되며 학년과 계절에 알맞게 선정된다. 산림학교의 목표는 아이들로 하여금 학교의 굴레에서 벗어나게 하고, 자연과의 교감을 통해서 신뢰성과 책임의식을 갖도록 하자는 데에 있다. 또한, 기대하는 사항의 하나는 자연 속에서 경험하였던 것을 기억하게 함으로써 그들이 성장하여 어른이 되었을 때 '자연스러운 행동'을 하도록 하는 것이다. 즉, 커서 사회적인 영향력을 갖게 되었을 때 숲 속에 하루를 보냈던 것을 기억케 하여 산림황폐 등 환경문제에 대해서 미래 세대를 생각하도록 하자는 것이다.

② 베를린시의 산림학교 탄생

독일에 있는 산림학교도 스위스 산림학교의 발전과정을 본보기로 삼아 탄생된다. 그러나 그 이전부터 기초적인 형태의 산림교육은 이미 진행되고 있었으며, 또 일반적인 환경 교육도 그동안 생겨난 여러 환경 단체들에 의해 어느

정도 진행되고 있었다. 즉, 현재 베를린시 도시개발국 산하의 산림학교의 하나인 토이플 호수에 있는 레르카비넷 산림학교(Waldschule Lehrkabinett Teufelssee)는 1972년에, 그리고 독일 산림보호회(SDW)가 운영하는 그뤼네 숲 안에 있는 산림학교는 1973년에 그 원형이 탄생하였다. 그러나 산림학교(Waldschule)라는 명칭을 사용하면서 체계적이고 본격적으로 산림환경교육을 진행한 것은 스위스 산림학교의 영향을 받은 이후인 것으로 생각된다.

베를린시의 경우도 스위스와 마찬가지로 산림 공무원이 먼저 숲에 대한 환경 및 사회교육의 필요성을 제기하여 탄생한 것으로 파악된다. 즉, 베를린시 도시개발국의 산림분야 담당 공무원인 라켄베르그(K. Lakenberg) 여사의 제안에 의해 시 관할 산림구역에 6개의 산림학교가 설립되었다, 이들은 Waldschule Spandau(1991), Waldschule Bogensee(1998), Waldschule Bucher Forst(1998), Waldschule Zehlendorf(1996), Waldschule Lehrkabinett Teufelssee(1992), Waldschule Plaenter-wald(1998) 등 6군데이다. 그러나 이것은 공공기관이 아니라 민간시설로 설립된 것이다. 이 시설들이 설립되게 된 또 다른 배경으로는 정부에서 추진하고 있는 직업창출대책(Arbeitsbeschaffungsmassnahme: ABM), 즉 실업자 구제대책의 일환으로 일자리를 마련해 주기 위한 정책적 측면도 작용했다고 한다.

③ 산림학교의 교육

㉠ 기본이념

산림학교라고 부르지만 우리가 흔히 접하는 공교육 체계 속의 학교와는 매우 다르다. 산림학교에서는 자기의 다섯 가지 감각을 활성화하는 것을 배운다. 즉, 붙잡아 접촉하고, 듣고, 냄새 맡고, 맛보고, 보고, 느낀다. 체험과 휴양의 장소인 숲에 가서 숲이 가지고 있는 다양성과 아름다움을 경험하는 것이다. 숲을 인간과 동물과 식물을 위한, 다른 어떤 것으로도 대신할 수 없는 가치 있는 공간으로 체험하게 하는 것이다.

산림학교에서는 이러한 자연적인 환경을 적극적으로 체험할 수 있게 하고 그 속에서 편안함을 느끼게 한다. 그렇게 하는 과정에서 숲 속에서 서로간의 관계와 상관성을 보게 하고 이해하게 한다. 이것이 바로 개개 생명체와 다른 것들과의 책임있는 만남을 위한 전제조건이 되는 것이다. 또한 아이들이 가지고 있는 상상력과 감각을 자극하는 것도 산림학교가 수행하는 중요한 과제의 하나이다.

ⓛ 교육 방법

교수학습방법 측면에서 산림학교는 미국의 조셉 코넬(Joseph Cornell)에 의해 널리 알려진 체험학습을 지향하고 실재로도 체험학습을 중심으로 진행되고 있다.

사용하는 교보재는 대부분 숲과 산림학교의 시설을 사용한다.

ⓒ 교육 대상 및 교육방법

교육 대상은 학생의 경우 주로 초등학교 어린이들이며, 일반인들도 상당한 비중을 차지하고 있다. 전시, 숲과 산림학교를 통한 해설 안내, 특정 주제와 관련한 프로젝트의 날 운영, 강연, 시민자문, 환경보호와 산림학교 교육에 관한 정보 행사, 슬라이드와 필름 상영, 그리고 정교사와 보조교사에 대한 심화교육 등을 실시한다.

ⓓ 교사들

산림학교에는 산림관(산림공무원), 자연과학자, 조경계획가, 교육자, 예술가 등 여러 분야의 전문인들이 일하고 있다. 이들 중에는 정규적으로 근무하는 상근자가 있을 수 있고, 필요할 때마다 산림학교의 요청에 의해 비상근자로서 활동하는 사람이 있다. 비상근자, 특히 예술가들과는 상호협조가 원활하게 되어 있으며 늘 연락이 닿도록 연락망이 잘 조직되어 있다. 산림공무원인 경우 산림학교가 대개는 관할구역 안의 산림관리 사무소와 인접해 있기 때문에 그 스스로가 상근자가 아니더라도 늘 가까운 거리에서 교육과정에 참여할 준비를 갖추고 있다.

ⓔ 교육의 진행

어린이들은 대개 아침 8시 30분전에 도착하고 준비해 온 아침을 먹으면서 대기한다. 어린이들은 물론 학교 교사에 인솔되어 오지만 자원봉사 학부모와 일반 학부모들이 같이 동행한다. 9시경에 산림학교 교사가 인솔하여 숲으로

그림 11-4. 베를린시 초등학생 대상 산림학교 진행 광경

간다. 숲으로 이동할 때에도 단지 무미건조하게 목적지로 이동하는 것이 아니라 이동과정 자체에 의미와 재미를 부여한다. 예를 든다면 줄지어 함께 움직이는 개미, 혹은 애벌레의 이동방법에 대해 설명하고 아이들이 그들을 흉내내면서 이동하게 한다.

숲 속의 특별한 장소에 도착하면 미리 준비한 교육 내용에 따라서 숲 체험의 시간을 갖는다. 만지고, 냄새 맡고, 맛보고, 들어보고, 보면서 감각을 이용하여 나무와 숲을 체험하도록 하며, 놀이를 통해서 자연을 경험하는 프로그램을 진행한다. 수건으로 가리고 나무를 더듬으며 촉감으로 경험하는 것은 대중화된 교육방법이다.

숲 속에서의 교육이 끝나면 실내로 들어와서 부족한 내용을 보충하거나, 색다른 경험을 하도록 한다. 숲 속 교육보다 실내 교육을 먼저 하는 곳도 있다. 실내에서도 역시 감각기관을 이용하여 학습할 수 있도록 숲에서 볼 수 있는 온갖 동식물의 표본들이 준비되어 있다. 잎이나 열매를 진열하여 놓고 어떤 나무의 것인지 알아 맞추기, 동물의 발자국 알아 맞추기, 냄새 맡기 등 다양하고 흥미를 줄 수 있는 내용들이 있다. 실내에 있는 교사는 어린이들이 풀어

본 문제들을 확인하고 설명하여 준다. 좀더 깊이 알고자 하는 이들을 위해 책자도 갖춰져 있다.

ⓑ 교육시간

초등학교의 경우 교육청에서 1년에 6~8차례 정도 현장 학습을 하도록 권장하고 있다. 따라서 어린이들은 학교 정규 학습의 하나로 한 학기에 3~4일 정도 산림학교 등에 와서 체험학습을 하게 된다. 짧게는 반나절에서부터 하루 종일에 이르기까지 다양한 활동이 가능하다.

그림 11-5. 5감을 통한 숲체험 교육
(눈을 가린 채 손으로 더듬고 냄새 맡으며 무슨 나무인가 알아보고 있다.)

④ 산림학교의 조직과 운영

베를린시에 있는 산림학교(원어로 Waldschule로 표기된 것)는 민간시설이다. 그러나 운영주체에 따라 크게 관주도의 산림학교와 환경단체 주도의 산림학교로 구분할 수 있다. 관 주도의 산림학교는 베를린 주정부(시) 도시개발국의 산림관리소 관할 하에 있는 산림에 배치된 산림학교를 말한다. 이 시설들은 도시개발국의 라켄베르그 산림관이 사회적 필요성을 역설하여 생겨난 것이며 민간 전문가들로 하여금 관리하고 운영하도록 되어 있고 전술한 바와 같이 모두 6개이다.

일반 환경 단체 주관의 산림학교는 해당 단체가 환경교육의 필요성에 입각하여 설립한 것이다. 독일 산림보호회(SDW)가 운영하는 것이 독일 전국에 31개교가 있고 베를린시에는 1개교가 있다. 상근 근무자는 1~2명이고 필요한 경우 비상 근무자를 배치한다. 모두 ABM 대책의 맥락에서도 파악해 볼 수 있다.

재정지원과 관련하여 필요한 예산의 약 80%정도를 주정부에서 조달하고 있다. 이 금액은 1명의 상근자 월급과 기타 경상비이며, 부족한 경비에 대해서는 교육 참가자들로부터 받는 수강료로 충당한다. 수강료는 어린이 1인당 0.5~1.5EU (700~2000원) 정도이고 어른들은 2EU(2600원)이다.

⑤ 정규학교에서의 연장 교육: 그륀마흐트 슐레(Grün macht Schule/GMS)

베를린시는 산림학교와 같은 학교 밖 숲에서의 체험이 학교 안에서도 계속 이어지도록 하는 사업을 추진하고 있다. 대표적인 단체가 GMS라는 단체이다. “녹색이 학교를 만든다” 혹은 “녹색이 교육을 만든다”라는 의미이다.

GMS는 콘크리트로 둘러쳐진 학교 환경을 개선하여 자연을 접하면서 마음껏 놀 수 있는 교정(校庭)을 조성해 주는 사업을 추진하는 단체이다. 공무원 신분인 두 사람의 정규 교사와 1명의 조경계획가, 1명의 사무원으로 구성되어 있고, 교정조성에 필요한 재정은 도시개발국에서 조달한다.

넓은 운동장을 크고 작은 아기자기한 숲, 놀이 공간 등으로 꾸며 학교 안에서 자연체험을 할 수 있도록 추진하고 있다. 2002년 현재 베를린시의 835개 학교 중 450여개교가 이 사업에 동참하고 지원을 받고 있다.

라. 대만

1) 현 황

대만의 환경교육에 대한 내용 소개는 산림과 임업 부문을 위주로 파악하였다. 대만의 학자들은 산림 휴양 육성 사업을 실현하고 임업의 새로운 이미지를 세우려면 반드시 국민 대중과 힘을 합해야 한다고 생각하고 있다. 그 중 가장 효과적인 방법으로는 산림환경 교육을 추진하는 것으로 인식하고 있다. 사실, 대만 임업계는 이 같은 사업을 이미 오래 전부터 추진을 시작하였고 그 사례를 들면 다음과 같다.

① 대만성 임무국

몇몇 젊은 임업 전문가는 농업위원회 지원하에 변색엽 식물의 종류, 분포 및 생태를 조사 연구하여 보고서를 작성, 인쇄 배포하여 홍보하므로써 대중들의 관심과 중시를 받았다. 임무국과 民生報 합작의 “보름달 단풍여행”을 총 3단계(11월, 12월, 1월)로 실시하였고 농업 위원회와 임업 실험소의 젊은 전문가들도 주동적으로 설명원(해설가) 대열에 참여하였으며 공동으로 그 성과를 누렸다. 이 자연 설명교육으로 대중들은 보름달의 아름다운 산수 임상 및 단풍을 깊이있게 느꼈고 대중 전파매체의 열렬한 반향을 일으켰다.

② 彰化縣 농업회

彰化縣 농업회는 76년 11월부터 東勢 영림장에서 여러 차례의 현장 설명원을 연수시켰고 매번 휴일마다 영림장 설명원은 모두 설명 서비스를 전개하였는데 태도가 바르고 세련되게 표현하여 산림 지성 교육의 기능을 발휘하였을 뿐 아니라 많은 여행객을 유치하였다.

③ 산림이용 가족 연습 캠프

국내에서 처음으로 가정(중소학생 및 가족)을 위해 개최된 "산림이용 가족 연습 캠프"는 78년 2월 14일부터 興大惠蓀 영림장에서 4일간의 활동을 실시하였다. 총 80여명이 참가신청을 하였는데 매우 순조로운 성공을 거두었고 모두가 앞으로 계속적으로 개최를 확대하기를 희망하였다.

④ 식수절(식목일) 행사에 자연환경 해설 실시

78년 식수절에 타이베이 식물원은 평상시와 달리 번잡하였는데 젊은 임업 실험소 직원 및 48명의 삼림과 대학생이 550명의 취학아동 및 그들의 학부모를 인솔하여 지역별로 소개하였고 모두가 수목을 잘 이해하도록 하였다. 이것은 대만성 임업 실험소가 계획한 식물원 가족활동으로 어른과 아이들이 한껏 즐기고 돌아가며 계속해서 다음에도 더욱 많은 산림지식을 배우기를 희망하였다.

이상 몇 가지 자연 교육 활동으로 사람들의 귀와 눈은 새로워지고 반향도 강하며 매우 성공적으로 또한 임업 종사원들에게 자신감을 증진시켰다. 총괄적으로 말하면 대만에 있어서 산림 환경 교육은 미래 산림경영의 중요한 부분으로 전국민의 자연중시, 환경보호라는 강한 의식을 불러 일으키고 있다. 또 다른 한 편으로, 산림의 기능이 더욱 다양하게 잘 발휘되도록 하며 앞으로 임업계 지식인 전체가 혼신의 힘을 다해 임업의 새로운 이미지를 세우도록 노력하게도 한다.

2) 자연환경 교육의 활동방식

대만 중흥대학의 교수를 역임하였던 林文鎭 박사가 제안하는 대만 환경 교육의 활동방식을 소개한다. 학습로나 탐방로가 개설되어 있는 자연 학습림 중에서는 다음 네 가지 자연 교육 활동을 추진할 수 있다고 본다.

① 지성활동(자연관찰활동)

도시·읍내의 식물원이나 수목 표본원은 수목명칭과 수종을 알 수 있게 하고 있다. 풍부한 자연자원을 갖춘 산림은 더욱 넓고 깊은 지성공간을 갖추고 있어 산림 전체의 지식 및 관찰에 착안하여 사람들이 다음의 각 항목을 배우도록 지도하고 있다.

㉠ 산림의 환경
㉡ 산림의 기능
㉢ 산림의 종류, 임상
㉣ 산림식물사회의 자연갱신
㉤ 산림 중의 생물동태(조류, 곤충, 어류 등)
㉥ 산림의 경관, 미학 및 사계변화
㉦ 산림의 영조, 보호 및 이용
㉧ 낙엽, 과실의 관찰과 수집, 표본제작 등

또한 지성활동의 방법은 다음과 같다 :

- 설명자가 지도하는 산림교실방식: 각 설명자가 지도하는 사람 수는 15~20명을 기준으로 한다.
- 임간보도와 안내표를 주요 매개로 한 자체 지도식 보도 시스템으로 준비.
- 여행객 센터, 전시관을 매개로 한 전시방식.
- 팜플렛, 영화, 강좌를 매개로 한 계몽, 보급방법.

그 중 설명자의 현장 직접 설명(산림교실) 방식은 입체적인 체험학습으로 가장 효과적이다. 만일 조건이 허락되면 시각, 청각, 촉각, 후각, 미각 등 오감과 위에서 제시한 여러 가지를 병용하면 서로 보조하는 효과를 얻는다.

② 체육레저활동

공업화, 도시화된 사회에서 사람들의 운동기회는 갈수록 줄어들어 문명병 문제를 초래하였다. 특히 심장, 기관지 순환계통에서 나타나는 발병의 원인은 주로 도시인의 운동부족에서 나온다.

숲 속에서의 체육 레저 활동은 특정한 시설이나 특정한 운동 파트너 및 기술이 필요 없고 스스로 활동할 수 있으며 남녀노소 모두에게 다 좋다. 예를 들면 산림욕, 걸으면서 하는 자연 체험 활동, 동적인 산림활동, 낚시, 급류타기, 스키가 모두 신체 레저 활동이다. 이것으로 수풀 내 활동은 풍부한 변화로 레저흥미를 높이고 인체에 리듬감과 흥분감을 줄 수 있음을 알 수 있다. 인간의 천성적인 본능 동작인 보행, 도약, 회전, 추진 등을 모두 충분히 발휘할 수 있다.

그 밖에 만일 모두에게 넓고 자유롭게 밟을 수 있는 초원 광장을 제공할 수 있다면 학생들이나 자녀들이 즐겁게 뛰어놀거나 가벼운 체육레저활동으로 이용하도록 할 수 있기 때문에 가장 환영을 받을 만하다.

③ 감성적 활동(정서활동)

일상생활에서 늘 부대끼면서 살던 사람들의 무리와 멀리 떨어져 대자연과 접촉하면 사람들은 창조적 생각을 계발할 수 있고 정서를 연마할 수 있다. 숲은 인류의 고향이고 대자연의 산림은 가장 아름다운 환경과 소재를 갖고 있어 이들이 창작활동에 제공될 수 있다.

산림의 아름다움, 향기, 분위기, 사계절의 변화 등 대자연에는 영혼이 충만하여 이미 잃어버린 감성을 되찾아주며, 산림 중에서 스스로 체험하여 사람들의 마음을 윤택하게 한다.

④ 사회단체활동

산림에서 환경교육 활동의 또 다른 방향은 서로간의 동반자적인 감정을 키우는 것이다. 이러한 동반감은 완숙한 인간다운 감정과 단체 활동에서의 상호간의 기대와 의지력을 만들어낼 것이다.

동반교육을 진행하는 방법은 단체훈련으로 개인과 단체가 함께 길을 걷는 것이다. 동시에 산림 환경교육활동 중에 학교교육에서 발견하기 어려운 개인의 특성을 발견할 수 있다. 사회단체 활동의 다른 의미는 자연, 풍토, 지방 인사 등을 접촉하고 사교하는 과정 중에 사람들은 향토문화를 이해하고 배려할 수 있고 향토의식을 키울 수 있다는 것이다.

산림의 환경교육효과를 발휘하기 위해서는 단지 시설만 설치하고 여행객의 방문을 기다려서는 안 된다. 대중을 유치할 1년간 활동 프로그램을 계획하여 적극적으로 실시해야한다. 다음 표는 1년 중 자연 교육 활동 프로그램의 예로 시작할 때는 사계절에 각각 한 활동을 해도 된다.

표 11-15. 연간 자연 교육 활동 프로그램(林文鎭, 1991)

월	활 동 프 로 그 램
1	낙엽수집여행. 낙엽 색칠 기예교실(강습시범).
2	가족 산림교실(산림욕 및 자연탐방).
3	꽃 감상(꽃나무, 화초 등) 여행. 본래 야외체능활동.
4	관조 애조 여행. 산림 건강 세미나.
5	산림욕 활동. 목단화 특전
6	수풀 속 식물탐색. 나비 감상 여행.
7	산림문화 하계 캠프. 하계 가족 활동.
8	매미소리 청취, 물놀이, 새우 잡이 여행. 회화, 글짓기 여행.
9	토양 동물, 곤충탐색(강습시범). 감상의 달.
10	추계관조, 추계곤충탐색. 산림 음악회.
11	추계 열매감상, 버섯 감상여행. 산림미 감상회
12	단풍여행. 별자리 감상회.

제4편 환경문제와 식물

제12장 환경문제 개관

제13장 사막화 문제

제14장 환경문제와 식물의 역할

제 12 장 환경문제 개관

제 1 절 환경일반

환경(環境; Environment)이란 개체를 둘러싸고 있는 외계(外界)를 뜻하는데, 인간 생활과 관련지어서는 인간을 둘러싸고 있는 외계를 환경이라고 한다. 인간을 포함한 생물이 생활하기 위해서는 적당한 온도, 물, 빛, 공기, 흙 등이 필요한데 이러한 것들을 환경요인(환경요소)이라고 하며, 어떤 환경요인에 양적 변화가 있을 때 이를 환경조건이라고 한다. 예를 들어 각각의 식물체는 발아하기 위하여 다른 온도가 필요한데 이를 환경조건이라고 한다. 결국 인간 생활에 영향을 미치는 환경은 대기환경, 수질환경, 토양환경으로 대별할 수 있으며, 최근 환경오염이 문제가 되는 것은 오염으로 인한 환경요인의 질적, 양적 변화가 인간 생활에 위해(危害)를 끼칠 뿐만 아니라 생태계 자체를 파괴시켜 지구 종말을 가져올지도 모른다는 우려에서이다.

제 2 절 환경오염

1. 환경오염의 실태

가. 환경오염의 정의

환경오염은 생산 활동(공장, 사업장), 수송활동(자동차, 기차, 선박, 항공기), 일상생활 (냉난방, 취사, 여가선용)을 포함한 각종 인간 활동에 의해 유발되는 인위적인 대기오염, 수질오염, 토양오염, 소음, 진동, 지반침하, 악취 등의 발생으로 자연환경이나 생활환경을 손상시키고 궁극적으로는 사람의 생활 및 건강에 유해한 영향을 미치는 현상을 말한다. 이러한 현상은 특히 산업혁명 이후에 두드러지게 나타났으며, 인간 활동이 주어진 환경공간의 고유한 자정능력을 초과할 경우에 발생한다.

1) 생태학적 정의

자연 생태계는 산불, 산사태, 홍수 등 일상적인 자연 현상, 즉 자연재해 현상에 의해서 받은 피해에 대해서는 적절히 대처하여 일정한 시간이 흐르면 원상을 회복하는데 이를 자정작용(自淨作用)이라고 한다. 그러나 산업화 및 도시화 과정, 즉 경제활동에 의하여 인간이 무리하게 가한 여러 가지 변화에 대해서는 생태계가 대처할 능력이 없어 이전의 상태를 회복하지 못하고 지금까지 지녀왔던 생태적 균형과 체계(질서)를 잃고 점차 황폐해져 간다.

이와 같은 관점에서 환경오염이란 인간의 각종 경제활동의 결과로 환경에 가한 변화로 인하여 환경 스스로 원상태를 회복하지 못하고 자연 생태계의 균형과 질서가 깨진 현상을 말한다.

2) 자원 경제적 정의

생산, 분배, 그리고 소비로 이어지는 경제 활동 과정 중에서 생산단계에서 완성된 재화는 소비과정을 거치면서 폐기물로서 환경에 투기된다. 이와 같이 경제활동을 통하여 자원 또는 물질(쓰레기)이 환경으로 환원 또는 배출됨으로써 환경이 손상되는 것을 자원 경제적 환경오염이라고 정의한다.

나. 환경오염의 절차

우리가 매일매일 접하고 살아가는 환경은 인간의 활동에 의해 다음의 그림 <12-1>과 같은 다양한 부담(또는 負荷)을 받고 있다. 이를 일명 '인간의 간섭에 의한 환경의 충격 모델' 이라고 한다. 자연(또는 환경)에 가해지는 부하는 우선 자연으로부터의 원료채취를 들 수 있다. 자연 생태계는 원료채취라는 인간의 경제행위와 간섭에 의하여 생태계의 천이 과정이 중단 또는 방해를 받으며 이는 곧 자연 자체에는 상당한 부담으로 작용할 수밖에 없다. 이밖에 인간 경제활동 후에 발생하는 쓰레기의 투여, 다양한 형태의 자연재해 및 토목공사, 그리고 건설시행 착오에 의한 방치 등이 환경에 가해지는 부하로 들 수 있다.

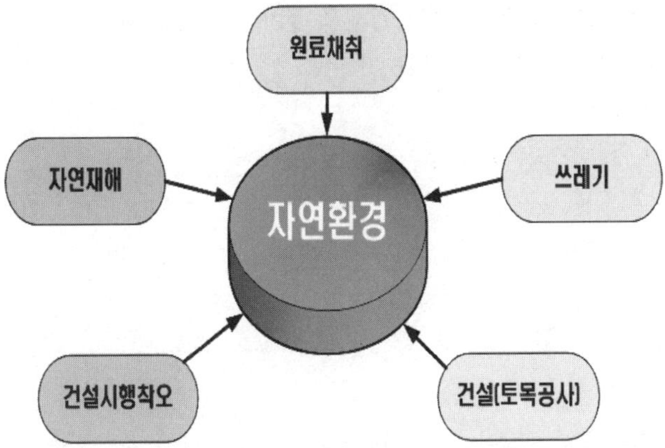

그림 12-1. 환경에 가해지는 부하의 여러 가지 형태

위의 부하 중 경제 행위를 가능하도록 하는 원료 채취에 의한 절차를 살펴보면 다음의 <그림 12-2>와 같이 도설(圖說)할 수 있을 것이다.

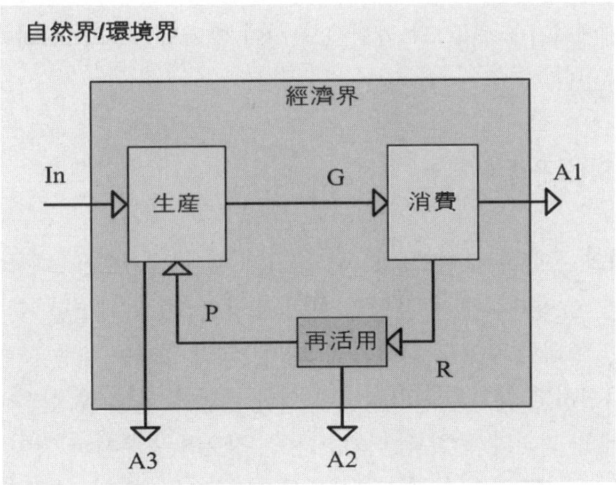

그림 12-2. 환경오염의 자원 경제적 절차

위에 나타난 환경오염의 자원 경제적 절차를 식으로 표현하여 보면 다음과 같으며, 이 식들은 아래의 관계를 가진다.

$$IN + P = G + A3 \quad \cdots\cdots\cdots (1)$$

$$G = R + A1 \quad \cdots\cdots\cdots (2)$$

$$R = P + A2 \quad \cdots\cdots\cdots (3)$$

여기서, IN=원료채취량, P=재활용량, G=총생산량, R=재활용 투입량, 그리고 A1, A2, A3=각 단계에서 나오는 쓰레기 양을 말한다

결과적으로 위의 세 식을 더하면 IN=(A1 + A2 + A3)이 된다. 이는 환경오염의 자원 경제적 구조에서 질량 보전의 법칙이 성립한다는 것을 보이는 것이며, 또한 채취량이 종국적으로는 쓰레기의 양과 동일하다는 것을 의미한다. 채취된 자원의 양에 따라 쓰레기의 양이 결정되고 또한 쓰레기는 3가지 상태, 즉 고체, 액체, 그리고 기체의 형태로 나타나기 때문에 결국 대기오염, 수질오염 및 토양오염 모두에 지대한 영향을 미치는 것이다. 한편 우리가 사용하는 자원은 무한한 것이 아니라 이용의 한계가 있는 한계재(限界財)이다. 따라서 대체에너지(代替財)의 개발 필요성이 제기되고 이를 통하여 환경오염을 줄일 수 있다.

다. 환경오염의 유형과 결과

환경오염의 유형은 오염의 대상이 대기일 때인 대기오염, 대상이 물일 때인 수질오염, 그리고 대상이 토양일 때인 토양오염으로 대별할 수 있다. 이밖에 복합적인 형태의 오염도 나타난다. 대기오염의 결과는 각종 호흡기 질환과 피부병을 유발하고 대기온도의 상승에 의한 온난화 현상 및 산성비의 원인이 되어 생태계의 파괴와 변화를 야기한다. 수질오염은 우선 사람이 먹는 물에 대한 걱정을 들 수 있으며, 수상생태계의 파괴뿐만 아니라 이를 극복하기 위해서는 사회·경제적으로 과다한 비용이 들어가는 희생을 감수할 수밖에 없다. 또한 토양오염의 경우에도 토양이 산성화되어 작물의 생장에 막대한 지장

을 줄뿐만 아니라 이러한 토양에서 생육하는 식물을 섭취하는 사람의 건강도 위협하게 된다.

이러한 오염의 유형은 서로 연관되어 상호작용을 하게 되며 그 결과도 서로 상관을 가지고 있다. 결과적으로 환경오염이 심해지면 인간의 생활환경이 열악해지고 각종 성인병 및 정신질환과 같은 현대병의 원인이 된다.

2. 환경오염의 영향과 대책

가. 환경오염의 영향

1) 대기오염

대기오염은 대기를 조성하는 어떤 물질이 존재하지 않거나 자연생태 이상의 농도로 일정기간 이상 존재하여 사람을 포함한 생물에 피해를 주는 상태를 말한다. 대기오염 물질이 인체에 미치는 영향은 <표 12-1>과 같이 요약할 수 있다.

① 대기오염의 원인

대기오염의 원인은 크게 자연발생적 원인과 인위적인 오염으로 구분된다. 자연발생적으로 나타나는 대기오염은 산불에 의한 연기, 화산재, 황사, 소금기의 비산 등을 들 수 있다. 한편 인위적인 오염은 인구증가에 따른 도시 집중화에 기인하는 것으로 자동차의 배기가스, 난방연료의 사용, 공업 발달에 따른 에너지 사용의 증가에 따른 공장 배출가스 등이 있다.

표 12-1. 대기오염 물질의 종류와 인체에 미치는 영향

오 염 물 질		인 체 에 미 치 는 영 향
종 류	원 인	
아황산가스 SO_2	석탄/석유 등 화석연료 속의 유황성분이 연소하여 발생하며 가정용 무연탄, 대형 난방용 석유, 자동차 연료에 포함되어 있다.	독성이 강해 낮은 온도에서도 호흡기를 자극하여 기관지염, 천식, 폐기종, 급만성 호흡기 질환을 일으킨다.
일산화탄소 CO	연료의 불완전 연소로 발생하며 주로 가정용 무연탄과 자동차 배기가스에서 발생한다.	호흡기관에 들어가면 적혈구의 산소운반 능력을 저하시켜 두통, 구토감, 호흡곤란을 일으키며 심하면 사망한다.
질소산화물 NOx	연료 중의 질소성분이 고온에서 연소될 때 공기 중에서 산화하여 발생하며, 그밖에 발전소, 공장 등에서 나온다.	이산화질소는 폐충혈, 폐수종, 폐쇄성 기관염, 폐렴 등을 일으키며 사망의 직접 원인이 되기도 한다.
탄화수소 HC	불완전 연소로 생기는 탄소와 수소가 결합된 화합물의 총칭으로 주로 자동차와 무연탄이 원인이다.	눈에 피해를 주며, 3,4 벤즈피린은 발암 작용도 한다.
옥시던트 O_3, PAN	이산화질소, 탄화수소 등이 광분해하여 반응성이 강한 화합물이 되고 이것이 다른 HC와 반응하여 만들어지는 산화물이다.	오존은 0.3ppm에서 폐나 목에 자극을 주며, 9ppm이면 폐수종, 급성 기관지염을 일으키고 심하면 시각장애 요인이 되기도 한다.
부유분진	연료 중 타지 않은 회분이 연소 후 배기가스로 나오는데, 주로 연료의 불완전 연소에 기인하며 산업장의 비산먼지 등이 포함된다.	크기가 0.5~5.0μ일때 폐포에 가장 잘 부착하며 성분에 따라 규폐증을 일으킨다.

PAN : Peroxyacyl nitrate

② 대기오염의 피해

과거에는 대기오염 물질의 대부분이 난방이나 취사를 목적으로 조금씩 사용하는 연료에서 발생하는 것이 대부분이었다. 그러나 지금은 연료 사용의 대

규모화, 산업시설에서 발생하는 다양한 오염물질, 그리고 자동차 배기가스에 의한 오염물질 등 양적으로도 많아졌을 뿐만 아니라 종류도 다양해 졌다. 대기오염의 결과로 나타나는 피해 현상은 산성비, 오존층 파괴, 그리고 지구온실효과 등이 있다.

㉠ 산성비

대기 중에 배출된 오염물질이 햇빛을 받고 광화학적 반응을 일으킨다든지, 비나 안개와 결합하여 산성비 또는 산성안개를 형성하여 2차 오염을 야기한다. 산성비가 식물체에 직접 접촉하게 되면 식물의 생리작용에 장해를 주어 생장쇠퇴 현상을 보이고 심하면 고사하게 된다. 또한 대기오염에 의한 산성비는 동식물에 직접 영향을 미치고 토양과 수질을 산성화하는 피해를 준다. 산성비나 산성안개가 강하하여 관계수로에 유입되면 식물체의 뿌리에 피해를 주고 토양을 산성화시켜 종국적으로 생산성을 저하시키는 결과를 가져온다.

그림 12-3.
대기오염의 대표적인 사례(공장매연)

㉡ 오존층 파괴

오존층은 성층권 20~30km에 밀집되어 있으면서 북극, 남극, 적도의 순으로 밀도가 높다. 오존층은 인체에 해로운 자외선을 차단하는 기능을 하는데, 대기오염의 결과로 오존층이 파괴되면 인체에 유해한 광선이 직접 지상으로 유입되며 이는 동식물에 직접적으로 피해를 주어 피부암을 일으킨다거나 어떤 동물은 갑작스러운 밀도 증감현상을 보이기도 한다. 또한 대기오염에 의하여 발생한 분진이나 스모그는 태양광선을 차단하고 오존층을 파괴함으로써 여러 가지 부작용을 낳는다. 예를 들어 오염물질에 의하여 태양광선이 차단되면 생산자의 광합성 능력을 저하시킴으로써 오늘날 나타나는 식물의 생장 쇠퇴현상으로 표현된다.

ⓒ 지구 온실효과

대기오염은 기상 변화도 야기하여 이상기온이 자주 발생하는데 동식물의 생육에 직접적인 피해를 줄뿐만 아니라 온난화 현상은 극지방의 빙하를 녹여 해수면의 높이를 증가시키고 사막지역의 확대를 가져와 결국 인간의 생존문제와 직접 연결되는 심각한 상황을 가져올 수도 있다. 화석연료의 사용으로 인한 이산화탄소의 지속적인 증가로 야기되는 온난화 현상으로 지구의 평균기온이 매년 0.02~0.06℃씩 증가되고 있는 것으로 보고되고 있다. 이로 인한 생태계 파괴와 기상 이변은 수확량 감소를 가져온다.

③ 대기환경 기준

대기환경의 기준은 <표 12-2>와 같다. 오염물질의 측정에서 1시간 평균치는 소수점 3째 자리 수의 값이 그 기준을 초과하여서는 아니 되고, 8시간 및 24시간 평균치는 소수점 2째 자리 수의 값이 그 기준을 초과하여서는 아니 된다. 또한 미세 먼지는 입자의 크기가 10㎛ 이하인 먼지를 말한다.

표 12-2. 오염물질별 대기환경 기준.

설 정 항 목	기 준
아황산가스(SO_2)	연간 평균치 0.02ppm 이하, 24시간 평균치 0.05ppm 이하 1시간 평균치 0.15ppm 이하
일산화탄소(CO)	8시간 평균치 9ppm 이하, 1시간 평균치 25ppm 이하
이산화질소(NO_2)	연간 평균치 0.05ppm 이하, 24시간 평균치 0.08ppm 이하 1시간 평균치 0.15ppm 이하
미세먼지(PM_{10})	연간 평균치 70㎍/m^3 이하, 24시간 평균치 150㎍/m^3
오 존(O_3)	8시간 평균치 0.06ppm 이하, 1시간 평균치 0.1ppm 이하
납 (Pb)	연간 평균치 0.5㎍/m^3 이하

2) 수질오염

수질오염은 하천, 호수, 해역 등과 같은 자연수역의 수질이 가정폐수와 공장폐수 등 문명사회로부터 배출되는 액상폐기물인 폐물질의 유입 때문에 수질을 오염시키는 현상을 말한다. 이는 용수(用水)로서의 가치와 외관이 저하하고 환경보전 및 국민건강에 악영향을 끼치는 결과를 초래한다.

생태계 내에는 각종 생물이 질서 있는 활동에 의하여 물질이 평형을 이루며 순환하고 있는데, 그 결과 순환물질의 질량과 농도는 일정수준을 유지하고 있다. 그런데 도시화 및 산업화로 인하여 과다한 생활 및 공업하수가 방출되면 수권(水圈)에 유기물질 농도가 증가하여 부영양화(富營養化) 현상이 발생하고 결국 용존산소의 농도가 감소하게 된다.

수질오염의 영향은 상수도에서는 급수원이 오염되는 경우에는 정수장의 약품비가 증가하고 처리시설의 변경이나 보완이 필요하게 된다. 하천이 오염되거나 호수의 부영양화가 지나치면 어류의 서식이 곤란해지고 관개용수로 사용하는 경우에는 농작물에 해를 준다. 또한 하구 및 연안이 오염되면 어패류의 수확량이 감소하거나 위생상 해로운 어패류를 수확하여 사람의 건강에 해를 끼친다. 한편 농약이나 중금속이 유입된 물은 직간접적으로 건강을 해치는 공해병의 원인이 되기도 한다.

① 수질오염원

수질오염원은 생활하수, 산업폐수, 그리고 농·축산폐수로 구분할 수 있는데, 그 내용은 다음과 같다.

㉠ 생활하수 : 비누, 세제, 유지성분, 살균제 등

㉡ 산업폐수 : 제지공업, 섬유공업, 발효공업, 피혁 가공공장, 정유공장, 유지공업, 화학공업, 도금공장, 제철공업, 광산폐수 등에 의해 발생하는 각종 오염물질

㉢ 농·축산폐수 : 고농도의 유기물, 중금속 등

② 수질오염 물질의 종류

㉠ 중금속　　㉡ 유기염소 화합물

㉢ 농약　　㉣ 유류

㉤ 유기물 : 용존산소의 저하, 질소와 인산의 상승에 의한 부영양화, BOD 감소

㉥ 영양염류 : NO_3, NH_4, $FeHPO_4$, $AlHPO_4$, ALH_2PO_4

③ 수질오염 기준

수질오염은 하천과 호수와 늪을 말하는 호소(湖沼)로 구분하여 기준을 설정하여 사용하고 있다.

㉠ 하천

하천의 수질기준은 <표 12-3>과 같다. 표에 나와 있는 기준을 벗어난 경우에는 수질이 오염된 것으로 간주한다.

표 12-3. 하천의 수질기준

구 분	등급	이용 목적별 적용 대상	기 준				
			수소이온 농 도 (pH)	생물화학적 산소요구량 (BOD)(mg/ℓ)	부유물질량 (SS) (mg/ℓ)	용존산소량 (DO) (mg/ℓ)	대장균군수 (MPN/100mℓ)
생활환경	I	상수원수1급 자연환경보전	6.5−8.5	1이하	25이하	7.5이상	50이하
	II	상수원수2급 수산용수1급 수영용수	6.5−8.5	3이하	25이하	5이상	1,000이하
	III	상수원수3급 수산용수2급 공업용수1급	6.5−8.5	6이하	25이하	5이상	5,000이하
	IV	공업용수2급 농업용수	6.0−8.5	8이하	100이하	2이상	−
	V	공업용수3급 생활환경보전	6.0−8.5	10이하	쓰레기 등이 떠있지 않을 것	2이상	−
사람의 건강 보호	전 수 역	− 카드뮴(Cd) : 0.01mg/L 이하, − 비소(As) : 0.05mg/L 이하, − 시안(CN), 수은(Hg), 유기인 : 검출되어서는 안됨 − 폴리크로리네이티드비페닐(PCB) : 검출되어서는 안됨 − 납(Pb) : 0.1mg/L 이하, − 6가크롬(Cr+6) : 0.05mg/L 이하 − 음이온계면활성제(ABS) : 0.5mg/L 이하					

1) 수산용수 1급 : 빈부수성 수역의 수산생물용
2) 수산용수 2급 : 중부수성 수역의 수산생물용
3) 자연환경보전 : 자연경관 등의 환경보전
4) 상수원수 1급 : 여과 등에 의한 간이 정수처리 후 사용
5) 상수원수 2급 : 침전여과 등에 의한 일반적 정수처리 후 사용
6) 상수원수 3급 : 전처리 등을 거친 고도의 정수처리 후 사용
7) 공업용수 1급 : 침전 등에 의한 통상의 정수처리 후 사용
8) 공업용수 2급 : 약품처리 등 고도의 정수처리 후 사용
9) 공업용수 3급 : 특수한 정수처리 후 사용
10) 생활환경보전 : 국민의 일상생활에 불쾌감을 주지 아니할 정도

㉡ 호소

호수와 늪에 적용되는 수질오염 기준은 <표 12-4>와 같다. 총인과 총질소의 경우 총인에 대한 총질소의 농도비율이 7 미만일 경우에는 총인의 기준은 적용하지 아니하며, 그 비율이 16 이상일 경우에는 총질소의 기준을 적용하지 아니한다. 그리고 수산용수, 상수원수, 공업용수 등의 구분은 하천의 수질기준과 동일하다.

표 12-4 호소의 수질기준

구분	등급	이용목적별 적용대상	기 준						
			수소이온농도 (pH)	화학적 산소요구량 (COD) (mg/ℓ)	부유 물질량 (SS) (mg/ℓ)	용존 산소량 (DO) (mg/ℓ)	대장균 군수 (MPN/100mℓ)	총인 (T-P) (mg/ℓ)	총질소 (T-N) (mg/ℓ)
생활환경	Ⅰ	상수원수1급 자연환경보전	6.5-8.5	1이하	1이하	7.5이상	50이하	0.010 이하	0.200 이하
	Ⅱ	상수원수2급 수산용수1급 수영용수	6.5-8.5	3이하	5이하	5이하	1,000 이하	0.030 이하	0.400 이하
	Ⅲ	상수원수3급 수산용수2급 공업용수1급	6.5-8.5	6이하	15이하	5이상	5,000 이하	0.050 이하	0.600 이하
	Ⅳ	공업용수2급 농업용수	6.0-8.5	8이하	15이하	2이상	-	0.100 이하	1.0이하
	Ⅴ	공업용수3급 생활환경보전	6.0-8.5	10이하	쓰레기 등이 떠있지 않을 것	2이상	-	0.150 이하	1.5이하
사람의 건강보호	전수역	- 카드뮴(Cd) : 0.01mg/L 이하 - 비소(As) : 0.05mg/L 이하 - 시안(CN), 수은(Hg), 유기인 : 검출되어서는 안됨 - 폴리크로리네이티드비페닐(PCB) : 검출되어서는 안됨 - 납(Pb) : 0.1mg/L 이하 - 6가크롬(Cr+6) : 0.05mg/L 이하 - 음이온계면활성제(ABS) : 0.5mg/L 이하							

3) 토양 오염

토양 속에 오염물질이 함유되는 현상을 토양오염이라고 하는데, 대부분의 경우 대기오염 물질의 강하, 폐수, 하수, 폐기물의 투기, 농약, 비료의 살포 등에 의하여 토양이 오염된다. 토양이 오염되면 농작물과 식물 생육환경을 파괴하고 지하수와 하천수의 오염원이 된다. 특히 토양에 카드뮴, 수은, 납, 아연, 비소 등의 중금속이 함유되어 있을 경우, 이러한 토양에서 생산되는 농작물은 국민건강에 중대한 영향을 미치기 때문에 규제의 대상이 되고 있다.

① 토양오염원

일반적으로 토양오염원은 다음의 3가지로 구성된다.

㉠ 오염된 관계수의 유입

㉡ 오염된 공기로부터의 낙진과 강우

㉢ 농약살포에 따른 독성물질의 잔류

② 토양오염 물질의 종류

㉠ 중금속

구리, 납, 니켈, 몰리브덴, 카드뮴, 크롬, 코발트, 비소, 수은, 아연 등으로 대부분 강한 독성을 가지고 있어 식물 생장에 저해를 주고 고사시킨다.

㉡ 방사선 물질

대기 중의 핵분열, 핵발전소와 병원, 연구소, 대학 등에서 배출한다.

㉢ 플라스틱

㉣ 유성물질

㉤ 고형 폐기물 : 일반폐기물, 지정폐기물

③ 토양오염 기준

토양오염의 정도가 사람의 건강과 동·식물의 생육에 지장을 초래할 우려가 있어 토지의 이용중지, 시설의 설치금지 등 규제조치가 필요한 정도의 오염상태를 토양오염 대책 기준으로 설정하고, 대책기준의 약 40% 정도로 더 이상 오염이 심화되는 것을 예방하기 위한 오염수준을 토양오염에 대한 우려기준으로 구분하여 <표 12-5>와 같이 설정하였다.

표 12-5. 토양오염 우려기준 및 대책기준(단위 : mg/kg)

오 염 물 질	토양오염 우려기준		토양오염 대책기준	
	가 지 역	나 지 역	가 지 역	나 지 역
카 드 뮴	1.5	12	4	30
구 리	50	200	125	500
비 소	6	20	15	50
수 은	4	16	10	40
납	100	400	300	1,000
6가 크롬	4	12	10	30
아 연	300	800	700	2,000
니 켈	40	160	100	400
불 소	400	800	800	2,000
유기인화합물	10	30	-	-
폴리클로리네이티드비페닐	-	12	-	30
시 안	2	120	5	300
페 놀	4	20	10	50
유류(동·식물성 제외)				
—벤젠·톨루엔·에틸벤젠·크실렌(BTEX)	-	80	-	200
—석유계총탄화수소(TPH)	-	2,000	-	5,000
트리클로로에틸렌(TCE)	8	40	20	100
테트라클로로에틸렌(PCE)	4	24	10	60

1) 가지역 : 지적법에 의한 지목이
   전 · 답 · 대 · 과수원 · 목장용지 · 임야 · 학교용지 · 하천 · 수도용지 · 공원 · 체육용지(수목 · 잔디식생지에 한한다) · 유원지 · 종교용지 및 사적지
2) 나지역 : 지적법에 의한 지목이 공장용지 · 도로 · 철도용지 및 잡종지인 지역
3) 다음 (각목의 1에 해당하는(우려기준))의 경우에는 지목 구분에 관계없이 나지역의 토 양오염 우려기준 · 토양오염 대책기준을 적용한다.
   가) 특정 토양오염 유발시설이 설치된 경우
   나) 가지역에서 폴리클로리네이티드비페닐 또는 유류에 의한 토양오염 사고가 발생한 경우
   다) 가지역을 제외한 지역에서 토양오염사고가 발생한 경우

나. 환경오염의 대책

1) 환경문제가 심화된 배경

환경문제가 오늘날과 같이 심각한 수준에 이른 것은 여러 가지 이유가 있지만 크게 다음과 같은 3가지로 나누어 생각할 수 있다.

① 인구증가와 도시집중

먼저 폭발적인 인구증가와 함께 산업화로 인한 인구의 도시집중을 들 수 있다. 환경오염은 인간의 경제활동에 의한 결과로 볼 수 있기 때문에, 최근의 폭발적인 인구증가는 식량문제와 함께 환경오염이 지구의 종말을 가져올지도 모른다는 우려를 낳게 하고 있다. 또한 인구의 도시집중은 좁은 공간에 많은 사람이 살면서 다양한 형태의 환경오염을 유발하게 되고 이는 환경문제를 심화시킨 가장 큰 요인이 되었다. 결국 늘어난 인구와 대도시의 형성은 자원을 많이 사용하고 이와 비례하여 쓰레기를 많이 발생하기 때문에 환경오염의 주요한 배경으로 해석된다.

② 과학과 기술수준의 발달

인류의 문명발달 과정에서 최근에 급속한 속도로 발전을 거듭하고 있는 과학기술문명은 우리 인류의 생활을 풍요롭고 편리하게 만든 것이 사실이다. 오늘날의 과학기술의 발전은 과거에는 상상도 할 수 없었던 일들을 가능하게 만들었지만 이와 비례하여 환경에는 역작용을 하고 있는 것이 사실이다.

특히 과학기술 혁명이라고도 불리는 오늘날의 발전은 과거 수십 년간의 경제활동으로 인한 물질생산이 이전의 인류 역사에서 생산했던 양을 훨씬 초과하여, 지금까지 경험하지 못하였던 엄청난 변화를 자연계에 주었고, 이렇게 파생된 자연계의 변화에 의하여 수많은 환경문제가 전 지구적으로 발생하게 되는 직접적인 원인이 되고 있다. 즉 과학기술문명의 발달이 인류의 발전을 가져다 준 것은 사실이지만 그에 비례하여 환경문제가 심각하게 대두되는 결과를 초래하게 되었다.

③ 산업구조의 변화와 자원사용량의 증대

산업혁명이 이후 지속적으로 발전해 온 공장제 산업구조는 오늘날에 와서는 대량생산 및 대량소비의 체계를 굳건히 하고 있다. 특히 자본주의 경제의 발전은 끊임없이 물건을 생산하고 이를 소비하여야만 경제가 돌아가는 체계이기 때문에 산업구조 자체가 대량생산 구조의 틀에 맞추어져 있다. 결과적으로 대량생산에 필요한 자원사용량은 증대될 수밖에 없으며, 이는 필연적으로 각종 오염물질을 자연계로 방출할 수밖에 없는 구조를 가지고 있다.

결과적으로 오늘날 우리 인류가 직면하고 있는 환경문제는 급속하게 증가하여 거의 포화상태에 있는 인구, 경제성장 일변도의 정책, 그리고 이를 뒷받침하기 위한 과학기술의 발달이 낳은 필연적인 결과라고 할 수 있다.

2) 환경문제 해결의 접근방법

환경문제가 심화된 배경을 이해한다면 이를 해결할 수 있는 방법의 개발도 가능하다. 하지만 환경문제를 바라보는 시각에 따라 이를 해결하기 위한 접근방법이 다를 수 있으며, 실제로 심각한 환경문제의 해결을 위한 방법으로 소극적인 접근방법과 적극적 접근방법의 두 가지 방향으로 모색되고 있다.

① 소극적 접근방법

이 방안은 환경을 가장 중요하게 생각하는 환경 보호론자들의 주장으로 성장의 속도를 조절하고 각종 규제를 강화하여 오염의 발생량을 감소시키자는 시각이다. 바꾸어 이야기하면 경제개발 속도를 줄이면 자연히 자원채취량도 줄어들 것이고, 동시에 각종 규제를 강화하는 정책을 수립하고 시행한다면 이러한 정책이 바로 쓰레기 발생량이나 각종 오염원의 감소로 이어질 것이라는 소극적인 접근 방법이다.

② 적극적 접근방법

이 방법은 성장 우선론자와 과학기술자들의 입장이다. 이들은 지속적인 투자를 통하여 과학기술을 개발함으로써 발생되는 각종 오염원에 대한 처리 기술을 향상시켜 환경오염을 저감하자는 주장이다. 따라서 지속적인 성장을 유지하면서 다른 한편으로는 지속적으로 개발되는 신기술에 의하여 환경오염을 극복하자는 주장이다. 예를 들어 오늘날과 같이 지속적으로 증가하는 정보의 홍수 속에서 컴퓨터 기술을 더욱 개발하여 최신의 개선된 성능을 가진 컴퓨터로 문제를 해결하는 것이 바람직한 방향이지, 계속 증가하는 정보를 차단한 채 과거와 같은 286 또는 386 컴퓨터로 정보를 처리하자는 논리는 현실에 맞지 않는다는 주장이다.

3) 환경훼손 저감방안

결국 위의 환경문제를 해결하기 위한 두 가지 시각이 한편으로는 각각 타당성이 있기 때문에 두 방향을 조화시키는 환경 훼손 저감 방안을 수립하는 것이 바람직할 것이고, 이 두 가지 방안을 함께 고려한 환경훼손 저감방안에는 다음과 같은 것들이 있다.

① 성장속도 조절하고 늦추기

환경문제의 심각성을 고려하여 인위적으로 경제성장 속도를 조정하는 것이 인류 공멸을 막을 수 있는 대안이 될 수 있다. 즉, 경제성장 일변도의 정책은 환경문제의 악화를 가져올 것이기 때문에 성장속도를 인위적으로 조절하여 환경에 대한 부담을 저감하는 것이 하나의 방법이 될 수 있다. 이와 더불어 한번 사용된 자원은 재활용하여 환경에 투기하는 시간을 연장할 수 있도록 하고, 에너지의 중복 이용을 통하여 자원을 효율적으로 사용할 수 있는 방안을 수립하여 환경오염을 줄여나간다.

② 대체 에너지의 개발

오늘날 발생하는 각종 오염물질 중에서 상당 부분은 현재 우리가 사용하는 화석연료에 기인한다. 따라서 화석연료가 아닌 태양, 물, 바람 등 자연 에너지를 활용할 수 있는 방안을 마련하여야 하며, 이를 위해서는 과감한 투자와 연구를 지속적으로 병행하여야 한다.

③ 인구 문제 해결

인구가 많으면 많을수록 환경에 투기하는 오염물질의 양, 즉 인간 활동으로 인한 자연 훼손의 양은 그만큼 증가하기 때문에 인구조절이 환경문제를 해결할 수 있는 방법의 하나이다. 특히 이러한 인구문제는 선진국보다는 개발도상국가에서 더 심각성을 보이고 있기 때문에 세계적인 인구문제 해결을 위해서는 경제지원 및 정보교환 등과 같은 국제적인 협력이 절실히 요구된다.

④ 법규에 의한 각종 규제

환경오염에 대한 법적인 규제 장치를 마련하는 것이 환경문제를 해결할 수 있는 하나의 방안이 된다. 대기오염, 수질오염, 토양오염에 대한 기준을 더욱 엄격하게 할 수 있는 법규를 강화하여 강제적으로 오염물질의 투기를 막을 수 있는 제도적인 장치를 강화하는 것이다.

제 13 장 사막화 문제

제 1 절 개 관

최근 환경적으로 큰 문제가 되고 있는 것 중 하나가 인간의 영향에 의한 사막화이다. 사막화는 산림자원 그 자체의 감소를 의미하는 것일 뿐만 아니라 이산화탄소 증가에 의한 지구온난화 등 지구환경 변화에도 영향을 미친다는 사실을 간과해선 안 된다. 사막화는 어느 특정지역의 문제가 아니라 지구 전체적인 문제인 것이다.

사막은 강수량이 극단적으로 적고, 식물이 생육할 수 없는 지역에서 확장하고, 발달하게 된다. 이는 비가 적게 오는 기후 특성에 의해 생기는 것으로, 사막의 면적은 육지의 약1/3에 달한다. 우리나라 국토면적의 약 400배나 되는 광대한 면적이다. 그러나 이러한 사막도 태고적부터 그 장소에 있었던 것은 아니고, 기후변화에 의해 그 위치나 크기가 변화해 왔다. 아프리카 사막의 경우를 보면 지구상에 인류가 등장한 지 200만 년 동안 빙하기가 여러 차례 반복하는 기후변화가 있었다. 이와 같은 기후변화에 의해 아프리카 대륙에 부는 바람의 방향이 달라지고 비가 내리는 지역도 달라졌다. 이에 따라 사막과 산림의 분포는 수십만 년 단위로 큰 변동이 있었다.

어떤 특정한 지역이 과거에 사막이었는지 혹은 산림이었는가 하는 것은 호수 바닥 퇴적물인 꽃가루 분석을 통해 알 수 있다. 이 분석을 통해 과거에 살았던 식물의 종류와 양을 알 수 있으며, 호수 기슭에 남아 있는 물 높이 흔적 조사로 과거의 건조 상태를 판단할 수 있다. 이와 같은 조사결과, 아프리카 북부에 위치한 세계에서 가장 큰 사막인 사하라사막도 과거에는 산림이었던 것으로 밝혀졌다. 또한 위성사진을 통하여 사하라 차드호의 변화를 관찰한 결과 차드호는 15년 만에 호수의 물이 말라 거의 바닥을 드러내고 있으며 이 사실은 현재 급속하게 사막화가 진행되고 있다는 것을 알려준다.

현재 사막화에 의해 자연과 인간은 많은 위협을 받고 있는데 지구상의 모든 육지의 약 1/4, 세계 인구의 약 1/6인 약 9억 명이 사막화의 영향을 받고 있는 것으로 알려져 있다. 대부분의 사막화 현상이 현재는 아프리카에 집중되어 있지만 인구가 많은 아시아도 사막화로 인해 식량공급에 문제가 없을까 하는 점도 염려되며, 일본과 한국도 이러한 문제를 심각하게 생각해야 할 시점에 있다.

1995년에 서울대 생물학과 명예교수인 김준호 박사는 생태관련 교양도서인 "문명 앞에 숲이 있고 문명 뒤에 사막이 남는다"(Forests to precede civilization, deserts to follow) 라는 제목의 책을 출간하였다. 이 한 마디의 경구는 문명 발달에 의한 산림파괴가 얼마나 심각하게 환경을 파괴할 수 있는지를 강조하는 것으로서 환경파괴의 심각성을 경고하고자 할 때 사람들이 자주 인용하고 있다. 이 용어는 역사학자 토인비의 "역사의 연구"에서 처음으로 사용된 것으로 알려져 왔으나, 최근 더 이전인 19세기 초의 프랑스 작가이면서 외교관이었던 샤토브리앙(1768-1848)이 이미 사용하였던 경구라는 사실이 알려졌다. 이 경구의 출처가 어떻든 문명 발달로 인한 산림파괴는 결국 사막화를 촉진하여 인류가 공멸할지도 모른다는 사실은 역사를 통해 이해하는 것이 중요하다.

오늘날 세계적으로 심각한 환경문제로 대두된 산림 파괴와 사막화 현상을 이해하기 위해 먼저 산림에 대한 일반적인 이해, 사막화의 정의 및 영향 등을 언급하고 우리나라 숲의 현실에 대한 이해를 통하여 산림조성과 가꾸기가 현대를 사는 우리 삶에 직·간접으로 얼마나 중요한 영향을 미치는지를 강조하고자 한다.

제 2 절 산림의 이해

1. 산림의 의미

"숲"은 수풀이 줄어서 된 순수한 우리말로 나무가 무성하게 꽉 들어 찬 곳을 의미한다. 이 용어는 일반적인 보통명사로 우리가 흔히 사용하는 것이다. 반면에 산림이나 삼림(森林)은 주로 행정 또는 전문 기술 용어로서 숲과 동일한 개념으로 혼용되고 있다. 의미를 구분하면 산림은 산지에 조성된 산과 숲을 말하는 것으로서 숲을 말하는 포괄적인 개념이며, 삼림은 나무들이 집단적으로 서있는 숲을 말한다. 산림을 나타내는 영어의 "forest"는 라틴어의 어원으로는 '안에 들이지 않다'는 의미의 포레스타레(forestare)에서 유래되었다. 이는 중세 유럽의 왕실 사냥터의 보호구역 개념으로부터 출발하였는데, 일반인의 사냥 금지구역을 의미하였으며 중세 왕족들에게 중요한 육류 공급처 역할을 했던 일반 평민의 출입금지 구역을 말하던 것이 변하여 오늘날 일반적인 산림의 개념으로 사용되고 있다.

2. 산림의 이용

시대 상황에 따라 인간의 산림을 바라보는 시각과 이용 형태는 계속 변해왔고 앞으로도 변할 것이다.

가. 키민스(Kimmins)의 분류

- 남벌단계 : 산림은 무주공산, 남벌과 과벌
- 관리단계 : 목재를 중심으로 하는 산림생산물의 확보를 위해 관리하는 단계로 학문으로서의 임학 도입
- 생태적 접근단계 : 산림경영에 생태적 접근 방법 도입하여 부분적으로 지속적 수확이 달성되는 단계이다.
- 사회적 접근단계 : 미적, 영적 가치 등을 고려하여 사회 구성원의 삶의 질과 생활수준의 향상을 위해 필요한 가치를 지속적으로 공급할 수 있는 경영방법을 모색하는 단계이다.

나. 라르먼(Laarman)의 분류

- 미개상태 : 인위적 간섭이 미약한 시대
- 개척단계 : 농경지 확장에 따른 일방적인 감소 단계
- 약탈 이용단계 : 산림자원의 약탈 이용시대
- 목재 생산단계 : 기술의 진보, 산림에 대한 압력이 약해지고 목재생산이 주가 되는 시대
- 환경 관리단계 : 산림의 공익적 기능이 강조되는 시대

3. 산림의 기능

산림이 가지는 기능도 시대의 변천에 따라 계속 변해왔다. 일반적으로 산림의 기능은 경제적 기능, 공익적 기능, 그리고 문화적 기능으로 구분한다.

가. 경제적 기능

그림 13-1. 산림의 목재 생산 기능 (강원도 삼척군의 소나무숲-경제림)

산림의 직접적인 기능이라고도 불리우는 경제적 기능은 산림으로부터 얻어지는 산물, 즉 임산물이 국민 경제 생활에 기여하는 효용을 말하며 때로는 산림의 유형적(有形的) 기능이라고 한다.

산림으로부터 생산되는 목재는 일상생활에 없어서는 안되는 중요한 자원이 되고 있으며, 문화의 향상에 따라 점점 그 소비량이 증가하고 있는 추세이다. 건축재를 비롯하여 가구재, 선박재, 기구용재, 철도의 침목, 광산의 갱목, 합판, 숯, 포장용 용기 등 여러 방면에 다량의 목재가 사용되고 있다.

한편 목재는 각종 공업원료로도 사용된다. 섬유공업 분야에서 펄프공업은 제지원료를 공급하고 인조견과 세로판 공업을 비롯한 파이버보드(fiber board) 공업 등을 성립시키고 있으며, 수지(樹脂)는 도료원료와 플라스틱 공업의 중요 원료가 되고 있다. 그 밖에 특정 수종의 수피(樹皮)와 목질부로부터 얻어지는 타닌은 유피공업이나 염료공업에 없어서는 안 될 물질이며, 코르크질 및 약품원료가 되는 알칼로이드 등도 중요한 공업 원료이다. 또한 산림은 목재 이외에 많은 부산물을 생산해 내는데 낙엽, 나무열매, 수피 등은 산림으로부터 직접 생산하는 부산물이고, 버섯, 산나물, 약초, 광물 및 석재, 야생화초, 그리고 야생동물 등은 산림이 존재함으로써 얻어지는 부산물이다.

나. 공익적 기능

공업화와 경제성장으로 환경문제에 관심이 높아지고 있는데 산림은 환경에 순기능(純機能)을 하는 공익적 기능을 담당한다. 산림의 간접적 효용이라고도 불리우는 공익적 기능은 산림이 존재함으로써 인간에게 주는 많은 무형적(無形的) 효용을 말하며 국민생활에 지대한 영향을 끼치게 되므로 복리적(福利的) 작용이라고도 한다.

그림 13-2. 자연 휴양림에서 산책하면서 숲 해설을 듣고 있는 휴양객들(경기도 양평군 단월면 산음 자연 휴양림)

우선 산림은 광합성 작용에 의하여 체내에 대기 중의 탄소를 고정시키고 호흡에 의하여 산소를 제공함으로써 산소 공급원의 역할을 한다. 또한 산림은 오염물질의 흡착기능을 가지고 있는데 임목의 잎에 공기 중의 오염물질을 흡착함으로써 공기정화 기능을 한다. 산림을 구성하는 수종과 생육조건에 따라 흡착기능의 정도가 달라지지만 가로수로 많이 사용되는 은행나무나 플라타너스가 흡착기능이 강한 것으로 알려져 있고, 일반적으로 잎의 양이 많고 상록성이면 흡착기능이 상대적으로 높은 것으로 알려져 있다.

산림의 공익적 기능 중에서 중요한 다른 하나는 산림의 이수(理水)기능이다. 산림은 산지(山地)에서 수원을 함양함과 동시에 하천의 유수량을 조절함으로써 홍수와 가뭄을 완화시키고 농업용수 공급과 수력발전 등을 가능하게 하며 토양침식을 막아 국토 환경을 보전하는 등 국민경제에 대단히 중요한 역할을 한다. 산림 내에서는 낙엽 등의 지피물이 쌓여 토사(土砂)의 유출을 막는 동시에 뿌리가 토사를 얽어매고 고정시킴으로써 토양 암석의 붕괴를 막는데, 이를 삼림의 기계적 기능이라고 한다. 산림의 다른 기계적 작용은 눈사태와 낙석의 방지, 비사(飛砂)방지 기능, 방풍 및 방조(防潮)작용이 있다.

산림은 기후를 조절하는 기능도 가지고 있는데 임내(林內)의 온도를 조절하여 여름철에는 임외(林外)보다 온도를 낮추어 시원하게 하고 겨울철에는 따뜻함을 느끼게 하는 작용을 한다. 한편 산림은 아름다운 풍치를 제공하여 인간의 정서생활에 도움을 주고 보건휴양의 기능을 한다. 최근 휴양림이 조성되어 도시인들의 휴식처와 심신을 단련할 수 있는 장소로 제공되고 있다. 산림내의 각종 식물들이 내뿜는 식물성 살균물질인 피톤치드(Pyhtoncide)와 테르펜 등은 항염, 이뇨와 같은 인체에 유익한 작용을 하는데 이를 이용하여 건강을 증진시키는 산림욕(山林浴)이 관심을 끌고 있다.

다. 문화적 기능

최근 산림이 가지고 있는 문화적 기능에 대한 관심이 고조되고 있다. 숲과 예술과의 관계, 인류 생활과 맥을 같이 하여 온 종교적 관점에서의 숲, 그리고 숲에서 이루어지는 다양한 형태의 자연학습 등 숲이 가지고 있는 다양한 문화적 기능은 인간의 삶이 복잡해질수록 더욱 큰 의미를 가지며 강조될 것으로 보인다.

제 3 절 문명발달과 산림

최근의 사막화 현상은 결국 인류 문명발달의 결과로 볼 수 있기 때문에 이를 이해하기 위해서는 인류의 문명발달과 산림을 언급하는 것이 필요하다. 인류의 역사를 보면 인간의 삶에 큰 영향을 미친 몇 가지 혁명적인 변화가 있었는데, 이들이 모두 숲에 지대한 영향을 미쳤던 것이 사실이다. 이들 3가지 혁명은 농업혁명, 산업혁명, 그리고 과학기술혁명이다.

1. 농업혁명과 숲

진화론적인 입장에서 보면 인류의 원조상은 약 400만 년 전에 출현하였고, 약 200만 년 전에 도구를 체계적으로 생산할 수 있는 단계까지 발달하였다. 진화를 계속하여 현 인류의 조상(호모 사피엔스)은 약 100만 년 전에 출현하고, 이들 조상은 약 1만 년 전까지 수렵채취로 삶을 영위하였다. 인류는 그 동안 떠돌아다니던 생활을 청산하고 약 1만 년 전에 한 곳에 정착하여 생활하게 되는데, 정착에 따른 생활환경의 변화는 건축, 난방, 취사는 물론 인구가 늘어나면서 경작지 확장 등 목재수요가 급격히 늘어나게 되어 숲의 파괴가 본격화 되었다.

중국의 유물을 보면 약 50만 년 전에 이미 불을 사용하였다는 흔적을 찾아볼 수 있는데, 효과적인 불의 사용은 인류의 문명을 석기시대에서 청동기시대를 거쳐 철기시대로 옮겨가게 하는 견인차 역할을 하게 되었다. 나무로부터 유래된 목탄을 사용하여 질이 좋은 철을 생산하게 되면서 증기기관을 산업에 이용할 수 있는 실용적인 도구가 되었고 종국에는 산업혁명으로 이어지게 되었다.

가. 4대문명 발상지와 산림

인류의 초기문명 발상지는 농업혁명이 시작된 메소포타미아 유역, 나일강 유역, 인더스강 유역, 그리고 황하 유역이다. 이들 유역이 문명을 발상시킬 수 있었던 이유는 풍부한 수자원과 울창한 산림이었다. 따라서 산림은 농업혁명을 완성시킨 숨은 원동력이 되었다.

고대 메소포타미아 문명의 개화 이면에는 티그리스, 유프라테스 강 유역의 울창한 숲이 있었음은 수메리아 사람들이 인류 최초로 남긴 설형문자를 통해서 알 수 있다. 중앙아메리카 대륙의 열대림에서 한때 문명의 꽃을 활짝 피웠던 마야문명의 개화 이면에도 숲이 있었음을 마야문명의 발굴 보고서를 통해 알 수 있다. 이러한 사실은 인도의 인더스강, 갠지스강 유역이나 중국의 황하 유역에서 이룩한 인류의 초기 문명에서도 문명 발달의 견인차 역할을 한 숲을 어렵지 않게 찾을 수 있다.

1) 메소포타미아 문명과 산림

메소포타미아 문명의 견인차 역할을 했던 티그리스 강과 유프라테스강 유역의 울창했던 산림은 오늘날 더 이상 존재하지 않고, 대부분 사막이나 준사막과 같은 불모지역으로 변했으며, 그 현장은 이라크와 주변지역에서 찾을 수 있다.

약 5000년 전인 BC 3000년경에 밀과 보리를 경작하기 시작했는데, 처음에는 밀과 보리의 경작비율이 비슷했으나, BC 2500년경에는 보리가 85%, 밀이 15%를 차지하게 되었다. 밀 경작면적의 급격한 감소는 토양 속에 함유된 염분의 상승으로 경작지의 대부분이 밀이 자랄 수 없는 토양조건으로 바뀌었기 때문이다. 산림파괴는 토양유실을 촉진시키고, 유실된 토양은 관개 수로를 막아 배수가 점점 나빠지게 되고, 결국 경작지 토양의 염분 상승을 초래하였다. 따라서 부족한 경작지를 보충하기 위해 지속적인 산림파괴가 이루어졌다. 이러한 추세는 BC 2100년경에 밀농사가 겨우 2% 수준으로 급감하였고, 마침내 BC 2000년경에는 사라지고 말았다. 식량은 BC 2400년경까지는 지속적으로 증산되다가 BC 2100년경에는 최대 생산기의 42%, BC 1700년경에는 35%만이 생산되어, 산림파괴로 파생된 경작지의 염분 상승으로 더 이상 작물을 생산할 수 없는 토양조건을 초래하였다. 결국 산림훼손으로 야기된 토양유실이 경작지 토양의 염분을 증가시켜, 경작지를 불모지로 변하게 하여 더 이상 문명을 부양하기 힘든 상태로 만들었다.

2) 인더스 문명과 산림

BC 1900년경에 인더스 강 유역에 발달된 문명도 갑작스럽게 종말을 맞게 되었다. 근본적인 원인은 사원건설에 필요한 벽돌을 굽는데 필요한 연료재로 막대한 숲을 벌채하였기 때문이다. 산림의 무분별한 벌채는 토양유실을 초래하였고, 토양유실은 토질의 저하 및 염분상승으로 이어졌으며 이는 농업 생산성의 급격한 저하를 가져왔다. 결국 승려와 지배계급을 더 이상 부양할 능력이 없어져 사회가 불안해졌고 마침내 급격한 종말을 가져왔다. 인더스 강 유역의 울창한 밀림은 이제 10만 평방마일의 사막으로 변하였다.

3) 나일 문명과 산림

나일 지역은 BC 5500년경부터 농사를 짓기 시작하였는데, 주변의 울창한 숲이 있었기 때문에 가능하였다. 나일 강 상류의 울창한 숲은 나일 유역의 농경에 필요한 자연적 유기질 비료의 공급원 역할을 하였고, 그 결과 농토는 기름지고 당대 최고의 문명을 개화시켰다.

이런 농경문화의 발달은 인구 증가를 초래하였고, 늘어난 인구 증가 때문에 연료를 나일강가의 갈대 대신에 상류의 숲을 벌채해서 만든 숯에 의존하게 되었다. 또한 왕조의 권위와 신성을 유지하기 위해 건설하였던 스핑크스와 피라미드 건설에 사용된 돌을 운반하는데 필요한 나무를 조달하기 위해서 산림을 파괴하였다. 참고로 가장 큰 피라미드를 건설하는데 한 개에 2.5톤이나 하는 석회암 230만개가 소용되었는데, 나일강변에서 채굴된 석회암은 굵은 통나무를 깔고 밧줄로 묶어 운반했다. 수백 년간 계속된 피라미드의 건조에는 엄청난 목재가 소요되었고 그 결과 산림파괴는 필연적이었다.

나일강 하류의 숲은 로마와의 전쟁에 필요한 전함건조를 위해 벌채되었고, 또한 로마와 그리스에 숯을 수출하기 위해 파괴가 계속되었다. 결국 나일강 상류와 하류의 산림파괴가 계속되면서 나일강 유역의 풍수해가 매년 계속되었고 기름졌던 농경지는 불모지로 변하여 지중해 연안을 제외하고는 오늘날과 같은 모래사막으로 변하였다.

4) 황하 문명과 산림

황하 유역은 다른 지역과 같이 매우 울창한 숲을 가지고 있었던 것은 아니지만 오늘날처럼 숲이 송두리째 없었던 지역은 아니었고, 오히려 소개된 상태의 숲이 있었던 지역이다. 황하 문명은 북부의 귀리 재배로부터 시작하였지만 산림벌채와 경작지의 확대로 매년 황하의 범람을 초래하였고, 황하라는 이름이 붙게 된 연유도 산림벌채에서 시작되었다.

다른 문명 발상지와 마찬가지로 인구 증가에 따라 경작지의 확대와 연료소비의 증대가 불가피해졌고 경작지를 얻기 위해 산림파괴가 필수적이었는데, 이로 인해 20세기 초에는 중국 대륙의 5% 만이 숲을 유지하고 있다.

나. 이스터 섬 문명의 붕괴와 산림

이스터 섬은 남아메리카 서부 해안에서 약 3700km 떨어진 165 평방킬로미터의 작은 섬으로 5세기경에 '폴리네시아'로부터 이주해 온 사람들이 정착하면서 문명이 시작되었다. 최근에 화분분석을 해 본 결과에 의하면 약 3만 년 전에 이 섬은 완전히 숲으로 덮여 있었다고 한다. 그러나 이주해 온 사람들은 경작지 확장을 위해 숲을 파괴하고 생활에 필요한 도구를 생산하기 위해 나무를 베었다. 하지만 인구가 많지 않았고 상대적으로 숲의 면적이 넓어 기름진 땅과 풍부한 해산물로 인하여 생활은 풍요로웠으며, 여타 문명권에 비해 떨어지지 않는 문명을 유지하고 있었다. 하지만 풍요로운 생활에 따라 발달된 제례문화는 씨족 간에 기념비 제작을 경쟁적으로 부추겼고, 그에 따라 산림을 비롯한 자원의 낭비가 엄청났다. 씨족 간에 조각상을 세우기 위해 경쟁이 벌어짐에 따라 수백 기의 석상이 제작되었고, 제작된 석상을 옮기기 위해 엄청난 양의 통나무 받침이 필요했기에 많은 숲이 사라지게 되었다.

화분분석 자료에 의하면 사람이 정착한 수백 년 후부터 본격적인 산림파괴가 시작되어 약 800년 전에는 숲이 완전히 사라져 버렸다. 계속된 산림파괴는 토양유실을 초래하였고, 작물생산의 감소를 가져왔다. 결국 기아와 사회적 불안으로 인하여 씨족간의 전쟁이 일어나고 종국에는 상대방을 잡아먹은 식인풍습까지 생겨났다. 1722년 네덜란드인 선장 '로헤번' 제독이 이 섬을 처음 방문했을 때 누추한 갈대 오두막이나 동굴에 살면서 전쟁을 벌이고 부족한 식량 때문에 식인풍습을 갖고 있었던 약 4000명의 주민이 목격되었다. 오늘날은 소수의 원주민만이 살고 있는 것으로 알려져 있다. 이스터 섬 문명의 붕괴는 무분별한 산림파괴가 어떤 결과를 가져오는지 오늘을 사는 우리에게 교훈을 주고 있다.

그림 13-3. 다양한 형태의 모아이 석상들
(모두들 바다를 향해 서 있도록 배치하고 있다)

그림 13-4. 이스터섬의 Rano Kau 분화구 지역(멀리 남쪽으로 보이는 바다가 태평양이고 남극방향이다/이스터섬 홈페이지 자료)

다. 고대 그리스 로마 문명과 산림

숲의 파괴가 인류의 초기 문명만 붕괴시킨 것은 아니었다. 그리스와 로마의 고대문명 역시 그 붕괴의 배경에는 숲이 있었다. 그리스 문화가 몰락할 수밖에 없었던 배경에는 산림 황폐로 인해 발생된 유실 토양이 강 하구에 쌓여 대외무역의 창구인 항구를 마비시켰고, 종국에는 농업 생산성이 붕괴되어 문명 자체를 지탱할 수 없었기 때문이다.

로마의 멸망은 향락문화를 유지하고 로마시민의 불만을 달래기 위해 펼쳤던 정책으로 인하여 숲을 파괴한 데서 찾을 수 있다. 로마는 목욕탕 문화가 발달되어 있었는데, 따뜻한 물을 공급하기 위해 무리하게 숲을 파괴하였다. 또한 로마시민의 정치적 불만을 달래기 위해 식량을 무료로 배급하기 위해 경작지의 확장을 위해서 숲을 무분별하게 경작지로 확장한 데에도 로마 멸망의 원인을 찾을 수 있다. 즉, 다른 문명과 마찬가지로 토양유실, 농업생산성의 저하, 사회적 불안의 과정을 거치면서 문명 자체가 몰락하는 과정을 걷게 되었다.

이러한 역사적 사실은 오늘날 세계적인 기아와 난민이 발생하고 있는 에티오피아와 북한의 경우에도 마찬가지로 이해할 수 있다. 결론적으로 인류 문명 발달의 대가로 많은 면적의 숲이 지구상에서 사라졌다. 통계에 의하면 지난 8000년간 숲의 약 1/3이 경작이나 정착, 연료와 목재 생산을 위해 사라져 현재 약 4억 2000만 ha만이 숲으로 존재한다.

2. 산업혁명과 숲

인류의 삶에 큰 변화를 가져온 두 번째 혁명은 산업혁명이다. 이 산업혁명의 직접적인 원동력은 물론 숲이나 나무는 아니다. 증기기관의 발명으로 근대 산업이 발달하게 되었는데, 초기의 연료는 나무였으나 곧 화석연료인 석탄에게 자리를 내주게 되었고, 이 때부터 근대화는 보다 촉진되었다.

그러나 산업혁명의 여파가 다른 나라로 전파될 수 있었던 이면에는 정보의 전파가 있었음을 간과해서는 안 된다. 정보의 전파나 이동은 1455년 구텐베르크에 의해 발명된 인쇄술의 공로 때문이다. 인쇄란 종이를 이용하여 정보를 기록하는 행위이다. 인쇄술의 발달로 기술정보의 체계적인 전달과 확산이 가능하게 되어 산업혁명이 성공할 수 있었다. 결국 나무로부터 유래된 종이는 산업혁명의 확산과 촉진에 필요한 정보의 공유라는 측면에서 숨은 공로자가 된 것이 사실이다.

3. 과학기술혁명과 숲

과학기술혁명은 지난 30여 년간 창출된 정보산업, 신소재개발, 에너지기술, 우주산업기술, 생물공학 등에 의하여 진행 중인 새로운 기술혁명(정보혁명)을 의미한다. 이전의 혁명과의 차이는 환경의 질을 고려한 경제적인 발전을 지향하는 혁명이라는 점이다.

환경문제는 인간의 제반활동이 자연계 변화에 영향을 주어 이 변화가 다시 인간사회에 되돌아와 인간에게 부정적인 영향을 미치는 현상이다. 이전의 농업혁명이나 산업혁명은 지역적, 국지적 또는 국가적 환경문제를 유발했으나, 과학기술혁명으로 파생된 환경문제는 국제적인 문제 또는 전 세계적인 문제로 대두되었다는 점이 다르다. 즉, 20세기를 마무리하는 현 시점에서 인류가 직면하고 있는 가장 심각한 문제 중의 하나는 전 지구적 환경문제라는 것이다.

통계에 의하면 지난 수 십 년간의 경제적 생산량은 그 이전의 인류 역사에서 생산했던 양을 훨씬 초과하여, 지금까지 경험하지 못하였던 엄청난 변화를 자연계에 주었고, 이렇게 파생된 자연계의 변화에 의하여 수많은 환경문제가 전 지구적으로 발생될 수밖에 없었다.

전 지구적 환경문제에는 토양 유실, 산림지역의 감소, 목초지의 황폐화, 사막의 확장, 성층권의 오존층 파괴, 온실효과에 의한 기체의 축적, 대기오염, 생물종의 손실, 인구의 급증, 산업화의 부산물인 독성물질 및 폐기물의 처리문제, 그리고 수질오염 등이 포함된다.

제 4 절 사막화 현상

1. 사막화의 정의

사막화란 토지가 사하라 사막과 같이 전면에 모래가 펼쳐있는 상태만을 이야기하는 것은 아니다. 사막화에는 첫째 건조하기 쉬운 토지에서 가끔 내리는 비에 의해 토사가 흘러내려 버리는 것, 둘째 자연에 생육하고 있는 식물의 종류가 감소해 버리는 것, 셋째 토사에 염분이 쌓여 버리는 것 등을 포함하여 식물이 생육할 수 있는 흙의 능력이 감소해 버리는 현상을 말한다. 사막화 방지조약에는 사막화란 "건조, 반건조 및 반건조습윤 지역에서의 기후변동 및 인간 활동 등의 요인에 기인하는 토지의 악화"라고 정의하고 있다.

2. 사막화의 원인

가. 기후변동에 의한 자연적인 원인

사막화의 자연적인 원인은 강우가 적은 것을 의미한다. 즉, 사막화는 한발에 의하여 일어난다. 원래 건조지는 수천 년 단위로 일어나고 있는 지구의 기후변동에 의하여 건조지와 습윤지를 반복하고 있다. 최근의 기후변동에 의하여 각지에서 장기의 한발이 일어나고 있어 사막화의 원인이 되고 있다. 또한 표면에 흙이 적은 건조지에서는 우량이 적어도 집중적으로 비가 내리면 표면의 토사가 간단히 흘러 내려가 버려 사막화된다.

나. 인간의 행위에 의한 원인

가축의 과방목, 토지의 능력을 무시한 과경작, 연료목의 과채취, 부적절한 관개에 의한 염분집적 등을 들 수 있다. 이러한 원인의 이면에는 인구증가, 빈곤 등 각종 정치사회적 요인들이 있다.

인구가 증가함에 따라 방목하여야 할 가축의 수가 증가하게 되면 식물이 생육 불가능할 정도로 뿌리까지 먹게 되어 식물이 없어진 토지는 점점 더 건조해지고 사막화되어 버리고 만다. 건조지의 농업은 물을 강우에 의존하고 있어 일단 작물이 생육하면 토지의 농작물 생육능력을 고려하여 1~2년간 휴경해야 하지만 인구증가 등의 요인으로 휴경기간을 없애고 연속해서 경작을 한다든가, 우량이 적고 지력이 크게 떨어진 토지까지 경작을 확대한다든가 하여, 토지의 한계 생산능력을 넘는 과경작을 하게 되어 결국 경지를 황폐시켜 사막화를 촉진하게 된다.

개발도상국은 외국차관의 증가 및 세계시장의 농산물가격 하락 등으로 외화를 획득하기 위해 농작물을 더 많이 수출해야만 하므로 경지면적을 확대하고 휴경기간이 감소되어 무리한 경작에 의한 토지의 사막화로 연결된다.

아프리카 국가 중에는 에너지를 숯이나 목재에 의존하는 곳이 많다. 이 지역에서는 인구증가, 도시집중 등으로 숯과 목재의 수요가 급증하고 있으며 채집하는 장소가 마을과 가까운 곳에 집중되므로 과벌채가 일어난다. 이때 집중호우가 오면 토사가 다량으로 유출되어 토양침식이 급격히 진행되며 사막화된다. 관개농업은 기후에 관계없이 수확을 얻을 수 있는 농사법이지만 건조지역의 물은 암석에서 다량의 염분이 녹아 나오기 때문에 심한 증발로 수중의 염분이 흙의 표면에 쌓여 식물생육에 나쁜 영향을 주어 농지가 황폐된다.

3. 사막화의 현상

사막화는 지구적 규모로 넓어지고 있다. 1991년의 UN 보고서에 의하면 사막화의 영향을 받고 있는 토지의 면적은 약 36억ha라고 보고하고 있다. 이는 세계 경작 가능 면적 52억ha의 약 70%이며, 육지 전체 면적의 25%이다. 또한 사막화에 의해 세계 인구 6명 당 1명 약 9억 명이 영향을 받고 있는 것으로 되어 있다.

지역별로 보면 아프리카가 약 10억ha, 아시아가 약 13억ha로서 이들이 전체 사막화 영향을 받는 지역의 2/3을 차지하고 있다. 또한 경작 가능한 건조지역 중 사막화 지역이 각각 73%와 71%를 차지하여 이들 주민의 생활에 곤란을 겪고 있으며, 대부분의 국가가 개발도상국가이거나 국내정세가 불안정한 국가이므로 사막화 문제를 자신들의 자금이나 기술만으로는 해결하기 어려운 상황이다. 면적은 작으나 남아메리카의 일부 지역도 상황이 마찬가지이며 이들 지역에 대한 선진국의 지원이 요구되고 있다.

식생의 감소에 따른 사막화의 과정은 <그림 13-5>와 같다. 식생이 감소하게 되면 지표 피복률이 낮아져 알베도는 자연 증가하게 된다. 알베도는 빛을 반사하는 능력을 나타내는 수치로 반사율이라고도 한다. 가령 태양으로부터 입사한 빛은 행성의 대기나 지면에서 일부 흡수되지만 나머지는 1회 또는 여러 차례의 산란이나 반사를 거쳐 여러 방향으로 나아간다. 이 경우 알베도란 나아가는 빛의 총량을 입사한 빛의 세기로 나눈 수치이다.

일반적으로 빛은 지면과 같은 고체에서는 주로 흡수되지만 대기 속에서는 주로 산란되므로 대기를 가지는 행성의 알베도는 대기가 없는 천체보다 훨씬 크다. 예컨대 대기가 없는 달은 약 0.07, 수성은 약 0.06인데 반해 대기가 있는 지구는 0.35, 금성은 0.85로서 대기 속에 이산화탄소의 양이 많기 때문에 지구보다 더 크다. 그러면 태양에너지의 반사율이 높아지게 되므로 지표는 쉽게 냉각 되게 된다. 자연히 낮은 지역에는 무거운 공기층이 형성되므로 강우를 유발하는 구름의 생성이 억제되게 된다. 강우의 감소는 다시 식생의 감소로 이어지며 계속 중첩되면서 영향을 주게 되므로 사막화의 진행속도는 지수곡선의 형태를 볼 수 있다.

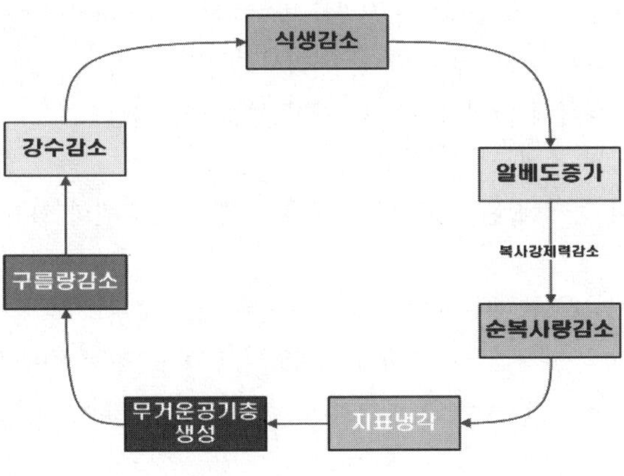

그림 13-5. 사막화의 단계 및 Feedback

4. 사막화의 영향

사막화의 가장 직접적인 영향은 토질의 저하에 따른 식량생산 기반에 대한 피해이다. 따라서 토지 생산력의 저하는 식량부족으로 이어지고 생활조건의 악화를 가져오며, 심한 경우에는 기아라는 인간생존 그 자체를 위협한다. 이러한 현상은 환경난민이 발생하고 도시의 인구집중, 민족간 대립 등 커다란 사회적 혼란을 야기한다. 결국 사막화는 지표의 알베도를 증가시켜 지온상승 및 일교차 증가, 강우감소 등과 같은 기후적 변화까지 야기하게 된다.

5. 사막화 방지 조약

사막화 현상이 전 지구적인 환경문제로 대두되면서 1992년 6월의 리우환경회의에서 아프리카 국가를 중심으로 한 개발 도상국가들이 필요성을 주장하게 된다. 이후 논의를 거쳐 1994년 6월에 사막화 방지조약이 채택되며, 1996년 9월에는 115개국이 조약에 서명하고 47개국이 정식으로 비준하여 효력이 발생하게 되었다. 이러한 과정을 거친 사막화 방지 조약의 중요 사항은 다음과 같다.

① 국제사회가 일치 협력하여 사막화 방지대책을 수행하기 위한 법적 틀 작성
② 사막화 방지 대책에 주민 및 지역사회 참가 원칙
③ 개발도상국에 있어서 사막화 방지 행동계획 책정
④ 선진국의 지원조치 명확화
⑤ 사막화 문제에 관한 과학적 지식을 종합하는 위원회 설립

현재 우리나라의 경우는 중국의 사막화에 의한 황사의 피해가 커지고 있는데 실제 황사의 피해는 전 세계에 걸쳐있다고 해도 과언이 아니다. 이에 동북아 산림 포럼과 같은 단체를 통하여 중국의 사막화를 막는데 노력하고 있다.

제 5 절 우리나라 숲의 현실

우리나라의 국토 면적은 993만 ha인데 그 가운데 644만 ha가 산림이다. 이는 국토의 약 64%가 산림으로 구성되어 있음을 말해준다. 이러한 이유로 우리나라를 산림국이라고도 하지만 국민 1인당 숲 면적은 약 0.14ha로 선진국에 비해 적은 편에 속한다. 우리나라의 산들은 대부분 동해안을 따라 뻗어 있는 태백산맥 줄기를 중심으로 솟아 있으며, 특히 중북부 지역에 산림이 많이 분포되어 있다.

극동아시아의 온대 기후에 속한 우리나라의 기후는 덥고 비가 많이 오는 여름철과 바람이 불어 몹시 추운 겨울철로 대표되며, 계절의 변화는 서서히 뚜렷하게 나타난다. 우리나라의 산림대는 남쪽으로부터 난대림, 온대림, 한대림으로 구분되며, 숲의 분포는 침엽수림 42%, 활엽수림 26%, 혼효림 29%, 기타 3% 비율이다.

숲의 소유형태를 살펴보면 국유림이 22%, 공유림이 8%, 사유림이 70%로 사유림이 월등히 많은 구조를 가지고 있다.

우리나라의 산림도 다른 여타 문명권의 변천과 크게 다르지 않다. 즉 인구가 증가하면서 농사를 위해 숲을 개간하고 땔감이나 건축을 위해 숲을 파괴하였던 것으로 판단된다. 우리나라 숲의 특징은 오랜 기간에 걸쳐 소나무가 우대 받았다는 사실이다. 이는 사람이 많이 살았던 서해안 지역과 남부지방을 중심으로 농사에 필요한 퇴비를 얻고 겨울을 나기 위한 온돌 난방의 주원료로 활엽수가 이용됨으로써 인가 주변의 활엽수림 및 임상유기물의 지속적인 수탈을 통하여 토질 악화로 활엽수림이 쇠퇴하게 되고, 비교적 지력이 약한 곳에서도 잘 자라는 소나무림이 번성하게 되는 결과를 가져왔다.

인구 밀집지역의 숲들이 소나무림으로 바뀌면서 나무나 숲에 대한 정부의 규제도 고려시대부터 점진적으로 나타나기 시작했으며, 조선의 개국과 함께 더욱 구체화되어 국가의 제도로 자리 잡았다. 고려 말 국정의 문란으로 산림 피해가 극심하였기 때문에 조선은 개국과 더불어 산림의 개인 소유를 금지하는 산림보호시책을 실시하였다. 특히 소나무는 궁궐이나 가옥을 짓는데 필요한 건축재는 물론이고, 중요한 수송수단이던 배를 만드는 조선재로 충당되었기 때문에 소나무재의 원활한 공급을 유지하기 위한 시책을 수립하는 것이 필요하였다. 이런 이유로 소나무는 송금(송목금벌)이라는 소나무 보호정책을 산림시책으로 삼았고, 소나무 이외의 수종은 잡목으로 취급하였다. 따라서 일

그림 13-6. 1970년대 대규모 조림광경. 약 100억 그루의 나무를 심었다.(한국 임업 신문 자료)

반 백성은 활엽수를 자유롭게 채취하여 사용할 수 있게 되었고, 소나무 숲에서 자라는 활엽수가 제거됨으로서 소나무 숲이 지속적으로 단순림으로 유지될 수 있었다. 그러나 소나무 단순림은 지력의 저하를 가져와 토지의 생산성이 낮아지는 문제를 발생하게 되었다.

이러한 산림의 역사는 조선시대 말기까지 계속되었는데, 일제가 조선을 강점하면서부터 산림에 대한 수탈과 해방 이후의 사회적 격동기, 그리고 한국전쟁은 인구 밀집지역에 한정되었던 숲의 황폐화가 전 국토로 확산되는 계기가 되었다.

일제는 연평균 약 1400만 입방미터씩 벌채해 갈 정도로 산림수탈이 심했다. 그 결과 20세기 초 한반도의 산림 총 축적이 약 7억 입방미터였던 것이 해방 직후에는 2억 입방미터가 남아 일제 동안 약 5억 입방미터의 산림이 사라지고 만다. 이러한 일제의 산림수탈과 한국전쟁을 거치면서 우리나라의 산림축적은 $7m^3/ha$로 벌거숭이 민둥산이 되었다. 광복과 한국전쟁으로 사회적 혼란과 생필품을 얻기 위한 도벌과 남벌로 산림황폐는 극에 달했고 홍수와 한발도 심했다. 산림복구가 산업화의 과정에서 필수불가결한 전제조건임을 인식한 정부는 1, 2차 산림녹화계획을 수립하여 1973년부터 1987년까지 국토

그림 13-7. 울창하게 변한 숲의 모습(양평군 일대 낙엽송 조림지)

녹화사업을 실시하였다. 1, 2차 산림녹화계획의 주된 목표는 범국민적 조림사업이었으며, 96%의 산림 피복률을 달성할 수 있었다. 이 기간 동안 약 100억 그루의 나무를 식재하였으며, 총 210만 ha의 조림사업을 실시하였다. 1988년부터 10년간 녹화된 산림의 자원화와 경영 기반시설을 구축하기 위해서 조림지에 대한 대대적인 육림을 실시하였으며, 임도, 협업경영, 임업후계자 육성 등의 임업경영기반 구축에 힘입어 오늘날의 산림축적은 2004년 현재 약 76㎥/ha가 되었다. 하지만 독일, 핀란드, 스웨덴, 오스트리아를 포함하는 유럽 국가들과 미국, 캐나다, 그리고 일본과 비교하여 아직 우리나라의 산림자원은 매우 부족한 것이 사실이며 이러한 이유로 필요한 목재를 대부분 수입재에 의존하고 있는 실정이다.

제 14 장 환경문제와 식물의 역할

제 1 절 식물의 환경오염 정화기능

식물이 가지고 있는 환경오염 정화기능은 식물이 물질생산을 위한 광합성 작용으로 대기 중의 이산화탄소를 흡수하고 또한 각종 대기오염물질을 기공을 통하여 흡수하기 때문에 앞에서 언급한 환경오염의 3가지 분류 중에서 주로 대기오염의 정화와 밀접한 관련이 있다. 하지만 대기오염과 토양오염, 그리고 수질오염은 어느 정도 서로간의 연관성이 있다. 특히 대기오염 물질이 강하하여 토양오염과 수질오염을 유발하는 경우가 많기 때문에 결국 식물은 다양한 환경오염에 직·간접적으로 정화하는 기능을 발휘하고 있는 것으로 이해할 수 있다.

식물은 이론적으로 1kg의 광합성물질을 생산하기 위하여 약 1.5kg의 이산화탄소를 흡수하고 1.1kg의 산소를 방출한다. 평균수고가 10m정도 되는 1ha의 건강한 숲은 1년간 약 50명이 숨쉴 수 있는 산소를 방출한다. 일본에서의 연구를 보면 인간의 이산화탄소 배출량은 1일 1kg정도인데, 삼나무 1ha 당 흡수 가능한 이산화탄소량은 약 70명(65.7명)이 호흡으로 배출하는 양에 해당되는 것으로 발표되었다. 통계에 의하면 1ha의 산림은 세계적으로 연평균 5.5톤의 이산화탄소를 고정한다. 열대우림 1ha 에 있는 식물은 매년 10톤의 이산화탄소를 고정할 수 있다. 이러한 이산화탄소의 고정능력을 이용하면 열대우림에서 많은 양의 이산화탄소를 고정할 수 있기 때문에 지구온난화를 억제하는데 이용할 수 있다. 또한 자동차 도로변의 건강한 숲 1ha는 1년간 분진 100kg, 가스상 물질(NO_2, SO_2 등)을 각각 10kg씩 흡수하여 대기오염 정화에 유용한 것으로 알려져 있다. 대기오염이 심한 지역에서 수목은 대기오염을 흡착 또는 흡수할 뿐만 아니라, 수목이 집단으로 모여 있을 때 오염물질의 확산을 방지하는 효과도 가지고 있다.

1. 대기오염 정화기능

식물이 가지고 있는 대기오염 정화기능은 크게 기공확산 저항치와 생산성에 의하여 판단한다.

가. 기공확산 저항치

식물은 광합성을 위하여 대기 중의 이산화탄소를 흡수함과 동시에 공기 중에 다른 대기오염물질이 있으면 이것들도 흡수하여 나뭇잎에 쌓이게 된다. 식물이 오염물질을 흡수하여 정화하는 절차는 각 오염물질에 따라 다르나 기본적으로 들어오는 오염물질을 무독화 하는 과정을 거치게 된다. 하지만 오염의 정도가 심각한 경우에는 장기간 노출되면 식물은 잎에 피해를 입어, 잎 표면을 덮은 오염물질이 탄소동화작용을 원활히 수행하지 못하게 방해하고 식물체내에 들어가서 용해되면, 유독물질로 바뀌어 여러 가지 생리적인 활동을 방해하고 식물조직을 파괴하는 역할을 함으로써 궁극적으로는 죽게 될 수도 있기 때문에 이러한 단계에서는 대기오염물질의 정화 문제는 생각할 수가 없게 된다.

오염물질 흡수 능력은 특정수준의 대기오염 하에서 식물체의 잎이 대기오염물질을 얼마나 빨리 그리고 많이 흡수할 수 있는가를 판단할 때 사용하는 척도이다. 이것은 일반적으로 여러 가지 오염물질들이 기공을 통해 확산되는데 식물체의 잎에서 얼마나 많은 저항을 받는가를 나타내는 기공확산 저항치와 관련이 깊다. 기공확산 저항치가 높다는 것은 단위 면적당의 식물체가 오염물질을 확산시키는데 저항이 크다는 것을 의미하기 때문에 단위 면적당의 식물 잎이 오염물질을 흡수하는 능력이 적다는 것을 말한다.

나. 식물의 생산성

특정식물의 오염물질을 흡수하는 능력은 그 식물의 기공확산 저항치 뿐만 아니라 그 식물의 생산성, 특히 잎의 총면적과 크게 관련이 있다. 따라서 일반 식물보다는 수목이, 수목 중에서도 관목보다는 교목이 생산성이 높기 때문에 더 많은 오염물질을 흡수할 수 있다.

이와 관련하여 가로수는 도심지의 대기오염이 심한 지역에서는 대기를 정화시켜주는 역할도 하게 된다. 따라서 가로수는 위에서 언급한 바와 같이 기공확산 저항치가 낮고 일년 중 생장기간이 오래 지속되며 생산성이 큰 교목으로 선택되어야 하는데 우리나라의 대표적인 가로수는 플라타너스와 은행나무로 이 두 수종은 전체 가로수의 약 65%를 차지하고 있다.

2. 토양오염 정화기능

식물은 직·간접적으로 토양오염을 정화하는 기능을 가지고 있다. 심각하게 오염된 토양을 정화시키기 위한 노력은 주로 미생물을 이용하여 왔으나 최근에는 식물을 이용해 중금속이나 여러 가지 유해물질로 오염된 토양을 정화하려는 연구가 활발하게 진행되고 있다. 1980년대까지는 주로 미생물을 이용한 정화가 주된 관심이었으나 90년대 들어와서는 더러워진 흙을 식물을 이용하여 정화시키려는 연구가 활발하게 진행되고 있다. 이러한 토양오염 정화가 가능한 식물을 "고농축식물"이라고 하는데 이들은 보통 식물에 비하여 약 100배 이상의 유독 원소나 중금속을 많이 축적할 수 있는 종류가 이에 해당된다. 이러한 식물들은 중금속뿐만 아니라 방사성물질도 정화할 수 있으며 특정식물의 경우에는 많은 양을 농축할 수 있는 능력을 가진 것으로 알려져 있다. 하지만 식물의 뿌리가 도달할 수 있는 땅속의 깊이가 한정되어 있기 때문에 땅속 깊은 곳에 오염되어 있을 경우에는 적용하기 어렵다는 문제를 가지고 있다. 한편 식물이 지표면에 덮여있는 경우에 토질을 개선하고 홍수나 침식을 억제하는 효과를 나타내기 때문에 이는 간접적인 환경정화 기능으로 분류할 수 있을 것이다.

3. 수질오염 정화기능

식물은 수질을 개선하는 기능도 갖는다. 간단한 예로 울창한 숲은 여름철에 집중호우가 와도 토사유출을 억제하고 빗물이 한꺼번에 유출되는 것을 막는다. 만일 산에 나무가 없다면 흙탕물이 하천이나 강으로 유입되어 이러한 탁한 물을 정화하기 위해서는 많은 비용이 필요할 것이다. 알려진 바로는

"부레 옥잠"이라는 수중식물은 수중의 중금속을 흡착하는 탁월한 능력을 가지고 있으며 또한 물의 탁도(濁度)를 개선하는 등 수질오염에 유용한 식물로 알려져 있다. 하지만 식물을 이용한 수질오염의 정화는 물은 유동성이 있고 확산이 빠르기 때문에 제한적일 수밖에 없다. 최근에 산림과학원이 포플라를 이용하여 수중에 함유된 중금속을 흡수하여 수질을 정화하는 시험을 수행하고 있다.

제 2 절 환경문제와 숲의 역할

환경문제는 인간의 제반활동이 자연계 변화에 영향을 주어 이 변화가 다시 인간사회에 되돌아와 인간에게 부정적인 영향을 미치는 현상이다. 오늘날의 환경문제는 국제적인 문제 또는 전 세계적인 문제와 직결되는 특징을 가지고 있다. 따라서 현재 인류가 직면하고 있는 가장 심각한 문제 중의 하나는 전 지구적 환경문제라는 것이다.

전 지구적 환경문제에는 토양 유실, 산림지역의 감소, 목초지의 황폐화, 사막의 확장, 성층권의 오존층 파괴, 온실효과에 의한 기체의 축적, 대기오염, 생물종의 손실, 인구의 급증, 산업화의 부산물인 독성물질 및 폐기물의 처리 문제, 그리고 수질오염 등이 포함된다. 이러한 전 지구적인 환경문제는 직·간접적으로 식물사회인 산림과 관련된 문제들이다.

1. 토양유실과 산림의 역할

앞서서 우리는 고대 문명 발상지나 그리스 로마 문명의 몰락은 모두 숲 파괴에 의한 토양 침식 등 농업적 기반의 붕괴에 그 원인이 있었다는 사실을 설명한 바 있다. 이러한 맥락에서 이티오피아나 북한의 기아문제도 결국은 그 원인을 산림파괴에서 찾을 수 있음을 알 수 있었다.

월드 리서치 연구소(1992)의 보고에 의하면 지난 40년간, 즉 1950~1990년까지 전 세계 경작지 표토 층의 약 20%가 유실되었다고 한다. 그 이유는 농업선진국이 채택하고 있는 집약농업, 개발도상국가의 인구문제 해결을 위한 무분별한 화전 및 고도의 벌채, 그리고 지나친 방목이나 연료재를 얻기 위한 숲의 파괴에 있다. 한때 국토의 70% 이상이 산림이었던 필리핀이나 태국은 현재 30%와 4%로 감소하여 목재 수입국으로 전락하였고 산림파괴에 의한 토양유실 문제가 심각하다.

또한 나이지리아도 64%가 숲이었으나 현재는 불과 6.4%의 면적만이 숲이다. 중국의 경우에는 늘어난 인구를 부양하기 위해 지속적으로 숲을 파괴하여 경작지를 확대시키다 보니 숲은 전 국토의 10%에 불과하고, 최근 30년간 약 600만ha의 면적이 사막으로 변하였다. 이런 현상은 우리나라에도 영향을 미쳐 대기오염 물질이 황사와 함께 한반도로 날아와 중금속 등 공해물질이 포함된 산성비의 직접적인 피해를 입고 있다.

2. 사막의 확장과 숲의 역할

사막 확장의 원인은 강수량의 감소로 인한 가뭄이나 장기간에 걸친 건조화 과정 같은 기후적 요인과 인구증가에 따른 무분별한 방목이나 경작지의 확대로 인한 식생의 파괴에 따른 요인이 있다. 특히 인구증가에 의한 무분별한 방목과 연료 채취를 위한 숲의 과도한 벌채는 사막의 확장에 지대한 영향을 끼치는 것으로 알려져 있다.

흔히 숲을 하늘로 뻗어 있는 자연적인 물기둥이라고 부르는 이유는 나무의 증산작용을 일컫는 말이다. 나무 한 그루가 더운 여름철 하루 동안에 대기 중으로 뿜을 수 있는 수증기의 양은 약 400리터라고 알려져 있다. 이와 같이 나무가 땅 속에 저장된 수분을 생리작용(증발산작용)으로 대기 중에 올려 보내어 수증기로 되게 하고, 이 수증기는 다시 구름으로 변하여 강수의 형태로 지상으로 되돌아오는 순환작용을 하기 때문에 한 그루 한 그루의 나무는 하늘로 뻗어 있는 자연적인 물기둥이라고 할 수 있다. 나무가 보다 큰 물기둥이라고 한다면 목초지를 이루고 있는 풀들은 작은 물기둥이라고 할 수 있다.

이와 같은 물기둥격인 숲이나 초원에 수용상태 이상의 가축을 방목한다면, 이들 가축에 의해 조성된 과도한 흙다짐으로 식물의 뿌리들은 정상적으로 생육할 수 없을 뿐만 아니라 마침내 고사하게 되어 하늘로 향한 물기둥을 끊는 결과를 초래하여 마침내 기후가 점점 건조해져서 사막으로 변하고 마는 것이다.

지구 육지의 약 1/3이 건조지역이나 준 건조지역이고 70년대와 80년대에만 약 600만ha(경상도와 전라도 면적)의 땅이 사막으로 변하였으며 피해를 입는 농촌인구가 약 1억 3500만 명으로 보고되어 사막화현상이 당면한 주요 현안임을 알 수 있다.

과거 로마제국의 식량창고 역할을 했으며 지금부터 약 1200년 전만 해도 유명한 밀의 생산지였던 사하라 사막 역시 사라센 제국의 확장에 의하여 이주해 왔던 회교도들의 과도한 벌채와 목축으로 사막화되었으며, 현재도 매년 수 km씩 사막지역이 남하하고 있는 실정이다. 이를 막기 위해 사막 경계지역에 많은 나무를 식재하고 있지만 사막의 전진 속도가 빨라 몰려오는 모래폭풍을 막지 못하고 있는 실정이다. 매년 사하라 사막에서 불어오는 모래의 양은 약 1억 5000만 톤으로 주변의 경작지에 막대한 피해를 입히고 있다. 중국이 차자하는 경작지 면적은 지구전체 경작지의 8%에 불과한데 인구는 지구 전체 인구의 약 22% 이상인 12억이다. 이 때문에 산림파괴에 의하여 사막으로 변하고 있는 경작지를 회복하기 위해 국토 녹화사업으로 문제를 해결하려는 노력을 경주하고 있다.

3. 지구 온난화와 숲의 역할

지구상의 육지는 지구 표면적의 약 1/3으로 약 130억 ha이고, 이중 약 31%인 40억ha가 산림이다. 이는 농업혁명이 시작되었을 때의 천연 상태의 숲 면적인 62억 ha보다 22억ha가 줄어든 것으로 경작지의 확대, 산업연료, 연료 및 목재생산에 의하여 줄어든 것이다.

이러한 현상은 오늘날에도 빠른 속도로 진행되고 있는데, 열대림의 경우 매년 약 1,100만 ha씩의 면적이 파괴되어 앞으로 100년 후에는 완전히 사라지거나 또는 앞으로 50년 후에는 열대림이 숲으로의 구실을 못하는 불모지로 변할 것이라고 경고하고 있다. 또한 온대지역이나 한대지역의 숲도 이와 유사한 속도인 매년 1,000만 ha씩 파괴되고 있는 것으로 알려져 있다.

녹색식물은 광합성작용으로 이산화탄소를 흡수하고 산소를 방출하며, 체내에 탄소를 고정시켜 생산에 이용하는 시스템을 가지고 있다. 오늘날 화석연료의 과다한 시용으로 대기 중의 이산화탄소의 농도가 높아져서 저 대기권의 평균기온을 상승시키고 있는데 이를 "온실효과"라고 한다. 사실 지구의 생존을 위해서는 적당량의 이산화탄소가 대기 중에 존재하여야 한다. 그 이유는 지표면에서 반사된 태양에너지가 모두 대기권 밖으로 통과하는 것을 막아 열 손실을 방지하여 지구의 온도를 적당하게 유지해주기 때문이다. 물론 이러한 "온실효과기체"에는 이산화탄소 외에 메탄, 프레온, 오존, 이산화질소 등도 있지만 이산화탄소의 지구 온난화에 기여하는 비율이 다른 기체에 비하여 상대적으로 높고(50%), 또 이산화탄소는 산림축적이나 면적에 밀접한 관계를 가지고 있기 때문에 문제가 되는 것이다.

통계에 의하면 1860년 이후, 특히 최근에 이산화탄소의 배출이 급격히 늘어 25%의 증가를 보이고 있으며 이로 인하여 1980년 이후 세계 평균기온은 0.7℃ 상승하였고 현재와 같은 이산화탄소 증가율을 지속한다면 2050년경에는 약 4.5℃가 증가할 것으로 전망하고 있다. 기온상승은 겨울철 난방비를 절약하고 식물의 생장기간이 늘어나며 광합성률이 증가하거나 성층권의 기온감소를 야기하여 오존파괴를 감소시킬 수도 있으나, 그 보다는 더욱 심각한 환경폐해를 나타낸다. 우선 병해충의 번식이 증가하여 식량자급에 심각한 문제를 야기하고 온도상승으로 양극의 얼음을 녹여 해수면이 상승하여 많은 지역이 물에 잠겨 소멸될 것으로 보인다. 또한 강우, 바람, 구름 등의 패턴을 바꾸어 기상에 큰 영향을 주고 세계 기후대를 변화시켜, 사막 지역이 확대될 것으로 전망되며 잦은 기후변화를 야기하여 인간생활에 막대한 지장을 초래할 것이다.

지구 온난화를 가속시키는 요인 중의 하나는 열대우림 지역 국가들의 산림 파괴이다. 산림은 이산화탄소를 흡수하고 산소를 공급하는데 그 역할의 많은 부분을 열대우림이 담당하고 있다. 이러한 국가에서의 산림면적의 감소는 산림으로부터의 지구 대기권의 이산화탄소 소비능력을 감소시킬 뿐만 아니라 농경지 개간을 목적으로 대규모 산림을 화전(火田)으로 바꾸기 위하여 태울 때 발생하는 다량의 이산화탄소는 이중의 폐해를 나타내고 있다.

산림과학원에서 시행한 '산림의 공익적 기능의 계량화 연구'에 의하면 우리나라의 경우 산림은 지구 온난화의 주범인 탄산가스가 공기 중에 많을수록 이를 흡수해 잘 자라며 대신 산소를 방출한다. 이를 수치로 표현하면 1ha의 숲에서 7.37톤의 탄산가스를 흡수하고 5.36톤의 산소를 생산한 것으로 계산됐다. 어린 나무가 대부분인 우리나라의 숲을 그대로 방치한다면 2040년에는 탄산가스의 흡수량이 계속 줄어 1ha에 2.89톤으로 줄어들 것으로 판단되며 나무를 가꾸어 주는 작업이 지속적으로 수행되어야 지구 온난화의 문제가 확산되는 것을 막을 수 있을 것이다.

4. 산성비와 숲의 역할

그림 14-1. 우리나라의 숲
(경북 울진의 소나무숲/하연 박사 제공)

공장이나 자동차 배기가스에 의하여 대기 중으로 배출되는 황산화물이나 질소 산화물이 대기 중에서 산화하여, 강산인 황산이나 질산으로 변하여 비 또는 안개에 섞여 지상에 강하하여 피해를 일으키게 되는데 일반적으로 ph 5.6 이하가 될 때를 산성비(Acid rain)라고 한다. 산성비를 야기하는 대기 오염물질은 배출원 근처뿐만 아니라 바람을 타고 멀리 이동하여 인접국가에도 피해를 주는 경우가 많다. 예를 들면 중국으로부터 날아온 오염물질 때문에 우리나라가 피해를 받는다든가 영국에서 발생한 오염원이 유럽대륙에 피해를 주는 경우가 있어 국가 간의 환경에 관한 협약이 필요한 실정이다.

1950년대 북부 유럽에서는 원인을 모르는 채 숲이 말라죽는 현상이 나타났는데 그 원인은 산성비라고 판명되었다. 물론 대기오염에 의한 산성비의 피해는 영국, 독일 등 대기오염원이 많은 지역을 중심으로 그 이전부터 있었으나 공기나 물의 오염과 거리가 먼 스웨덴을 비롯한 북부 유럽에서도 이러한 현상이 일어난 것이다. 이 산성비의 원인은 영국, 독일 등 중부 유럽의 공장지대나 화력발전소에서 석탄, 석유와 같은 화석연료나 폐기물을 태우거나 자동차에서 배출하는 유황산화물, 질소산화물 바람을 타고 북부 유럽이나 스위스, 오스트리아까지 날아가 비에 녹아내리면서 산림을 파괴하는 것이다.

산성비의 피해 사례를 좀 더 구체적으로 살펴보면 그 폐해에 대해 좀 더 자세히 알 수 있다. 체코, 슬로바키아와 독일 국경에 걸친 에르츠 산지는 동유럽의 알프스라 불릴 만큼 아름다운 경관을 과시하고 있었다. 그러나 지금은 산성비 때문에 메마른 산림이 몇 십 킬로미터나 이어지는 볼품없는 산이 되고 말았다. 통독이전 서독에서는 전체 국토의 3분의 1을 차지하는 산림 중에서 산성비에 의한 피해 면적이 55%나 된다. 네덜란드에서는 전체 산림 면적의 40%, 스위스 33%, 프랑스 20%가 산성비의 피해를 입었다는 보고가 있다. 이렇듯 산성비는 사람에게 해로울 뿐만 아니라 산림에도 무척이나 위험한 존재이다.

현재 산성비 피해는 폴란드 등 동부 유럽뿐 아니라 미국, 캐나다, 일본 일부지역에서도 발견되고 있다. 이와 같이 산성비는 국경을 넘는 환경오염으로서 자기 나라만의 문제로 다루어서는 해결할 수 없는 것이기 때문에 청정 대체 에너지 개발과 같은 화석연료 사용량을 줄이는 데 힘을 기울여야 하며 이웃 나라들과 서로 감시하고 협조하는 노력이 절대적으로 필요하다. 산성비에 의해 산림이 말라죽고 있는 현상을 열대림 파괴보다 더 충격적으로 받아들이는 사람도 많다. 그것은 세계적으로 찬사와 부러움을 받는 기술로 가꾸어지고 보존되어온 독일의 숲도 뾰족한 방도를 찾지 못한 채 산성비에 의해 말라죽고 있기 때문이다. 산성비는 숲에 치명적인 적이다.

산성비의 피해는 우선 토양을 산화시켜 산림의 생산성을 저하시킨다. 이는 토양내의 주요 양분을 녹여 없애고 분리된 금속이온들이 산성토양에서 분리되어 뿌리를 통해 흡수되면, 수목의 대사 작용을 방해하여 식물의 성장에 저해 요인이 된다. 또한 나뭇잎에 떨어진 산성비가 나무의 기공개폐 작용을 혼란시켜 광합성 작용의 평형을 잃게 하여 우선 생장감퇴로 나타나고 장기적으로 지속될 경우에는 고사하고 만다. 실지로 유럽의 경우에는 산성비에 의한 산림의 피해가 많이 보고되고 있는데, 독일의 경우 전체 산림의 50% 정도가 피해를 받았고 유럽 전체로 보면 약 40% 정도의 산림이 산성비의 피해 지역이며 빠른 속도로 확산되고 있는 실정이다. 우리나라도 최근 산성비에 대한 관심이 고조되고 있으며 도시 근교 산림의 경우 산성비에 의한 피해 사례가 보고되고 있다.

산성비가 산림에 피해를 주지만 나무는 숨구멍을 통하여 산성비의 원인이 되는 아황산가스를 흡수한다. 우리나라 산림의 경우, 그 양은 1ha당 연간 12.3kg이며 전국적으로 숲이 정화하는 아황산가스의 양은 79,556 톤으로 우리나라 전체 아황산가스 배출량의 4.9%에 해당한다. 산림은 또한 풍속을 늦추어 대기오염 물질을 숲 속에 떨어뜨리는 효과를 나타내며, 숲을 통과하면서 약 30% 정도의 아황산가스가 흡착되는 것으로 밝혀졌다. 따라서 건실하게 가꾸어진 산림은 산성비의 원인이 되는 대기 오염물질을 정화하여 산성비가 내리는 것을 억제할 수 있다.

산림의 푸르름을 보여주는 임관에서는 각 부분별로 강우의 ph를 높여주어 토양이 산성화 되는 것을 방지하는 효과를 가지고 있는데 이것을 <그림 14-2>와 같이 표현할 수 있다.

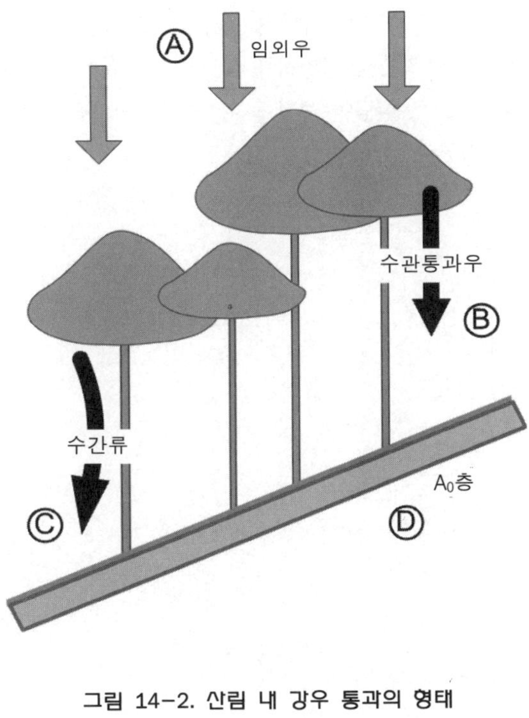

그림 14-2. 산림 내 강우 통과의 형태

임관을 통과하지 않고 직접 토양으로 떨어지는 강우를 임외우(林外雨)라고 하며, 수관을 통과하여 수간을 따라 흐른 강우를 수간류(樹幹流)라고 하는데 보통 수간의 물을 받아 측정한다. 그리고 수관을 통과하여 토양에 직접 떨어진 강우를 수관통과우(樹冠通過雨)라 한다. 산림에서 임외우와 수간류, 수관통과우 그리고 A_0층의 ph와 농도를 비교해 보면 다음과 같이 나타난다. 이온 농도의 경우 A<B, A<C, 그리고 A<D로 나타나 임외우의 이온 농도는 수관통과우, 수간류, 그리고 A_0층의 이온 농도와 비교하여 낮음을 알 수 있다.

또한 각각의 ph를 비교해 보면 A<B, A>C, 그리고 A<D로 나타나 최종적으로 A_0층에 도달한 강우는 ph가 높아지고 이온 농도가 높아지는 것을 알 수 있다. 이후에는 토양의 양이온 치환에 따라 중금속은 토양입자에 흡착되게 되어 계류수의 물질 농도는 낮아지게 된다. 토양은 칼슘・나트륨 등의 양이온을 흡착 보유하고, 다른 이온과 교환하여 방출하는 능력을 가지고 있다. 이 성질을 염기치환이라고 하며, 각 토양은 각각 그 능력에 일정한 한도가 있다. 하지만 중금속은 토양에 먼저 흡착되어 잔류하므로 과포화될 때에는 산성 토양이 된다. 토양은 전기적으로 양전하를 띠므로 음전하를 띠는 중금속을 끌어당기게 된다. 결과적으로 산림이 울창할 때 산성비를 통하여 토양이 산성화되는 것을 방지할 수 있다.

참 고 문 헌

강성위 역. 1975. 자연의 역사. 바이세커 원저. 삼성문화재단.
강재규. 2001. 환경사상. 지산.
권태문, 박은숙, 손일순. 2003. 식물의 신비를 찾아서. 예문당.
구자건. 1995. 우리가 정말 알아야 할 환경상식 백 가지. 현암사.
김광득. 1990. 현대연가론. 백산출판사.
김구용 역. 1983. 채근담. 홍자성 원저. 정음사.
김기원, 김갑덕, 김장수 외 22인 공저. 1994. 숲, 사람과 문화. 탐구당.
김기원 편. 1997. 숲과 음악. 숲과 문화 연구회.
김기원, 이현주 외 9인 공저. 2001. 자연과 인간의 아름다운 만남. 한국교회환경연구소.
김기원, 전경수. 2003. 산림요양학. 원광대출판부.
김기원. 2004. 숲이 들려준 이야기. 효형출판사.
김기원, 탁광일, 전영우 외 20인 공저. 2005. 숲이 희망이다. 책씨.
김동현. 1995. 한국의 목조건축 기법. 발언.
김범수. 2003. 숲과 휴양. 일신사.
김상윤. 1998. 일본자연교육의 실제. <숲과 자연교육>. 숲과 문화 연구회.
김성원. 1987. 한국의 세시풍속. 명문당.
김숙희 옮김. 2002. 식물은 우리에게 무엇인가. 수잔 파울젠 원저. 풀빛.
김영진 역. 1989. 지구의 역사. 대광서림.
김인호. 1998. 일본의 자연교육 프로그램. <숲과 자연교육> 숲과 문화 연구회.
김정욱 외. 1990. 자연과학. 생능
김종성 편. 2002. 산과 우리 문화. 숲과 문화 연구회.
김 준. 1995. 패션소재의 지식. 청문각.
김준민. 1973. 한국식물의 생태. 전파과학사.
김태욱. 1998. 원색도감 한국의 수목. 교학사.
김태정. 1990. 우리가 정말 알아야 할 우리 꽃 백 가지. 현암사.
김태정. 1993. 우리가 정말 알아야 할 우리 꽃 백 가지(2). 현암사.
김태정. 2000. 약용식물 95. 대원사.
농림부. 2003. 농림통계연보.
맹순영, 1992. 오스트리아의 꿈. 월간음악 3월호: 90~95.
미도문화사, 1977. 음악대사전. 1597p.
미승우. 1983. 일제 농림 수탈상. 녹원출판사
박동원 역. 1987. 환경문제와 환경보호. 대한교과서주식회사.

박봉규, 장남기, 이인숙 외 4인 공저. 1993. 인간환경. 동성사.
박봉우 편. 1994. 숲과 휴양. 숲과 문화 연구회.
박봉우, 김호준, 임주훈, 하연. 1997. 개정 경관수목학. 두솔..
박일록, 조진애. 1998, 의복 문화사. 원광대학교 출판국.
박창근. 1991. 환경오염 개론. 동화기술.
배상원. 2000. 숲과 임업. 숲과 문화 연구회.
북부지방산림관리청. 2001. 산림75년 발자취.
브리태니커. 1993. 브리태니커 세계 백과사전. 동아일보사.
산림청. 1997. 제10차 사막화방지 정부간 회의참가 보고서.
산림청. 2003. 임업통계요람.
삼호출판사 편집부. 1991. 명곡해설
삼호출판사 편집부. 1992. 클래식 명곡해설.
서정근. 1995. 식물과 함께하는 원예 치료. 단국대학교 출판부.
송영배, 엄정식 외 12인 공저. 1998. 인간과 자연. 철학과 현실사.
송형섭 편. 2001. 숲과 미술. 숲과 문화 연구회.
송홍선. 1996. 한국의 꽃문화. 문예산책.
송홍선. 1996. 한국의 나무문화. 문예산책.
송홍선. 1996. 한국의 풀문화. 문예산책.
숲과문화연구회. 2005. 아름다운 우리숲 찾아가기. 도솔.
신만용 외 14인 공저. 1998. 신고 임학개론. 향문사.
신만용 외 13인 공저. 1996. 환경·자원 정책론. 박영사.
신만용 외 30인 공저. 2002. 한국 산림과 임업. 동북아 산림포럼.
신원섭. 1998. 야외 휴양 관리. 따님.
신원섭. 2003. 숲의 사회학. 따님.
신원섭. 2005. 치유의 숲. 지성사.
신재만 역. 1990. 삼림욕. 岩琦輝雄 原著. 강원대학교 출판부.
안병욱, 전영우, 서정범 외 9인 공저. 1997. 숲속의 문화 문화 속의 숲. 열화당.
엄영근 역. 1999. 목재의 비밀. WIT컨설팅. 일본 경도대학 목질과학연구소.
우리마당 터. 2002. 민속 학술자료 총서-국악 악기2. 우리마당 터.
우리마당 터. 2002. 민속 학술자료 총서-한방 본초. 우리마당 터.
유덕선. 1996. 관혼상제 대백과. 도서출판 동방인.
유영초. 2005. 숲에서 길을 묻다. 한얼미디어.
육창수. 1990, 원색 한국 약용식물 도감. 아카데미서적.
이기애 옮김. 1996. 자연음악. 리라 연구그룹 자연음악 연구소 원저. 삶과 꿈.

이민순. 2002. 숲과 인간. 북스힐.
이병훈 역. 1973. 養花小錄. 姜希顔 원저. 을유문화사.
이상희. 1998. 꽃으로 보는 한국문화. 넥서스.
이선경, 윤여창, 김상윤. 1998. 일본의 자연환경교육. <숲과 자연교육> 숲과 문화 연구회.
이성필 편. 2003. 숲, 물 그리고 문화. 숲과 문화 연구회. 수문출판사.
이시진. 1976. 국역 본초강목. 행림출판.
이영로. 1996. 원색 한국식물도감. 교학사.
이완주. 1997. 그린 음악을 통한작물 생육촉진과 해충발생억제.
<숲과 음악>. 숲과 문화 연구회.
이유미. 1995. 우리가 정말 알아야 할 우리 나누 백 가지. 현암사.
이정탁. 1984. 한국산림문학연구. 형설출판사.
이창복. 1964. 3訂 식물분류학. 향문사.
이창복. 1970. 수목학. 향문사.
이천용. 1996. 문화와 숲. 숲과 문화 연구회.
이화형외, 1989. 음향, 광, 감각과 목재. 목재물리 및 역학. pp.136~174
임경빈. 1977. 나무백과(1). 일지사.
임경빈. 1982. 나무백과(2). 일지사.
임경빈. 1988. 나무백과(3). 일지사.
임경빈 역. 1978. 삼림의 역사. 미셸 드베즈 원저. 중앙일보.
임경빈. 1993. 우리 숲의 문화. 광림공사.
임경빈. 1995. 소나무. 대원사.
임경빈. 2001. 솟아라 나무야. 다른세상.
임업연구원. 1991. 산림의 공익적 기능의 계량화 연구(I). 과학기술처.
임업연구원. 1992. 산림의 공익적 기능의 계량화 연구(II). 과학기술처.
임업연구원. 1993. 산림의 공익적 기능의 계량화 연구(III). 과학기술처.
임주훈 편. 1995. 참나무와 우리문화. 숲과 문화 연구회.
장명욱. 1964. 표준 의복 생활. 어문각.
장보웅 옮김. 1978. 농업문화의 기원. 서문당.
전영우 편. 1993. 소나무와 우리 문화. 숲과 문화 연구회.
전영우. 1994. 붉은 나무의 왕국. <숲과 문화> 8월호. 숲과 문화 연구회.
전영우. 1995. 산림문화론. 국민대출판부.
전영우. 1999. 숲과 한국문화. 수문출판사.
전영우. 1999. 나무와 숲이 있었네. 학고재.
전영우. 2002. 숲과 시민사회. 수문출판사.

전영우. 2002. 숲과 녹색문화. 수문출판사.
전영우. 2003. 숲, 보기, 읽기, 담기. 현암사.
전영우, 탁광일 외 21인 공저. 2005. 숲이 희망이다. 책씨.
정 민. 2003. 花菴九曲의 작가 柳璞(1730~1787)과 花菴隨錄. 韓國詩歌硏究 第14輯.
정상진. 1995. 우리 민속과 전통문화. 부산외국어대학교 출판부.
조경래. 2000. 전통염색의 이해. 보광출판사.
주남철. 2001. 한국의 목조건축. 서울대학교출판부.
차윤정. 2000. 식물은 왜 바흐를 좋아할까? 중앙 M&B.
창조서원. 1993. 은혜성경.
최상진. 2002. 인간, 식량, 환경. 3정판. 선진문화사.
최혁순 옮김. 1980. 그리스 로마 신화. 범우사.
탁광일. 2003. 숲은 연어를 키우고 연어는 숲을 만든다. 넥서스 BOOKS.
탁광일, 전영우 외 21인 공저. 2005. 숲이 희망이다. 책씨.
통계청. 2003. 국제통계연감.
하연. 1994. 숲. Felix. R. Paturi 원저. 두솔
하태문. 1977. 꽃말, 꽃전설. 풍림출판사.
한국정신문화연구원. 1991. 한국민족문화대백과사전.
허북구, 박석근. 2002. 우리 꽃 이름의 유래를 찾아서. 중앙생활사.
황금용, 황정민 옮김. 1993. 식물의 정신세계. 피터톰킨스, 크리스토퍼 버드 원저. 정신세계사.
홍정수, 조성우 편저. 1991. 음악은이1,2(dtv,dtv-Atlas zur Musik)
林文鎭. 1990. 森林美學. 塾馨出版社.
內山 節 編. 1989. 森林社會學 宣言. 有斐閣
長谷川 秀記. 1991. 世界の神話傳說. 自由國民社.
岡野 健(Okano Takeshi). 1992. 木材の音響的 性質. 森林科學 硏究方向. 江原大林 科大學.
Aas, G. und A. Riedmiller. 1992. Laubaeume. GU.
Bosch, C. 1983. Die sterbenden Waelder. C.H.Beck.
Braun, H. J. 1992. Bau und Leben der Baeume. Rombach.
Gordon, B. B. 2002. Ecological Climatology-Concepts and Applications. Cambridge University Press.
Diagram Group, Musikinstrumente der Welt. 1976
Hobhouse, H. 1992. Fuenf Pflanzen veraendern die Welt. dtv.

Hauser, A. 2002. 문학과 예술의 사회사 4-자연주의와 인상주의 · 영화의 시대(역서). 창작과 비평사.

Klassen, W. W. 2003. 서양 건축사(역서). 아키그램

Kraus, G. 1989. Musik in österreich.

Laudert, D. 1999. Mythos Baum. BLV.

Levetin, E. and K. McMahon. Plant and society. 2nd. WCB, McGraw-Hill.

Lohmann. Darum brauchen wir den Wald. BLV.

Perlin, J. 1989. A forest journey. the role of wood in the development of civilization. Harvard University Press.

Schmidt, V. H. 1955. das Waldthema in der Musik: Forstw. Cbl.

Schnelting, K. 1992. Unsere Baeume. GU.

Solness, P. 1999. Tree Stories. Chapter & Verse.

Strunk, W. O. 2002. 서양음악사 원전. 서울대학교 서양음악연구소.

Watkins, S. M. 1998. 의복과 환경. 이화여자대학교 출판부.

관련 홈페이지 정보

네이버 홈페이지 http://www.naver.com
대기 환경정보 공개시스템 http://airmap.nier.go.kr
동북아 산림포럼 http://www.neaff.org
두산 세계대백과사전 http://www.encyber.com
베를린시 산림학교. http://www.stadtentwicklung.berlin.de
산지 약용식물협회 http://www.kompa.or.kr
생명의 숲 http://www.forest.or.kr
숲과 문화 연구회 http://www.humantree.or.kr
숲연구소 http://www.ecoedu.net
숲해설가협회 http://www.foresto.org
야후 홈페이지 http://yahoo.com
自然健康 硏究會 http://www.naturalhealth.or.kr
한국 식물원 연구소 http://www.bgarden.co.kr
한국 식물 인간 환경학회 http://www.ppekorea.or.kr
환경부 홈페이지 http://www.me.go.kr

찾아보기

(ㅇ)

(G)

(S)

식물과 생활환경

가격 10,000원

초 판 발 행	2006년 2월 17일
초판2쇄발행	2007년 3월 30일
초판3쇄발행	2010년 8월 31일
초판4쇄발행	2012년 1월 27일
저 자	신만용, 김기원 공저
발 행 인	이 성 우
발 행 처	국민대학교 출판부
주 소	서울시 성북구 정릉로 77
전 화	02-910-4243
팩 스	02-910-4240
등 록	1975년 6월 17일 제6-33호
인 쇄	(주)상지피앤아이

 ISBN 978-89-7812-085-2 03400